EUL
VERLAG

PERSONAL, ORGANISATION UND ARBEITSBEZIEHUNGEN

Herausgegeben von Prof. Dr. Fred G. Becker, Bielefeld, Prof. Dr. Stefan Süß, Düsseldorf, und Prof. Dr. Maike Andresen, Bamberg

Band 59
Yasmin Theresia von Khurja
Untersuchung von Anreizsystemen zur Verbesserung der Aufsichtsratstätigkeit
Lohmar – Köln 2015 ◆ 200 S. ◆ € 49,- (D) ◆ ISBN 978-3-8441-0378-6

Band 60
Ann Kristin von der Mosel
Regain Management als Element des externen Personalmarketings – Entwicklung eines Entscheidungsrahmens
Lohmar – Köln 2015 ◆ 340 S. ◆ € 63,- (D) ◆ ISBN 978-3-8441-0415-8

Band 61
Daniel Rothfuß
Einfluss von Persönlichkeitsmerkmalen auf das Verhandlungsverhalten und -ergebnis
Lohmar – Köln 2017 ◆ 212 S. ◆ € 58,- (D) ◆ ISBN 978-3-8441-0499-8

Band 62
Wögen N. Tadsen
Anreizsysteme für Professorinnen und Professoren an Universitäten – Entwicklung eines Bezugsrahmens aus verhaltenswissenschaftlicher Perspektive
Lohmar – Köln 2017 ◆ 304 S. ◆ € 66,- (D) ◆ ISBN 978-3-8441-0506-3

Band 63
Vanessa Bader
Lerntransfermanagement – Eine explorative Studie zu Einsatz und Ausgestaltung der Sicherung des Lerntransfers in der innerbetrieblichen Weiterbildung
Lohmar – Köln 2017 ◆ 292 S. ◆ € 66,- (D) ◆ ISBN 978-3-8441-0516-2

JOSEF EUL VERLAG

Reihe: Personal, Organisation und Arbeitsbeziehungen · Band 63
Herausgegeben von Prof. Dr. Fred G. Becker, Bielefeld, Prof. Dr. Stefan Süß, Düsseldorf, und Prof. Dr. Maike Andresen, Bamberg

Dr. Vanessa Bader

Lerntransfermanagement

Eine explorative Studie zu Einsatz und Ausgestaltung der Sicherung des Lerntransfers in der innerbetrieblichen Weiterbildung

Mit einem Geleitwort von Prof. Dr. Fred G. Becker, Universität Bielefeld

Bibliografische Information der Deutschen Nationalbibliothek

Die Deutsche Nationalbibliothek verzeichnet diese Publikation in der Deutschen Nationalbibliografie; detaillierte bibliografische Daten sind im Internet über <http://dnb.d-nb.de> abrufbar.

Dissertation, Universität Bielefeld, 2017, u. d. T.: Lerntransfermanagement: Eine explorative Studie zu dem Einsatz und der Ausgestaltung der Sicherung des Lerntransfers in der innerbetrieblichen Weiterbildung.

Dissertation zur Erlangung des Grades eines Doktors der Wirtschaftswissenschaften (Dr. rer. pol.) der Fakultät für Wirtschaftswissenschaften der Universität Bielefeld

Erstgutachter: Prof. Dr. Fred G. Becker
Zweitgutachter: Prof. Dr. Christian Stummer

ISBN 978-3-8441-0516-2
1. Auflage Juli 2017

JOSEF EUL VERLAG GmbH
Brandsberg 6
53797 Lohmar
Tel.: 0 22 05 / 90 10 6-80
Fax: 0 22 05 / 90 10 6-88
E-Mail: info@eul-verlag.de
https://www.eul-verlag.de

Bei der Herstellung unserer Bücher möchten wir die Umwelt schonen. Dieses Buch ist daher auf säurefreiem, 100% chlorfrei gebleichtem, alterungsbeständigem Papier nach DIN 6738 gedruckt.

GELEITWORT

Personalentwicklung ist in vielen Unternehmungen ein kostenintensiver Prozess. Insgesamt gesehen werden in der Bundesrepublik Deutschland weit über 30 Milliarden Euro allein für die Weiterbildung verausgabt. Auch für einzelne Betriebe ist der Kostenblock der Weiterbildung durchaus bemerkenswert, so dass sich für sie auch jeweils die Kosten-Nutzen-Frage stellt. Letztendlich kann eine Investition in die Weiterbildung nur dann effizient wie effektiv sein, wenn der Transfer des Erlernten vom Lern- in das Funktionsfeld im Fokus des Weiterbildungsprozesses steht. Aus Studien wissen wir allerdings, dass bislang viel zu wenig getan wird, um diesen Lerntransfer der Mitarbeiter|innen gezielt zu fördern. Aus betriebswirtschaftlicher Sicht ist diese Abstinenz nicht nachvollziehbar, da es ja nicht auf Weiterbildung an sich (*l'art pour l'art*) ankommt, sondern darauf, dass durch Weiterbildung das Arbeitsverhalten und in Folge die Arbeitsergebnisse verbessert werden. Warum viele Unternehmungen sich dieser Aufgabe nicht annehmen oder sie nur partiell erfüllen, ist eine bislang ungeklärte Frage.

Genau dieser Frage geht *Frau Bader* nach. Nachvollziehbar begründet sie dazu einen explorativen, empirischen Forschungsansatz. Letztendlich geht es ihr darum herauszufinden, warum Lerntransfermanagement ausgeübt bzw. nicht ausgeübt wird, denn Erkenntnisse zu den Barrieren wie Erfolgsfaktoren des Lerntransfermanagements würden es erleichtern, dieses erfolgreich zu institutionalisieren. Um die skizzierte Frage beantworten zu können, wählt *Frau Bader* ein sinnvolles zweistufiges, empirisches Vorgehen. Zunächst wird (mittels einer Online-Befragung) erhoben, inwieweit die befragten Unternehmungen (anhand eines sinnvollen Querschnitts v. a. ressourcenstarker Organisationen) ein Lerntransfermanagement umsetzen. Auf Basis dieser Ergebnisse erfolgt ein zweiter Schritt, in dem aus dem voruntersuchten Feld spezifische Anwender|innen mittels leitfadengestützter Interviews dazu befragt werden, warum sie so und nicht anders handeln. Auf Basis dieser Interviews werden dann die Determinanten eines Lerntransfermanagements (hinsichtlich Einsatz und Ausgestaltung) ermittelt.

Frau Bader ist es mit ihrer Arbeit zum Ersten gelungen sowohl eine zentrale Forschungslücke als auch ein wichtiges Praxisproblem zu identifizieren. Zum Zweiten passen die von ihr angewendete Methodologie ebenso wie die Methoden ausgezeichnet zur identifizierten Forschungsfrage. Zum Dritten sind die beiden aufeinander folgenden, sich bedingenden empirischen Studien mit großer Akribie methodisch sehr gut vorbereitet, erläutert und umgesetzt. *Frau Bader* schafft es zudem, die Ergebnisse ihrer Studien sehr nachvollziehbar darzustellen und mit ihren Interpretationen einen Mehrwert für Forschung wie Praxis zu schaffen.

Bielefeld, im Juni 2017 Prof. Dr. Fred G. Becker

VORWORT

Die vorliegende Arbeit entstand im Wesentlichen begleitend zu meiner Tätigkeit als wissenschaftliche Mitarbeiterin am Lehrstuhl für BWL, insb. Personal, Organisation und Unternehmungsführung an der Universität Bielefeld und wurde im März 2017 von der wirtschaftswissenschaftlichen Fakultät unter dem Titel „Lerntransfermanagement: Eine explorative Studie zu dem Einsatz und der Ausgestaltung der Sicherung des Lerntransfers der innerbetrieblichen Weiterbildung." als Dissertation angenommen. Auf dem Weg zur Bewältigung dieses Projekts haben mich eine Vielzahl von Personen unterstützt und begleitet, welchen ich an dieser Stelle meinen Dank aussprechen möchte.

An erster Stelle möchte ich meinem Doktorvater Herrn Prof. Dr. Fred G. Becker danken. Er hat erst die Idee in mir geweckt zu promovieren und mich bei der Erstellung der Dissertation kritisch und konstruktiv begleitet. Zudem möchte ich Herrn Prof. Dr. Christian Stummer für die Erstellung des Zweitgutachtens und Frau Prof. Dr. Chistina Hoon für ihre Tätigkeit als Drittgutachterin danken.

Meinen Kollegen und Mitdoktoranden möchte ich ganz herzlich für die mentale Unterstützung und die vielen fachlichen Diskussionen danken: Jana Gieselmann, Inga Hansen, Dr. Hendrik Langen, Erika Mohnhardt, Dr. Astrid Mülder, Marianna Nickel, Dr. Yves Ostrowski, Dr. Sascha Piezonka, Maximilian Summerer, Dr. Cornelia Meurer-Becker, Dr. Diana Schindler, Christoph Strunk, Dr. Wögen Nikkels Tadsen, Jeannette Toumli, Annabelle Volk, Dr. Ann Kristin von der Mosel und Prof. Dr. Ellena Werning. Vielen Dank für die gemeinsame Zeit.

Meine Arbeit wäre ohne die zahlreichen Teilnahmen der Experten an den Pretests, der Online-Befragung und den Interviews nicht möglich gewesen. Ich danke ihnen sehr für die Unterstützung meines Projekts.

Für die vielen aufmunternden Worte danke ich Maren Bödeker und auch Wögen Nikkels Tadsen und Ann Kristin von der Mosel, die sich sehr viel Mühe mit dem intensiven Korrekturlesen meiner Arbeit gemacht haben. Für das formale Korrekturlesen danke ich Wolfgang Bader, Maren Bödeker, Gabriele Friske und ganz besonders Erika Mohnhardt.

Mein großer Dank gilt meinen Eltern Ulrich und Gabriele Friske, die mir ermöglichten zu studieren, meinen beruflichen Weg zu gehen und ebenso wie mein Bruder André Friske immer für mich da sind. Ganz besonders danken möchte ich meinen Mann Julian Bader, der während des Projekts immer an mich geglaubt und mich unterstützt hat. Er und meine Tochter Mia Sofie Bader mussten auf vieles verzichten, um mir dieses Projekt zu ermöglichen. Ihnen beiden widme ich diese Arbeit.

Oerlinghausen, im Juni 2017 Vanessa Bader

INHALTSÜBERSICHT

INHALTSVERZEICHNIS

ABBILDUNGSVERZEICHNIS

TABELLENVERZEICHNIS

ABKÜRZUNGSVERZEICHNIS

akt.	aktualisiert
Aufl.	Auflage
bearb.	bearbeitet
durchges.	durchgesehen
EDV	elektronische Datenverarbeitung
erg.	ergänzt
erw.	erweitert
hrsg. v.	herausgegeben von
LT	Lerntransfer
LTM	Lerntransfermanagement
neubearb.	neubearbeitet
o. A.	ohne Angabe
o. H.	ohne Heft
o. Jg.	ohne Jahrgang
S.	Seite
Sp.	Spalte
Tab.	Tabelle
[u. a.]	und andere
u. a.	unter anderem
überarb.	überarbeitet
veränd.	verändert
verb.	verbessert
vgl.	vergleiche
vollst.	vollständig
WB	Weiterbildung

1. EINFÜHRUNG

1.1 FORSCHUNGSANLASS UND ERKENNTNISZIEL

In der heutigen Zeit und auch in der Zukunft gewinnt der Fachkräftemangel zunehmend an Bedeutung.[1] Unternehmungen stehen der Herausforderung des demografischen Wandels, einer fortschreitenden Globalisierung des Wettbewerbs und vermehrten technologischen Entwicklungen gegenüber. Die betriebliche Weiterbildung stellt im Zuge dessen einen wesentlichen Faktor bei der Sicherung der Innovations- und Wettbewerbsfähigkeit von Unternehmungen dar, denn eine Erhöhung der Leistungsfähigkeit und Produktivität der Mitarbeiter beeinflusst die Wertschöpfung der Unternehmungen positiv.[2] Folglich ist es für Unternehmungen wichtig, die Qualifikation ihrer Mitarbeiter an die veränderten Anforderungen anzupassen.[3]

Die Qualifizierung des Personals wird vielfach als Voraussetzung für den Erfolg von Unternehmungen angegeben sowie als wesentlicher Faktor für Unternehmungen, um sich an veränderte Umwelt- und Wettbewerbsbedingungen anzupassen.[4] Ein Ausbau der Weiterbildung kann dabei als adäquates Mittel zur Fachkräftesicherung eingesetzt werden.[5] Die Resultate der betrieblichen Weiterbildung tragen zur betrieblichen Wertschöpfung und zum Geschäftserfolg bei. Weiterhin steigert dies die Leistungsfähigkeit und Produktivität der Mitarbeiter. Unternehmungen zeigen auch immer wieder einen Zusammenhang zwischen einer erfolgreichen Weiterbildung und der Arbeitszufriedenheit der Mitarbeiter auf.[6]

Der Anteil der Unternehmungen, die ihre Mitarbeiter formell und informell weiterbilden, lag 2013 in Deutschland, nach einer kontinuierlichen Steigerung in den Vorjahren, bei rund 86%. Damit liegt das Engagement in der betrieblichen Weiterbildung auf einem Höchststand.[7] Weiterhin hat auch der Umfang der Qualifizierung zugenommen. Im Jahr 2010 wurden 29,4 Stunden pro Mitarbeiter in Lehr- und Informationsveranstaltungen verbracht.

---

1 Vgl. Nagel-Jachmann (2016) S. 2 ff., ebenso Schuett (2014) S. 2.

2 Vgl. Autorengruppe Bildungsberichterstattung (2010) S. 142 ff., Lenske/Werner (2009) S. 3 sowie S. 14, Becker (2006a) S. 169.

3 Vgl. Frieling/Fölsch/Schäfer (2009), Becker/Bobrichtchev/Henseler (2006), Regnet/Hofmann (2003), Lenske/Werner (2009) S. 15.

4 Vgl. Euler (2009) S. 36, Kauffeld/Grote/Frieling (2009) S. 2, Becker/Meißner/Werning (2008) S. 64.

5 Vgl. Seyda/Werner (2014) S. 1.

6 Vgl. Seyda/Werner (2014) S. 8 f. Diese Aussage bestätigen im Rahmen der durchgeführten Studie zur Weiterbildung 84,4% der befragten Unternehmungen.

7 Vgl. Seyda/Werner (2014) S. 2.

2013 waren es hingegen schon 32,7 Stunden. Insbesondere bei den anteilig vielen unternehmungseigenen Lehrveranstaltungen ist ein Anstieg des zeitlichen Einsatzes zu verzeichnen.[8]

Die Ausgaben für betriebliche Weiterbildung betrugen 2013 insgesamt 33,5 Milliarden Euro und auch die Ausgaben pro Mitarbeiter stiegen auf 1.132 Euro, welches gut 9% höher als drei Jahre zuvor ausfällt.[9] Da die Wirtschaftlichkeit der Weiterbildung vor dem Hintergrund dieser hohen Investitionen und bei verstärktem Wettbewerb immer wichtiger wird, muss der Nutzen der Weiterbildungsmaßnahmen sichergestellt werden. Aus Unternehmungsperspektive steht demnach nicht der Lernzuwachs des Weiterbildungsteilnehmers im Vordergrund, sondern die Frage, ob er das in der Weiterbildung (Lernfeld) Erlernte in seinen Arbeitsbereich (Funktionsfeld) transferieren kann, um einen betrieblichen Vorteil zu erlangen.[10]

Die sogenannte Behaltenskurve nach *Wilkening*, die für die überwiegende Anzahl von Weiterbildungen typisch ist, zeigt, dass sich am Ende einer Weiterbildungsmaßnahme bei Teilnehmern ein maximaler Lernerfolg einstellt, der sich im Anschluss erheblich reduziert. Dies ist den Transferhemmnissen zuzurechnen, die einer vollständigen Übertragung des Gelernten aus dem Training in den beruflichen Alltag oft im Wege stehen.[11] Empirische Bestätigung findet dieses Konzept der Transferlücke unter anderem in der Kienbaum Studie zur Personalentwicklung. Demnach werden unmittelbar nach einer Weiterbildungsmaßnahme 45% des Gelernten von den Trainingsteilnehmern im Berufsalltag angewendet - sechs Monate nach dem Training sind es hingegen nur noch 31%.[12] Die Gründe im Berufsalltag für die Nichtanwendung des in der Weiterbildungsmaßnahme Erlernten sind vielfältig und nur schwer erfassbar. Sie reichen von dem Zurückfallen in alte Gewohnheiten über Zeitmangel bei der Umsetzung des Gelernten bis hin zu fehlenden Transferkonzepten.[13]

---

8 Vgl. Seyda/Werner (2014) S. 4 f. Knapp zwei Drittel der Unternehmungen gestalten Weiterbildungsveranstaltungen in Eigenregie, ohne externe Unterstützung.

9 Vgl. Seyda/Werner (2014) S. 1.

10 Vgl. Hummel (1999) S. 65 f., Münch (1995) S. 142, vgl. zum Begriff des Lerntransfers Mandl/Prenzel/Gräsel (1992), Solga (2011) S. 342 f.

11 Vgl. Wilkening (2002) S. 216 ff., vgl. zu den Problemen des Lerntransfers auch Hummel (1999) S. 73 ff.

12 Vgl. Kienbaum (2008) S. 42, ähnlich Saks (2002). Vgl. zu weiteren empirischen Belegen Solga (2011) S. 339 f.

13 Vgl. Kienbaum (2008) S. 43.

Unverständlich bleibt die Tatsache, dass die Aktivitäten der Unternehmungen im Rahmen der Lerntransfersicherung und der Evaluation von Weiterbildungsmaßnahmen, trotz positiver Resultate hinsichtlich der Kosten und Weiterbildungseffekte, vielfach gar nicht oder nur unzureichend durchgeführt werden,[14] obwohl diese als gewichtig eingestuft werden.[15] Daraus folgende negative Konsequenzen für Unternehmungen sind u. a. Fehlinvestitionen in Trainer und Trainingsmaßnahmen, Über- oder Unterforderung der Teilnehmer und daraus folgende Frustration und letztlich eine fehlende Übertragung von erlernten Kompetenzen in den betrieblichen Arbeitsalltag sowie darüber hinaus sogar eine Selbst- oder Fremdtäuschung über die Wirkung von durchgeführten Weiterbildungsmaßnahmen.[16]

Im Rahmen der wissenschaftlichen Diskussion über den Erfolg der Personalentwicklung wird immer wieder die Wichtigkeit der Lerntransfersicherung und -steuerung konstatiert.[17] *Solga* betont, „dass Lerntransfer nicht üblicherweise von selbst geschieht. Lerntransferprozesse müssen *aktiv, systematisch und nachhaltig* unterstützt und gefördert werden, damit Personalentwicklung Früchte trägt."[18] Ebenfalls wird in der Literatur darauf hingewiesen, dass Transferbeteiligte wie Personalentwickler, Personalverantwortliche, Führungskräfte und Kollegen die Mitarbeiter bei der Anwendung des Gelernten im Funktionsfeld unterstützen sollen.[19]

Vielfach werden in der Forschungsliteratur Einflussfaktoren, auch ‚Lerntransferdeterminanten' genannt, identifiziert, die den Lerntransfer wesentlich beeinflussen. Es werden Zusammenhänge und Wirkungen analysiert und teilweise versucht, die theoretischen Konzepte empirisch zu belegen.[20] Drei zentrale Ansätze zur Sicherung des Transfers bildeten sich in der Vergangenheit heraus. An einer praxisorientierten Darstellung konkreter Um-

[14] Vgl. Solga (2011) S. 340, Becker/Meißner/Werning (2008a), Thierau-Brunner/Wottawa/Stangel-Meseke (2006) S. 329 f., Becker/Wittke/Friske (2010), Frieling/Sonntag (1999) S. 179.

[15] Vgl. Diesner/Euler/Seufert (2006) S. 30.

[16] Vgl. Frieling/Sonntag (1999) S. 179.

[17] Vgl. Berthel/Becker (2013) S. 434, Becker/Meißner/Werning (2008a) S. 5, Solga/Ryschka/Mattenklott (2008) S. 29.

[18] Solga (2011) S. 343.

[19] Vgl. Sieber Bethke (2003) S. 68 ff., Bergmann (2003) S. 271 f., Hummel (1999) S. 70 f., Broad/Newstrom (1992) S. 12 ff., Solga (2011) S. 362, Köster (2003).

[20] Vgl. v.a. Vandenput (1973), Baldwin/Ford (1988), Cannon-Bowers [u. a.] (1995), Rank/Wakenhut (1998a), Holton III/Bates/Ruona (2000), Piezzi (2002), Kauffeld [u. a.] (2008), Gnefkow (2008). Für einen Überblick siehe die Meta-Analyse von Baldwin/Ford/Blume (2009) sowie die überblicksartigen Ausführungen von Lemke (1995) S. 15 ff.

setzungsmöglichkeiten fehlt es jedoch oft.[21] Aus behavioristischer Perspektive fußt die Theorie, die Ähnlichkeit von Lern- und Funktionsfeld anzugleichen, um den Transfer des Gelernten zu erleichtern.[22] Der entgegengesetzte kognitive theoretische Ansatz beinhaltet die Vermittlung allgemeiner Prinzipien und Strategien, um dem Transferproblem zu begegnen.[23] Der dritte Ansatz zielt aus konstruktivistischer Betrachtungsweise darauf ab, durch situiertes Lernen anwendungsbezogenes Wissen zu generieren, um reale Problemsituationen lösen zu können.[24] Diese Ansätze beziehen sich aber lediglich auf eine Unterstützung des Lerntransfers im Rahmen der Gestaltung einer Lernumgebung. Weitere Faktoren werden nicht betrachtet

Herausgestellt wird die Tatsache, dass sich ein erfolgreicher Lerntransfer durch unterstützende Aktivitäten managen lässt.[25] Einige Autoren nennen im Zuge dessen Einzelmaßnahmen, die den Transfer des Gelernten sichern können, wie beispielsweise Mitarbeitergespräche vor, während und nach dem Training, Zielvereinbarungen oder spezielle Unterstützung durch beteiligte Führungskräfte.[26] Diese werden oftmals unzureichend oder gar nicht im Sinne einer praktikablen Umsetzung erläutert. Weiterhin werden weder die Wirkzusammenhänge noch mögliche Vor- und Nachteile der Maßnahmen betrachtet oder empirisch erforscht.[27]

Ungeklärt bleibt, in welchem Umfang und vor allem in welcher Form Unternehmungen Maßnahmen zur Lerntransfersicherung überhaupt anwenden. Bislang wurde nicht den Gründen nachgegangen, warum Unternehmungsvertreter bestimmte Maßnahmen zur Sicherung des Lerntransfers anwenden und warum gerade nicht. Weiterhin erfolgte in der publizierten Literatur bis jetzt keine genauere Betrachtung von Möglichkeiten und Hemmnissen, die ein Management[28] des Lerntransfers beeinflussen. Folglich, ist noch zu spezifi-

---

21 Vgl. Mandl/Prenzel/Gräsel (1992), Bergmann/Sonntag (2006).

22 Vgl. Bronner/Schröder (1983) S. 250 ff. sowie die Theorie der identischen Elemente nach Thorndike/Woodworth (1901).

23 Vgl. Judd (1908).

24 Vgl. Cognition and Technology Group at Vanderbilt (1991), ähnlich Solga (2011) S. 349 f., Bergmann (1999) S. 65 ff.

25 Vgl. Baldwin/Ford/Blume (2009) S. 45 ff.

26 Vgl. Rank/Thiemann (1998), Kienbaum (2008) S. 42, Dubs (1990) S. 159 ff., Besser (2004), Hummel (1999) S. 68 ff., Broad (1982), Becker (2005) S. 263 ff.

27 Vgl. Sieber Bethke (2003) S. 67 ff.

28 Broad/Newstrom (1992) und Lemke (1995) S. 5 benutzen den Terminus ‚Transfermanagement‘ und fassen darunter alle Aktivitäten zur gezielten Förderung des Lerntransfers. Solga (2011) S. 341 spricht von ‚Lerntransfermanagement‘ und untergliedert dieses in die Ausgestaltung einer transferförderlichen Lernumgebung und die Förderung des Lerntransfers durch Maßnahmen in der Arbeitsumwelt.

zieren, was genau Unternehmungen machen, um den Lerntransfer der Mitarbeiter zu sichern und, warum diese bestehenden Aktivitäten der Lerntransferunterstützung innerhalb der Unternehmungen aus Unternehmungssicht gerade so ausgestaltet sind wie sie ausgestaltet sind? Weiterhin bleibt die Frage offen, warum Unternehmungen ein Lerntransfermanagement oder Elemente davon – bewusst oder unbewusst –, wie beispielsweise Lerntransfersicherungsmaßnahmen, einsetzen und warum manchmal – begründet oder unbegründet – nicht.

Um zielgerichtete Erkenntnisse zu gewinnen, benötigt jede Untersuchung ein exakt formuliertes **Erkenntnisziel**,[29] welches dazu beiträgt, eine bestehende Wissenslücke zu benennen. Das Erkenntnisziel der gesamten Arbeit zielt darauf ab, wissenschaftlich neues und relevantes Wissen zu produzieren, um die Schließung dieser Wissenslücke anzuleiten.[30] Aufbauend auf der angeführten inhaltlichen Argumentation zum Lerntransfermanagement wird für diese Arbeit das nachfolgende Ziel formuliert:

> *Das Erkenntnisziel besteht in der theoretisch und empirisch gestützten Erklärung des Einsatzes und der Ausgestaltung des Lerntransfermanagements und insbesondere der damit einhergehenden Lerntransfersicherungsmaßnahmen im Rahmen der innerbetrieblichen Weiterbildung. Dafür ist die theoretisch und empirisch gestützte Deskription des Lerntransfermanagements erforderlich.*

Um die Thematik des Lerntransfermanagements liegen bislang noch zu wenige Erkenntnisse vor, um profund theorieabgeleitet hypothesentestend im quantitativen Sinn vorgehen zu können. Folglich eignet sich eine **qualitative explorative** Vorgehensweise, um das Erkenntnisziel zu erreichen.[31]

Dabei steht die **Erklärung des Einsatzes** des Lerntransfermanagements im Rahmen des Forschungsvorhabens im Vordergrund. Folglich ist innerhalb der Zielsetzung die ‚Erklä-

[29] In der Literatur zur empirischen Sozialforschung werden sowohl die Termini ‚Forschungsfrage', ‚Forschungsziel' sowie der Terminus ‚Erkenntnisziel' gebraucht. Inhaltlich wird damit derselbe Sachverhalt verstanden, wenngleich es sich einerseits um eine Frage- und andererseits um eine Zielformulierung handelt. Vgl. hierzu auch Gläser/Laudel (2010) S. 62 ff.

[30] Vgl. Gläser/Laudel (2010) S. 66.

[31] Vgl. hierzu auch die Ausführungen im Abschnitt 1.2.

rung des Einsatzes‘ erstgenannt. Diese kann aber nur expliziert werden, wenn Informationen darüber vorliegen, wie Unternehmungen ein Lerntransfermanagement ausgestalten, da davon auszugehen ist, dass die Ausgestaltung auch Indizien und Bedingungen für den Einsatz des Lerntransfermanagements leistet. Erkenntnisse zur Ausgestaltung des vorliegenden Lerntransfermanagements werden folglich benötigt, um die aus Unternehmungssicht subjektiven, unternehmungsspezifischen Begründungen für und gegen den Einsatz eines Lerntransfermanagements darzustellen und Zusammenhänge interpretieren zu können. Dieser Teil der Zielsetzung fungiert sozusagen als Mittel, um zu erfassen, ob und was Unternehmungen im Bereich des Lerntransfermanagements derzeit umsetzen oder konzipieren und bildet die Basis, um das Erkenntnisziel erfüllen zu können.

Hinsichtlich der Lerntransfersteuerung liegen, wie eingangs geschildert, wenige Erkenntnisse über die Vorgehensweisen in der Praxis vor. Um auf empirischer Basis eine **Variabilität an Begründungen** für den Umgang mit der Thematik erfassen zu können, erfolgt keine weitere Einschränkung des Erkenntnisziels auf beispielsweise spezifische Weiterbildungsarten.[32] Zudem ist anzunehmen, dass eine Eingrenzung auf bestimmte Weiterbildungsveranstaltungen keinen inhaltlichen Mehrwert für die zu erfassenden Begründungen des Lerntransfermanagements liefern kann. Folglich bedarf es einer breit aufgestellten Empirie, um die Verhaltensweisen in der Praxis hinsichtlich des Umgangs mit der Thematik des Lerntransfers im Rahmen der Arbeit erfassen zu können.

Weiterhin ist davon auszugehen, dass die **innerbetriebliche Weiterbildung** mehr Steuerungsmöglichkeiten im Rahmen der Lerntransfersicherung bietet als externe Weiterbildungsveranstaltungen, welche extern geplant und durchgeführt werden. Folglich sind unter Bezugnahme auf innerbetriebliche Weiterbildungsveranstaltungen differenzierte Aussagen von den zu befragenden Unternehmungen zu erwarten. Schließlich können diese intern wesentlich Einfluss auf Planung, Konzeption und Umsetzung dieser Weiterbildungsveranstaltungen ausüben. Deshalb erfolgt innerhalb der Zielsetzung der Arbeit eine Eingrenzung auf die Betrachtung der innerbetrieblichen Weiterbildung.

[32] Es ist anzunehmen, dass eine Einschränkung der Untersuchung auf spezifische Weiterbildungsarten im Rahmen der Empirie die Folge hätte, dass vielfach Unternehmungen nicht befragt werden können, da sie nicht die spezifisch eingegrenzten Weiterbildungsart durchführen.

1.2 METHODOLOGIE

Die für ein Forschungsvorhaben gewählte Methodologie bedingt wesentlich den Aufbau wissenschaftlicher Arbeiten sowie den Ablauf des Forschungsprozesses und die im Rahmen dessen verwendeten Methoden.[33] Folglich ist es von Bedeutung, die methodologische Vorgehensweise eingangs der Arbeit zu erläutern.

Der Gegenstand der **empirischen Sozialforschung** ist die „Erfassung und Deutung sozialer Tatbestände"[34]. Somit erfolgt angeleitet durch Theorien, eine Beobachtung der sozialen Realität, wodurch theoretische Schlüsse abgeleitet werden können.[35] Die vorliegende Arbeit folgt der Methodologie der empirischen Sozialforschung, da die Zielstellung eine empirische Erhebung sozialer Sachverhalte impliziert.

Forschungen sind grundsätzlich zu unterscheiden in quantitative Strategien (synonym: nomothetisch-deduktiv oder theorietestend), im Rahmen dessen Kausalzusammenhänge gesucht werden, und **qualitative Strategien**, die synonym als induktiv oder theoriegenerierend bezeichnet werden können.[36] Eine qualitative Vorgehensweise im Rahmen einer empirischen Studie kann einen Mehrwert liefern, da sie fallorientiert kontextsensitive Daten generiert, wodurch eine Komplexität der Wirklichkeit berücksichtigt werden kann. Diese Ganzheitlichkeit kann im Rahmen einer standardisierten Sozialforschung nicht immer abgebildet werden. Eine qualitative Vorgehensweise beinhaltet eine differenzierte und prozessorientierte Herausbearbeitung von Kontexten und Hintergründen im Hinblick auf eine kommunikative und interaktive Konstruktion von Wirklichkeiten. Dieses ist nicht gleichzusetzen mit einer subjektiven und willkürlichen Interpretation von Daten. Die Aspekte qualitativer Empirie können gerade durch die detaillierte Vorgehensweise und durch die Abkehr von der Verallgemeinerung zu einer Vermeidung von Fehlschlüssen und Missinterpretationen führen.[37] Da im Forschungsfeld des Lerntransfermanagements bislang wenige Erkenntnisse vorliegen und zudem für die Erarbeitung von Begründungen für den Einsatz des Lerntransfermanagements eine Herausarbeitung von Kontexten und Hintergründen

---

[33] Vgl. Becker (2006a) S. 285, ähnlich Schanz (1988) S. 1.

[34] Becker (2006a) S. 285. Vgl. ähnlich Atteslander (2008) S. 4, Gläser/Laudel (2010) S. 24.

[35] Vgl. Gläser/Laudel (2010) S. 24.

[36] Vgl. Gläser/Laudel (2010) S. 26. Das quantitative und das qualitative Forschungsparadigma sind nicht als gegensätzlich oder sich hierarchisch gegenüberstehend zu verstehen. Sie können forschungslogisch komplementär zueinander stehen. Vgl. Kruse (2014) S. 51.

[37] Vgl. Kruse (2014) S. 51 ff.

erforderlich ist, eignet sich methodologisch eine qualitative, theoriengenerierende Forschungsstrategie für den weiteren Verlauf der Untersuchung.

Grundsätzlich können verschiedene qualitative **Forschungsdesigns**[38] existieren, die als gleichwertig zu bewerten sind. Unerlässlich ist, dass das jeweilige Design sowohl zum Forschungsgegenstand als auch zum Ziel der Untersuchung passt.[39] Ein mögliches methodologisches Instrument im Rahmen eines qualitativen, empirischen Forschungsdesigns stellt die explorative Studie[40] dar.[41]

Die **Exploration** versteht *Becker* im Sinne einer erfahrungsvermittelnden Spekulation und weist dieser drei Funktionen zu: Eine Exploration beinhaltet zuerst im Rahmen einer *Deskription* die Beschreibung real vorliegender Phänomene. Anschließend gilt es diese zu *erklären*. Hierzu können Beziehungen in hypothetischer Form empirisch begründet erfasst werden. Die dritte Funktion einer Exploration liegt in der abschließenden *Formulierung handlungsanleitender Aussagen*. Diese können für die Praxis von Belang sein, um die operative und strategische Arbeit zu unterstützen. Folglich beinhaltet eine vollständige Exploration immer eine Deskription wie auch eine Erklärung der vorliegenden Phänomene. Der Anteil respektive die Gewichtung der Formulierung handlungsanleitender Aussagen innerhalb einer Exploration kann nicht konkret festgelegt werden, da dieser vom Untersuchungsgegenstand abhängig gemacht werden muss. Folglich ist im Forschungsprozess häufig lediglich eine Impulsgebung möglich, da wenige Erkenntnisse über die vorliegenden Zusammenhänge innerhalb neuer, unerforschter Felder existieren.[42]

Das bereits konkretisierte Erkenntnisziel lässt sich nicht über einen Forschungsprozess der hypothesenüberprüfenden Art erreichen, da bis zum Forschungszeitpunkt innerhalb der Literatur nur wenige Erkenntnisse über den Umgang mit dem Lerntransfermanagement in Unternehmungen vorliegen. Es handelt sich hier folglich um unbekannte Erkenntnisobjekte, welche auch als sogenannte ‚weiße Flecken' im Forschungsfeld bezeichnet werden

38 Vgl. zum Begriff ‚Forschungsdesign' Flick (2015) S. 252.

39 Vgl. Mayring (2007) S. 4.

40 Vgl. zu einer ähnlichen Vorgehensweise, wie sie im Rahmen der explorativen Studie nach Becker ausgeführt wird, auch Gläser/Laudel (2010) S. 26 ff. Vgl. ebenfalls Flick (2014) S. 124 ff., welcher ein Prozessmodell der qualitativen Forschung aufstellt.

41 Vgl. Becker (2006a) S. 286, ähnlich Atteslander (2008) S. 8.

42 Vgl. Becker (2006a) S. 287. Vgl. zu einer ähnlichen Vorgehensweise auch Gläser/Laudel

können.[43] Der Forschungsprozess, welcher dem formulierten Erkenntnisziel zu Grunde liegt, ist dem **Entdeckungszusammenhang**[44] der Forschung zuzuordnen. Folglich eignet sich eine explorative Forschung[45], welche sich mit der „[...] kreativen, aber dennoch systematisierten Erfassung, Präzisierung, Strukturierung und Erklärung von vorher weitgehend unbearbeiteten realen Problemen"[46] beschäftigt. Die für diese Arbeit zu Grunde liegende Vorgehensweise verfolgt also nicht die Zielstellung allgemeingültige Aussagen zu generieren, in dem zu Beginn der Empirie nomologische Hypothesen aus theoretischen Modellen abgeleitet werden. Aufgrund der Beschaffenheit des Forschungsobjektes kann eine Entwicklung solcher hypothesenartiger Konstruktionen erst nach Abschluss der empirischen Phase erfolgen.[47]

Der explorativen Forschung wird grundsätzlich eine **Methodenpluralität** zugeschrieben und eine bezugsrahmenorientierte explorative Forschung lässt eine breite Methodenvielfalt zu, um einen breiten und tiefen Zugang zu komplexen und strukturierten vorliegenden Forschungsproblemen herbeizuführen. Im Fokus steht das Erkenntnisinteresse, aus welchem die gewählte Forschungsmethode geeignet abgeleitet werden sollte.[48] In dem hier vorliegenden Forschungsprozess bestimmt folglich das formulierte Erkenntnisziel die Methodik sowie die Auswahl der zu verwendenden Forschungsmethoden.

Im Mittelpunkt einer Exploration steht insbesondere das Verstehen sozialer Verhaltensweisen. Dieses kann vorwiegend durch **qualitative Methoden** erfasst werden. Qualitativ bedeutet in diesem Sinne die Abkehr von einer weitgehenden Standardisierung der Erhebungsinstrumente und ein weitgehender Verzicht auf das ‚Zählen', wo dieses keinen expliziten Mehrwert bietet. Es bieten sich hingegen nicht- oder halbstrukturierte Interviews, die Inhaltsanalyse von Gesprächen sowie die Beobachtung und die Interpretation erhobener Informationen für eine solche Vorgehensweise an.[49] Diese qualitativen Vorgehensweisen

[43] Vgl. hierzu Becker (2006a) S. 286 f.

[44] Vgl. zum Entdeckungszusammenhang und Bezugnahme zur Methodenverwendung auch Chmielewicz (1979) S. 36 ff.

[45] Mayring betont die Eigenständigkeit explorativer Studien und belegt dies mit anerkannten Studien der Vergangenheit wie beispielsweise die Hawthorne-Studien im Industriebetrieb und Freuds Fallanalysen. Vgl. hierzu Mayring (2007) S. 5.

[46] Becker (2006a) S. 286.

[47] Vgl. Becker (2006a) S. 286.

[48] Vgl. Becker (2006a) S. 287 f.

[49] Vgl. Becker (2006a) S. 288 f.

sind laut Becker „[...] hervorragend dazu geeignet, Erkenntnisse über „weiße“ Flecken zu gewinnen.“[50]

Für die anstehende empirische Erhebung von Begründungen für den Einsatz und den Nichteinsatz eignet sich folglich die Methode der qualitativen **Experteninterviews**.[51] Insbesondere das Experteninterview und als Auswertungsmethode die qualitative **Inhaltsanalyse** orientieren sich sehr stark an dem vorab bereits formulierten Ziel der geplanten Erhebung. Im Rahmen eines Experteninterviews werden die von dem Interviewer formulierten Fragen aus dem Erkenntnisinteresse abgeleitet. Ebenfalls bei der zielgerichteten Auswertung vorliegender erhobener Texte orientiert sich die Unterscheidung zwischen wichtigen und unwichtigen Informationen am Untersuchungsziel.[52]

Der Fokus der Vorgehensweise sollte im Rahmen einer explorativen Studie auf einer intersubjektiven Nachvollziehbarkeit liegen. Das Vorgehen an sich sowie die daraus abgeleiteten Schlüsse sollten für einen sachkundigen Dritten sowohl nachvollziehbar als auch kontrollierbar sein.[53] Dieses leistet der Forscher einerseits über die detaillierte Begründung seiner Vorgehensweise und andererseits über die Struktur, die er seinem Forschungsprozess verleiht. Insbesondere bei schlecht strukturierten Problemen kann eine **Bezugsrahmenorientierung** eine Ordnung des Denkens über vorliegende komplexe Problemzusammenhänge unterstützen.[54] Becker plädiert im Rahmen der explorativen Forschung dafür, immer bezugsrahmenorientiert vorzugehen, um den Forschungsprozess sowie die generierten Erkenntnisse nachvollziehbar zu strukturieren.[55] Vergleich hierzu Tab. 1.

Weiterhin kann ein Bezugsrahmen eine explorative Studie in der Vorbereitung strukturieren sowie steuern und die Erklärung realer Phänomene strukturieren. Folglich kann so der Forschungsprozess zu einem nachvollziehbaren Erkenntnisprozess systematisiert werden.[56] Becker empfiehlt eine Differenzierung zweier unterschiedlicher Bezugsrahmen, da sich die

[50] Becker (2006a) S. 288.
[51] Vgl. zu weiteren Ausführungen auch Abschnitt 4.1.2.
[52] Vgl. Kromrey (2009) S. 79 sowie Gläser/Laudel (2010) S. 63.
[53] Vgl. Becker (2006a) S. 289.
[54] Vgl. Becker (2006a) S. 290 ff., Rößl (1990) S. 99 sowie zu gedanklichen Bezugsrahmen Grochla (1978) S. 65.
[55] Becker (2006a) baut seine Ausführungen zur Strukturierung von explorativen Forschungsvorhaben mittels Bezugsrahmen u. a. auf die Ausführungen von Kubicek (1975), Kubicek (1977), Osterloh (1982) sowie Chmielewicz (1979) auf.
[56] Vgl. Becker (2006a) S. 289 f.

Erkenntnisse innerhalb des Forschungsprozesses verändern und auch mögliche Annahmen im Zeitverlauf modifiziert werden müssen.[57]

Tab. 1: Darstellung des Forschungsprozesses einer explorativen Studie entlang der Bezugsrahmen.[58]

Art des Bezugs-rahmens	Forschungs-episoden	Aktivitäten	Methoden	Probleme/ Gren-zen
(1) Forschungs-rahmen	Entwicklungs-phase	• Erstellung der Ar-beitshypothesen • Darstellung des Vorverständnisses • Entwicklung von Grundbegriffen • Problemspezifika-tion	• Intuition/Kreativität • Gespräche • Literaturlektüre • Auswertung se-kundärer Daten • Infragestellen	• Nichtthemati-sieren des Vor-verständnisses • Phantasie • Akzeptanz • Subjektivität...
	Erprobungs-phase	• Modifikation • Methodentest • Inhaltliche Über-prüfung • Erprobung	• Pretest • Experten-interviews	• Einzelaussagen • Wahl der Ex-perten • ...
Erhebung	Forschungs-methodik	• Auswahl Untersu-chungsverfahren und -design • Erhebungs- u. Auswertungs-methodik • Auswahl Untersu-chungseinheiten	• Interviews • Fragebogen • Fallstudien • Beobachtung •	• Adäquatheit der Methode zum Forschungs-interesse • Samplewahl • ...
	Anwendungs-phase	• Modifikation • Einsatz des Erhe-bungsinstruments		• Qualität des Instruments • Qualifikation...
(2) Erklärungs-rahmen	Auswertungs-phase	• Problem-beschreibung • Problemerklärung • Aufstellung von Forschungs-hypothese	• Induktion • Qualitative Inhalts-analyse • Faktorenanalyse • Interpretation ...	• Kleines Sample • Vage Aussagen • Begrenzte Aus-sagefähigkeit • Subjektivität ...
(3) Entscheidungs-rahmen	Vorschlagsphase	• Aufstellung des praxeologischen Modells • Beratung	• Interpretation • Falsifikations-versuche • Forschungs-hypothesen	• Kleines Sample • Raum-Zeit-Bezug • Akzeptanz...

Im Forschungsprozess sollte zuerst ein **Forschungsrahmen**[59] generiert werden der eine Orientierungshilfe für das Forschungsprojekt darstellt. Er dient der theoretischen Strukturierung des Forschungsfeldes. Hierbei sollte das Vorverständnis über das Erkenntnisobjekt sowie die damit verbundene Terminologie erfasst und unterschiedliche Positionen und Sachverhalte zum Untersuchungsgegenstand systematisch zusammengetragen werden. Der

[57] Vgl. Becker (2006a) S. 290 ff.

[58] Quelle: Becker (2006a) S. 301.

[59] Das Verwenden eines solch gearteten Forschungsrahmens geht mit der Forderung des vierten methodologischen Prinzips nach Gläser/Laudel einher, wonach Verstehen als Basishandlung für die anstehende empirische Untersuchung vorausgesetzt wird. Dieses ist nicht Endziel, leistet aber einen wesentlichen Beitrag zur Zielerreichung des Forschungsvorhabens. Vgl. Gläser/Laudel (2010) S. 32 f.

Forschungsrahmen stellt ein provisorisches Erklärungsmodell für das Forschungsproblem dar, indem auf Basis einer ausführlichen Quellenanalyse alle über das Forschungsproblem bestehende, für denkbar gehaltene Komponenten und Beziehungen zusammengetragen werden. Folglich entstehen alternative Interpretationsmuster über reale Phänomene und deren Zusammenhänge. Diese können auch als **Arbeitshypothesen** bezeichnet werden. Die Darstellung dieser Zusammenhänge ermöglicht eine problemadäquate Erarbeitung möglicher Erhebungsinstrumente. Der Inhalt des Forschungsrahmens ist als Leitlinie für die empirische Erhebung zu verstehen. Mit seiner Hilfe können Erhebungsmethoden zweckorientiert ausgewählt sowie mögliche Frageinhalte entwickelt werden. Darauf folgt die eigentliche Erprobung und Anwendung des Forschungsrahmens durch die empirische Erhebung.[60]

In einem **Erklärungsrahmen** werden dann die erhobenen Erkenntnisse in Bezug auf die Problemstellung analysiert, um das Ergebnis des Forschungsprojekts darzustellen. Die Formulierung der Inhalte des Erklärungsrahmens erfolgt zuerst durch eine systematische Darstellung der gesammelten empirischen Erkenntnisse sowie eine Diskussion derselben im Hinblick auf die Arbeitshypothesen. In Abhängigkeit vom Forschungsobjekt enthält der Erklärungsrahmen im Idealfall empirisch erhobene und begründete, wenngleich nicht bewiesene, Forschungshypothesen – als mögliche Teilmenge der Arbeitshypothesen. Hierbei wird das Vorverständnis mit den real erhobenen empirischen Daten in Beziehung gesetzt. Der Spekulation sowie induktiver[61] Schlüsse kommen bedeutende Rollen zu.[62] „Das heuristische Potenzial eines Forschungsrahmens wird dann völlig ausgenutzt, wenn im Erklärungsrahmen Antworten auf die Fragen nicht bloß wiedergegeben, sondern weiter hinterfragt und über die Daten hinaus Antworten (Spekulationen) transzendiert werden."[63]

---

60 Vgl. Becker (2006a) S. 290 ff.

61 Vgl. zur Unterscheidung von Induktion, Deduktion sowie Verifikation im Rahmen der qualitativen Datenanalyse auch Strauss (1991) S. 37 ff.

62 Vgl. Becker (2006a) S. 290 ff. Für diese Art der Vorgehensweise im Forschungsprozess und den geschilderten Erklärungsrahmen können Gütekriterien der empirischen Sozialforschung nicht sinnvoll angewendet werden. Im Sinne von Mindestanforderungen genügen die Plausibilität, Erklärungsbemühungen, Offenheit, Flexibilität und teilweise Konsistenz. Vgl. Becker (2006a) S. 299, ähnlich Kruse (2014) S. 54 ff., welcher die quantitativen Gütekriterien auf ein qualitatives Forschungsparadigma nachvollziehbar übersetzt. Vgl. zudem die Ausführungen zu Werturteilen im Abschnitt 4.3. Auch ist die Prognosefähigkeit eines Erklärungsrahmen in dem Sinne einzuschränken, als dass er für kleinere, nicht repräsentative Samples gilt. Somit können keine signifikanten Schlussfolgerungen für weitere Unternehmungen getroffen werden. Dennoch kann der Erklärungsrahmen für den Praktiker eine sinnvolle Hilfe sein, um Probleme zu definieren, Entscheidungsprobleme zu strukturieren und Probleme fantasievoll zu lösen. Vgl. Becker (2006a) S. 299 f.

63 Becker (2006a) S. 298.

Der **vorliegende Forschungsprozess** wird, auf Basis der oben angeführten Vorteile der Nutzung von Bezugsrahmen, unter Zuhilfenahme von Bezugsrahmen und insbesondere eines Forschungs- sowie eines Erklärungsrahmens strukturiert. Der Forschungsrahmen leistet demnach ein provisorisches Erklärungsmodell für das Lerntransfermanagement, indem er sowohl mögliche, bereits in der Literatur theoretisch sowie empirisch vorliegende Erkenntnisse über das Lerntransfermanagement beinhaltet, um eine Wissensbasis für die anstehende empirische Untersuchung herzustellen.[64] Der Erklärungsrahmen beinhaltet die Ergebnisse der Arbeit. Im Rahmen dessen werden im Forschungsrahmen Arbeitshypothesen generiert, welche vor Beginn der empirischen Phase die Untersuchung von Zusammenhängen über die Erkenntnisobjekte beschreiben. Sie beinhalten alternative Interpretationsmuster über das Phänomen des Lerntransfermanagements und weisen das Charakteristikum der Vermutung auf.[65]

Unter Bezugnahme der immer wieder aufkommenden wissenschaftlichen Diskussion ‚Rigour' versus ‚Relevance' ist die vorliegende Arbeit, wie im Rahmen der Ausführungen zur explorativen Vorgehensweise bereits dargestellt, **praxeologisch orientiert** und folglich auf dem Kontinuum von Rigour und Relevance eher im Bereich Relevance zu verorten. Indirekt leistet Rigour aber über die wissenschaftliche Relevanz einen vermittelten Beitrag für die Relevanz der Praxis, wenngleich diese in erster Linie an den Ergebnissen der wissenschaftlichen Forschung orientiert und weniger Interesse an dem Zustandekommen der inhaltlichen Ergebnisse hat.[66]

1.3 AUFBAU DER ARBEIT

Nachdem der Forschungsanlass hergeleitet und darauf aufbauend das Ziel der Arbeit präzisiert sowie die damit korrespondierenden methodologischen Überlegungen dargelegt wurden, wird der daraus resultierende Aufbau der Arbeit dargestellt. Abb. 1 verdeutlicht den Aufbau der Arbeit und die Interdependenzen der einzelnen Kapitel.

---

64 Vgl. Becker (2006a) S. 285 ff.

65 Das Verständnis der Hypothesen orientiert sich nach Becker an einer Hypothesengewinnung. Vgl. Becker (2006a) S. 293. Eine Hypothesengenerierung, verbunden mit dem Testen von Hypothesen ist im qualitativen Forschungsprozess, verbunden mit dem Entdeckungszusammenhang, nicht sinnvoll. Auch Mayring definiert die Funktion von Hypothesen im Rahmen explorativer Studien durch die Generierung von Hypothesen durch die Studie. Vgl. hierzu Mayring (2007) S. 4. Vgl. zur Diskussion um Hypothesen in der qualitativen Sozialforschung auch Meinefeld (2015) S. 271 ff.

66 Vgl. hierzu Kuhn (1962), Nicolai (2004) S. 99 ff.

Im nachfolgenden zweiten Kapitel erfolgt eine Betrachtung der mit den Untersuchungsgegenständen verbundenen Grundlagen. Zuerst wird die Definition der innerbetrieblichen Weiterbildung festgelegt (2.1). Anschließend bedarf es einer Darstellung von Zielen der innerbetrieblichen Weiterbildung sowie an der Weiterbildung beteiligter Akteure, da eine Beteiligung dieser an dem Weiterbildungsprozess ebenfalls mit der Beteiligung am Lerntransfermanagement korrespondieren kann. Somit wird der Prozess der Weiterbildung ebenfalls skizziert, um darin enthaltene Vorgehensweisen und Bereiche für den Leser nachvollziehbar darzulegen.

Darauf aufbauend wird im Abschnitt 2.2 die zweckmäßig ausgewählte Definition des Lerntransfers dargestellt sowie die Formen des Lerntransfers unterschieden. Der folgende Abschnitt erweitert den Lerntransfer um die Managementkomponente und befasst sich mit in der Literatur vorliegenden Begriffsverständnissen des Lerntransfermanagements sowie der Einführung einer zweckmäßig weiten Begriffsdefinition für das Verständnis der Arbeit. Weiterhin wird auf mögliche, an dem Lerntransfermanagement beteiligte Akteure eingegangen, da sie auch im Rahmen der anstehenden empirischen Untersuchung eine Rolle spielen.

Um das noch weitgehend unerforschte Problemfeld des Lerntransfermanagements systematisch zu erfassen, zu strukturieren und um Erklärungen dafür zu erhalten, ist im Rahmen der Arbeit eine explorative, bezugsrahmenorientierte Vorgehensweise zweckmäßig.[67] Der Forschungsrahmen bildet dabei das dritte Kapitel, welches als provisorisches Erklärungsmodell die Leitlinie für die empirische Erhebung vorgibt.[68] Demnach werden im Anschluss an die Erläuterung der Vorgehensweise (3.1) im Abschnitt 3.2 prägnante existierende Lerntransfermodelle, welche einen Erklärungsbeitrag für das Lerntransfermanagement leisten können, ausgewählt, deren Charakteristika dargestellt und darauf aufbauend Implikationen für das Lerntransfermanagement abgeleitet.

Der Abschnitt 3.3 widmet sich in der Literatur vorliegenden Lerntransfersicherungsmaßnahmen. Hier erfolgt eine Darstellung von vielfach genannten, bedeutenden Maßnahmen, die im Rahmen des Lerntransfermanagements eingesetzt werden können. Diese Ausfüh-

---

67 Vgl. Becker (2006a) S. 285 ff.
68 Vgl. Becker (2006a) S. 291 ff.

rungen tragen dazu bei, Erkenntnisse über eine mögliche Ausgestaltung des Lerntransfermanagements zu gewinnen, um die empirische Phase fundiert vorzubereiten.

Da in der Literatur bislang noch unzureichende Erkenntnisse zur Erklärung des Einsatzes des Lerntransfermanagements vorliegen, beinhaltet der Abschnitt 3.4 eine Vermutungsgenerierung zur Erklärung des Einsatzes auf Basis von allgemeinen theoretischen Ansätzen, welche für die empirische Untersuchung genutzt werden kann. Dazu wird im Rahmen der Vorbemerkungen die Begründung für die gewählte Vorgehensweise ausgeführt. Im Anschluss wird erläutert, wie und warum die nachfolgend zu betrachtenden theoretischen Ansätze ausgewählt wurden. Im folgenden Abschnitt erfolgt eine Darstellung relevanter Charakteristika der ausgewählten theoretischen Ansätze, um darauf aufbauend konkrete Arbeitshypothesen unter Bezugnahme auf das Lerntransfermanagement ableiten zu können. Weitere Erkenntnisse über den Einsatz des Lerntransfermanagements leisten allgemeine Plausibilitätsüberlegungen im folgenden Abschnitt. Da sich die Ergebnisse der Vermutungsgenerierung im Abschnitt 3.4 differenziert und umfassend gestalten, bedarf es am Ende des Abschnitts eines Überblicks über die gewonnenen Erkenntnisse im Rahmen der dargestellten Implikationen für das Lerntransfermanagement. Das Kapitel schließt mit einer Gesamtbetrachtung (3.5), welche die Kernaussagen der bereits ausgeführten Implikationen für das Lerntransfermanagement zusammenfasst.

Das folgende Kapitel 4 befasst sich mit der Forschungsmethodik. Um dem Erkenntnisziel der Arbeit gerecht zu werden, gestaltet sich die empirische Erhebung in Form einer explorativen Studie methodenpluralistisch in zwei Stufen. Das gewählte Forschungsdesign wird im Abschnitt 4.1 begründet und geschildert. Zuerst wird im Rahmen des Aufbaus der Untersuchung der zweistufige Aufbau der Untersuchung dargelegt. Anschließend werden die verwendeten Untersuchungsmethoden – die Online-Expertenbefragung sowie das Experteninterview – begründet ausgeführt. Weiterhin wird auf die Anzahl, die Herkunft und den Hintergrund der zu befragenden Experten eingegangen, die für die Untersuchung als relevant eingeschätzt werden. Der folgende Abschnitt beinhaltet eine detaillierte Ausführung zu den Inhalten der Befragung sowie dessen Herleitung. Diese basieren auf den Inhalten des Forschungsrahmens. Zudem wird im folgenden Abschnitt die Durchführung der Online-Befragung sowie der Experteninterviews (4.2) erläutert sowie danach auf die verwendete Auswertungsmethodik und dessen Umsetzung (4.3) eingegangen.

Kapitel 5 dient als Erklärungsrahmen, um die gewonnenen Erkenntnisse zum Lerntransfermanagement darzustellen und zu analysieren. Eingangs werden Erläuterungen zur Gestaltung des Kapitels im Rahmen der Vorbemerkungen (5.1) ausgeführt. Im Rahmen der Darstellung der Ergebnisse der Online-Befragung (5.2) wird zunächst das bestehende Lerntransfermanagement befragter Unternehmungen analysiert und auf diesen Ergebnissen aufbauend, Implikationen für die leitfadengestützten Experteninterviews aufgezeigt.

Der Abschnitt 5.3 beinhaltet die Ergebnisse der Experteninterviews. Diese gliedern sich in einen Überblick der befragten Unternehmungen (5.3.1) sowie anschließenden Ausführungen zur Ausgestaltung des Lerntransfermanagements (5.3.2). Im Zuge dessen werden sowohl eingesetzten Lerntransfersicherungsmaßnahmen ausgeführt als auch der bei den Unternehmungen bestehender Managementbezug der Lerntransferunterstützung und von den Unternehmungen eingeschätzte zukünftige Entwicklungen des Lerntransfermanagements dargestellt. Der Abschnitt schließt mit der Darstellung von Begründungen für die Ausgestaltung des Lerntransfermanagements. Im folgenden Abschnitt (5.3.3) wird der Einsatz des Lerntransfermanagements analysiert. Dabei gestalten sich die Ausführungen in Begründung für den Einsatz des Lerntransfermanagements und Begründung für den Nichteinsatz des Lerntransfermanagements. Da eine differenzierte Betrachtung des Nichteinsatzes erforderlich ist, gliedert sich dieser Abschnitt neben der Darstellung eines Überblicks in kultur- und strukturspezifische Gründe, weiterbildungsveranstaltungsspezifische Gründe, ressourcenspezifische Gründe und personenspezifische Gründe des Lerntransfermanagementeinsatzes.

Anschließend erfolgt die Interpretation der generierten Ergebnisse (5.3.4). Die durchgeführte Interpretation lehnt sich an die Gliederung der vorherigen Abschnitte an und startet mit einer Interpretation der Lerntransfermanagementausgestaltung und einer anschließenden Interpretation des Lerntransfermanagementeinsatzes. Um die Ergebnisse ebenfalls einer Gesamtinterpretation unterziehen zu können, erfolgt dieses im nachfolgenden Abschnitt. Im Zuge dessen werden Interpretationen zum funktionalen und institutionellen Lerntransfermanagement ausgeführt sowie die Elemente des Lerntransfermanagements spezifiziert und die befragten Unternehmungen hinsichtlich ihrer Elaboration des Lerntransfermanagements einer Gruppierung unterzogen. Der letzte Abschnitt leistet eine Visualisierung des Erklärungsrahmens unter Bezugnahme auf die Ergebnisse des Forschungsrahmens.

Das folgende Kapitel 6 beinhaltet die Schlussbetrachtung, welche in ein Fazit (6.1) sowie einen Ausblick (6.2) unterteilt wird. Im Rahmen des Fazits wird ein Resümee gezogen, inwieweit die Zielstellung der Arbeit erreicht wurde sowie prägnante, wesentliche Ergebnisse zusammengefasst. Der Ausblick beinhaltet Prognosen hinsichtlich weiterer Forschungsmöglichkeiten auf Basis der gewonnenen Erkenntnisse zum Lerntransfermanagement.

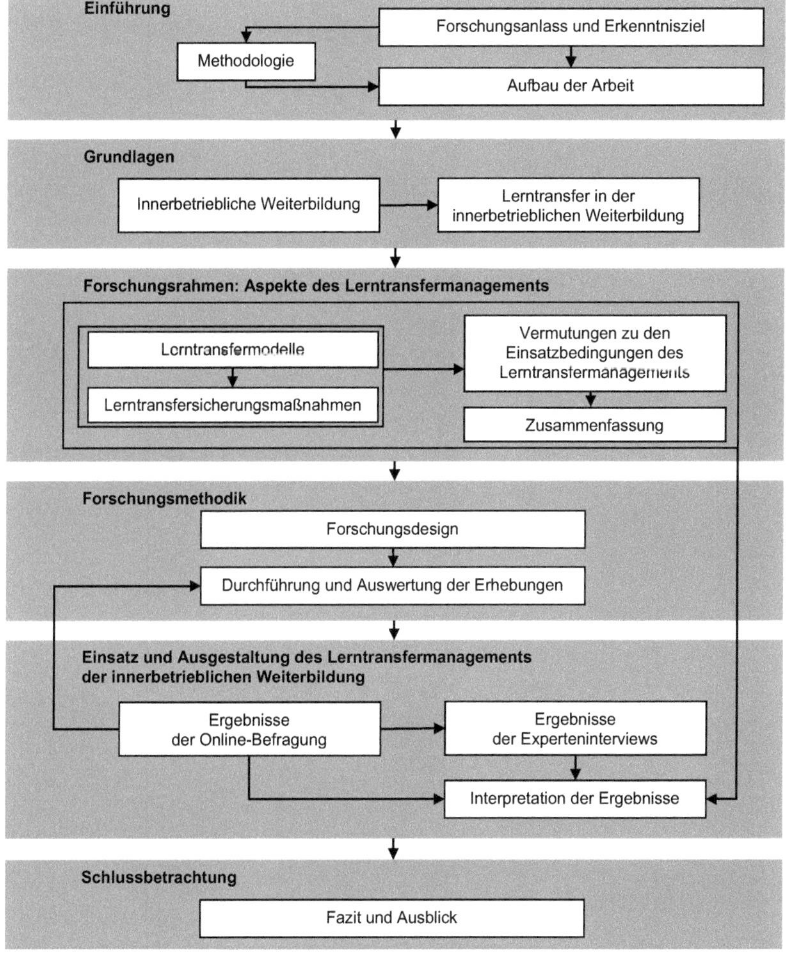

Abb. 1: Aufbau der Arbeit.

2. GRUNDLAGEN

2.1 INNERBETRIEBLICHE WEITERBILDUNG

2.1.1 Begriff

Um den Begriffsinhalt der innerbetrieblichen Weiterbildung erschließen zu können, bedarf es einer Betrachtung des Begriffs der Personalentwicklung[69] sowie dessen Charakteristika. Zu begründen ist dies mit der Abgrenzung der betrieblichen Weiterbildung von der Personalentwicklung.

Berthel/Becker wählen eine weite Begriffsfassung der **Personalentwicklung** und beschreiben diese anhand der folgenden Merkmale. Demnach ist die Personalentwicklung eine Summe von Tätigkeiten, welche für das Personal nach einheitlichem Konzept systematisch vollzogen werden. Beabsichtigt ist dabei die Veränderung der Qualifikationen und/oder Leistungen in Bezug auf einzelne Mitarbeiter aller Hierarchieebenen eines Betriebs durch Bildung, Karriereplanung und Arbeitsstrukturierung. Im Rahmen dessen soll der Arbeitskontext berücksichtigt und sich an der Erreichung von betrieblichen und persönlichen Zielen orientiert werden. Die Personalentwicklung wirkt sich dabei auf das Qualifikationspotenzial, das potenziell realisierbare Arbeitsvermögen eines jeden Mitarbeiters, aus.[70] Laut *Berthel/Becker* ist die Weiterbildung[71] neben der Ausbildung der Bildung zuzuordnen.[72] Sie stellt somit den Kern der Personalentwicklungsarten dar, da durch sie eine explizite oder auch direkte Qualifizierung erfolgt.[73]

Laut *Solga/Ryschka/Mattenklott* beinhaltet Personalentwicklung zielgerichtete Maßnahmen zur systematischen Förderung beruflicher Handlungskompetenz, mit welcher Personen durch die Vermittlung von Kenntnissen, Fertigkeiten, Fähigkeiten, Einstellungen und Motiven, berufliche Herausforderungen und damit verbundene Arbeitsaufgaben und Probleme

---

69 Vgl. zu einer Übersicht in der Literatur vorliegender Definitionen sowie einer differenzierten Betrachtung derselben Neuberger (1994) S. 4 f.

70 Vgl. Berthel/Becker (2013) S. 414 f.

71 Die Begriffe Fort- und Weiterbildung werden weitgehend synonym verwendet. Vgl. dazu Pawlowsky/Bäumer (1996) S. 8 sowie Kolb/Burkart/Zundel (2010) S. 486. Der Unterschied besteht lediglich darin, dass die Fortbildung eine Fortsetzung der fachlich-beruflichen Ausbildung beinhaltet, und die „Weiterbildung darüber hinaus ein vertieftes Verständnis komplexer Probleme zum Gegenstand hat" Berthel/Becker (2013) S. 456. Berthel/Becker weisen darauf hin, dass der vorliegenden Differenzierung eine lediglich marginale Bedeutung zuzuweisen ist und die methodischen Gemeinsamkeiten aufgrund veränderter Problemstellungen und Innovationstendenzen keine konzeptionell differenzierten Aussagen ermöglichen. Vgl. ähnlich Lung (1996) S. 16.

72 Vgl. Berthel/Becker (2013) S. 448 ff.

73 Vgl. Berthel/Becker (2013) S. 455 f., vgl. ähnlich Kailer (2004) Sp. 769.

selbstständig bewältigen können. Sie beschreiben die Weiterbildung als Maßnahme in diesem Bereich.[74]

Eine gängige in der Literatur vorliegende Betrachtungsweise ist es, die Weiterbildung als **Teilbereich der Personalentwicklung** einzuordnen.[75] Diese Einordnung wird für das Verständnis der Arbeit übernommen. Somit können die im Rahmen innerhalb der angeführten Definitionen angeführten Charakteristika der Personalentwicklung auf die betriebliche Weiterbildung übertragen werden.

Berthel/Becker verstehen unter **Weiterbildung** „die Vermittlung von Kenntnissen und Fähigkeiten einschließlich Verhaltensweisen [..], mit der die Qualifikation eines Mitarbeiters erhalten oder durch Erweiterung und/ oder Vertiefung verbessert werden kann“ [76]. Die berufliche Weiterbildung umfasst dabei bewusste, planmäßige und gezielte Maßnahmen.[77]

Berthel/Becker beschreiben im Rahmen ihrer Definition der Personalentwicklung, dass sich diese systematisch vollzieht und eine Qualifikationsänderung seitens der Unternehmungen beabsichtigt wird. *Solga/Ryschka/Mattenklott* betonen ebenfalls eine systematische Förderung.[78] Zudem nennen beide den Einbezug von betrieblichen Zielen respektive den Einsatz von zielgerichteten Maßnahmen.[79] Ähnlich verhält es sich mit der betrieblichen Weiterbildung. Dadurch, dass die Weiterbildung **bewusste, planmäßige und gezielte** Maßnahmen umfasst, wird deutlich, dass Weiterbildung kein Selbstzweck ist und auch nicht von selbst geschieht. *Lung* formuliert es ähnlich. Demnach geht die Weiterbildung mit konkreten, zielorientierten Bestrebungen seitens der Unternehmung einher.[80] Für das Verständnis der Arbeit ist es zweckmäßig, bewusste, geplante und gezielt gestaltete und eingesetzte Maßnahmen unter der Weiterbildung zu fassen, da nur in diesem Fall eine Lerntransferunterstützung überhaupt bewusst eingesetzt werden kann.

---

74 Vgl. Solga/Ryschka/Mattenklott (2011) S. 19 f.

75 Berthel/Becker (2013) S. 448 ff., Kailer (2004) Sp. 768, Solga/Ryschka/Mattenklott (2011) S. 19 f., Staehle (1999) S. 880, Conradi (1983) S. 7 f., Nicolai (2009) S. 266 ff., Becker (2013) S. 4. Die Weiterbildung wird von wenigen Autoren nicht von der Personalentwicklung differenziert. Vgl. hierzu Staehle (1999) S. 879.

76 Berthel/Becker (2013) S. 456.

77 Vgl. Berthel/Becker (2013) S. 456.

78 Vgl. ebenso Conradi (1983) S. 1 ff., Nicolai (2009) S. 266 ff., Schöni (2001) S. 32.

79 Vgl. ebenso Conradi (1983) S. 1 ff., Nicolai (2009) S. 266 ff., Becker (1999) S. 8.

80 Vgl. Lung (1996) S. 17, ähnlich Kailer (2004) Sp. 769.

Berthel/Becker unterscheiden Weiterbildungen, die auf die **Anpassung** der Qualifikation, welche der Erhaltung der horizontalen Mobilität dient, ausgerichtet sind und Weiterbildungen, die auf den **Aufstieg** ausgerichtet sind, welche die Förderung der vertikalen Mobilität der Mitarbeiter enthält.[81] *Lung* bezieht die Weiterbildungsaktivitäten auf bestehende oder geplante Arbeitsplätze der weiterzubildenden Mitarbeiter.[82] Die Unterscheidung von *Berthel/Becker* erscheint differenziert. Entsprechend der definierten Zielsetzung der Arbeit geht es darum, die Lerntransferaktivitäten von Unternehmungen zu erfassen und zu erklären. Es ist anzunehmen, dass sich lerntransferunterstützende Maßnahmen unter Umständen sowohl auf Weiterbildungsmaßnahmen mit dem Ziel der Anpassungsfortbildung als auch auf Weiterbildungsmaßnahmen mit dem Ziel der Aufstiegsfortbildung beziehen. Demnach wird der Weiterbildungsbegriff für die vorliegende Arbeit entsprechend weit gefasst und beinhaltet Weiterbildungsaktivitäten mit dem Ziel der Anpassung als auch mit dem Ziel des Aufstiegs.

Das im Rahmen der Definition von *Berthel/Becker* angeführte Ziel der Weiterbildung, die Qualifikation der Mitarbeiter zu erhalten, zu erweitern respektive zu vertiefen, erfordert eine Auseinandersetzung mit dem Terminus der Qualifikation[83]. Dieser kann mit dem Terminus der **Kompetenz** gleichgesetzt werden.[84] Im Rahmen der betrieblichen Weiterbildung wird davon ausgegangen, dass es Ziel ist, die berufliche Handlungskompetenz der Mitarbeiter positiv zu beeinflussen. Diese berufliche Handlungskompetenz befähigt die Mitarbeiter im täglichen Arbeitsablauf dazu, die komplexe berufliche Umwelt zu erfassen und zu verstehen sowie diese durch zielgerichtete, reflektierte und verantwortliche Aktivitäten zu gestalten.[85] Dabei kann die berufliche Handlungskompetenz durch die nachfolgend dargestellten Kompetenzbereiche definiert werden.[86] In einer anwendungsorientierten Sichtweise können demnach Fachkompetenzen von Methodenkompetenzen und Sozialkompetenzen unterschieden werden.[87]

---

81 Vgl. Berthel/Becker (2013) S. 456, ebenfalls Becker (2004) S. 58, Becker (1997) S. 101.

82 Vgl. Lung (1996) S. 17.

83 Vgl. zur Verwendung des Qualifikationsbegriffs auch Becker (2013) S. 6. sowie Lung (1996) S. 20.

84 Vgl. Berthel/Becker (2013) S. 420, Kailer (2004) Sp. 769, anders Becker (2013) S. 5 ff., Bartscher/Stöckl/Träger (2012) S. 341 sowie zu weiteren inhaltlichen Ausführungen Becker (1997) S. 86.

85 Vgl. Sonntag/Schaper (2006) S. 271.

86 Vgl. Sonntag/Schaper (2006) S. 271, Solga/Ryschka/Mattenklott (2011) S. 20 f.

87 Vgl. Berthel/Becker (2013) S. 420 ff. In der Literatur bestehen weitere Klassifikationen wie beispielsweise die Unterscheidung nach sensormotorischen Qualifikationselementen, kognitiven Qualifikationselementen und affektiv-motivationalen Qualifikationselementen sowie die Unterscheidung nach funktionalen und extrafunktionalen Qualifikationen (vgl. hierzu auch Dahrendorf (1956), Kern/Schumann (1970)) oder die Bezugnahme zu Schlüsselqualifikationen (vgl. hierzu auch Mertens (1974)). Vgl. zu weiteren

Fachkompetenzen umfassen somit Breiten- und Tiefenwissen und ihr Anwendungs-Know-how. Fachkompetenzen werden für die fachliche Bewältigung der Arbeitsaufgaben benötigt und können organisations-, prozess-, aufgaben- oder arbeitsplatzspezifische berufliche Fertigkeiten und Kenntnisse umfassen. Abzugrenzen sind davon **Methodenkompetenzen**, welche die gedankliche Antizipation derjenigen Arbeitsschritte umfasst, die für eine Tätigkeit erforderlich sind. Dies beinhaltet die Fähigkeit zu analysieren, Konzepte zu entwickeln, zu entscheiden und zu steuern. Damit einhergehende Einzelfähigkeiten sind beispielsweise kritisches, analytisches und vernetztes Denken, Lernfähigkeit, Reflexionsfähigkeit, alternative Arbeitsweisen. **Sozialkompetenzen** sind unerlässlich für Tätigkeiten innerhalb von Gruppen unterschiedlicher sozialer Strukturen wie Alter, sozialer Herkunft oder Hierarchieebene. Sozialkompetenzen werden benötigt, um Probleme erfolgreich zu erkennen und zu lösen sowie sach- und personenbezogene Konflikte zu handhaben, Entscheidungen konstruktiv und aktiv herbeizuführen oder auch Verantwortung innerhalb einer Gruppe zu übernehmen. Einige Autoren führen im Rahmen der Sozialkompetenzen die **Führungskompetenz** gesondert an als Fähigkeit, Mitarbeiter und andere Interaktionspartner zu überzeugen und Verantwortung, entsprechendes Führungsverhalten zu zeigen.[88]

Die begriffliche Verwendung der dargelegten Kompetenzbereiche erfolgt vielfach in der Praxis der betrieblichen Weiterbildung.[89] Zudem ist die Verwendung des Kompetenzbegriffs als anwendungsorientierte Sichtweise zu bezeichnen.[90] Für die anstehende Empirie ist es erforderlich, Begriffsverständnisse einzuführen, die nicht unnötig schwer, nach der Durchführung der Erhebungen, in eine Fachterminologie zurückübersetzt werden müssen, da dieses die Gefahr der Fehlübersetzungen birgt sowie die Untersuchungsergebnisse verfälschen kann. Da die Verwendung des Kompetenzbegriffs praxeologisch ausgerichtet ist und in der Literatur ebenso etabliert wie die Verwendung des Qualifikationsbegriffs ist, ist

Ausführungen des Kompetenzbegriffs Grote [u. a.] (2012).

88 Vgl. Berthel/Becker (2013) S. 420, vgl. ähnlich Solga/Ryschka/Mattenklott (2011) S. 20. Solga/Ryschka/Mattenklott ergänzen als viertes Kompetenzfeld die ‚Selbst- und Personalkompetenz' im Sinne von beruflich relevanten Einstellungen, Werthaltungen und persönlichkeitsbezogenen Dispositionen, welche auf die Selbstreflexionsfähigkeit des Mitarbeiters, dessen Motivation und letztlich auf die Steuerung seines beruflichen Handelns, wie beispielsweise seine Offenheit für neue Erfahrungen und das Vertrauen in die eigene Tüchtigkeit (Selbstwirksamkeit), wirken. Vgl. ebenso Kauffeld (2006), Sonntag/Schaper (2006) S. 271.

89 Sonntag/Schaper gehen sogar von einer ‚inflationären' Verwendung der Begriffe in der Praxis, insbesondere im Zusammenhang mit der Beschreibung von Kernkompetenzen sowie im Kontext zukunftsorientierter, innovativer Personalentwicklungskonzepte aus. Vgl. hierzu sowie zu weiteren Anwendungsbereichen Sonntag/Schaper (2006) S. 272.

90 Vgl. Berthel/Becker (2013) S. 420 ff., Grote [u. a.] (2012).

die **Verwendung des Kompetenzbegriffs** für das Erreichen des Ziels der vorliegenden Arbeit zweckmäßig.

Berthel/Becker betonen, dass Weiterbildungsveranstaltungen, die durch innerbetriebliche Einrichtungen als Träger durchgeführt werden, auf die Nutzung vorhandener Betriebsmittel ausgerichtet sein können und dass durch diese Betriebsspezifität die Akzeptanz der Maßnahme bei den Teilnehmern sowie deren Erfahrungsaustausch- und Kooperationsbereitschaft gefördert werden kann. Hingegen ermöglichen außerbetrieblich organisierte und durchgeführte Weiterbildungsveranstaltungen eine kritische Distanz zu den jeweils neu erlernten Sachverhalten. Weiterhin können Veranstaltungen mit den entsprechend fachlich qualifizierten Trainern gezielt und zeitnah für spezielle Themengebiete eingekauft werden.[91]

Für eine Betrachtung des Lerntransfermanagements im Verlauf der Arbeit ist es von Belang, dass von Unternehmungsseite Einfluss auf die Weiterbildungssituation genommen werden kann. Demnach orientiert sich der für die Arbeit zweckmäßig definierte Begriff der Weiterbildung an einer **innerbetrieblichen Ausrichtung**, indem die Gestaltung der Weiterbildung wesentlich durch innerbetriebliche eigene Einrichtungen und damit verbundene Personen erfolgt.

Demnach wird, in wesentlicher Anlehnung an *Berthel/Becker* und für die Arbeit zweckmäßig, eine weite[92] Begriffsfassung gewählt und die *innerbetriebliche Weiterbildung* definiert als

> *die Vermittlung von Kompetenzen, mit der die Qualifikation eines Mitarbeiters erhalten oder durch Erweiterung und/oder Vertiefung verbessert werden kann. Dabei handelt es sich um den Einsatz von innerbetrieblich wesentlich beeinflussten, bewussten, planmäßigen und gezielten Maßnahmen.*[93]

---

91 Vgl. Berthel/Becker (2013) S. 512 f., ähnlich Kauffeld/Grote/Frieling (2009) S. 6 f., Kailer (2004) Sp 772.

92 Dieses ist mit der geplanten Erfassung der Variabilität an Begründungen für den Einsatz und den Nichteinsatz des Lerntransfermanagements zu begründen.

93 Vgl. Berthel/Becker (2013) S. 456 sowie zum Kompetenzbegriff Berthel/Becker (2013) S. 420. Eine Weiterbildungsveranstaltung kann im Weiteren auch mit den Termini ‚Weiterbildungsmaßnahme‘, ‚Se-

2.1.2 Ziele, Akteure und Prozess

Mit einer Betrachtung der innerbetrieblichen Weiterbildung sind unterschiedliche Stellgrößen verbunden. Einerseits wird eine Weiterbildung von Unternehmungsseite zielgerichtet durchgeführt. Demnach ist es unerlässlich, sich für den Verlauf der Arbeit einen Überblick über mit der Weiterbildung verbundene Ziele zu verschaffen. Diese sind nicht allein aus der Unternehmungsperspektive zu betrachten, da an einer Weiterbildung verschiedene Akteure beteiligt sind. Diese übernehmen unterschiedliche Rollen im Rahmen des Lerntransfermanagements. Deshalb gilt es, die Akteure der Weiterbildung vorab zu differenzieren. Weiterhin kann eine Weiterbildung als Prozess aufgebaut sein. Infolgedessen kann auch ein Lerntransfermanagement an verschiedenen Prozessbereichen Ansatzpunkte finden. Deshalb ist es von Belang, nachfolgend die Charakteristika des Weiterbildungsprozesses darzustellen.[94] Grundsätzlich gibt es drei unterschiedliche Arten von **Zielen** der Personalentwicklung, welche auf die innerbetriebliche Weiterbildung übertragbar[95] und auf die Perspektive der Unternehmung, des einzelnen Mitarbeiters und die gesellschaftliche Perspektive zurückzuführen sind.

Unternehmungsbezogene Ziele der Weiterbildung können aus dem Zielsystem der Gesamtunternehmung abgeleitet werden. Hierzu zählen als übergeordnete Ziele beispielsweise: der Fortbestand der Unternehmung, die Erhöhung der Wettbewerbsfähigkeit und Flexibilität der Unternehmung und damit die Erhöhung der Fähigkeit, betrieblich sinnvolle Änderungen zu erfassen und zu initiieren sowie die Motivation und Integration der Mitarbeiter der Unternehmung. Letztlich trägt die Weiterbildung dazu bei, den dafür erforderlichen Personalbedarf qualitativ und quantitativ langfristig zu decken.[96]

minar' oder ‚Training' bezeichnet werden. Diese Begriffe werden synonym verwendet. Ein Mitarbeiter, welcher an einer Weiterbildungsveranstaltung teilnimmt oder teilgenommen hat, kann im Weiteren auch mit den Termini ‚Teilnehmer' oder ‚weitergebildeter Mitarbeiter' bezeichnet werden. Die Begriffe sind ebenfalls synonym zu verstehen.

94 Die durch eine Weiterbildung zu vermittelnden Inhalte beziehen sich auf die bereits ausgeführten Kompetenzbereiche und werden deshalb nicht weiter aufgeführt. Auch dabei zu verwendende Methoden sind im Rahmen dieser Arbeit nicht vordergründig zu analysieren, um den Umgang mit dem Lerntransfermanagement zu betrachten. Ebenso ist der Träger der zu betrachtenden Weiterbildungen als intern bereits begründet festgelegt. Folglich wären weitere Ausführungen zu externen Weiterbildungen ebenfalls nicht zielführend. Aufgrund der Vollständigkeit sollen diese Stellgrößen aber ebenfalls genannt werden. Vgl. zu Handlungsfeldern und Ausgestaltungsformen der Weiterbildung auch Pawlowsky/Bäumer (1996) S. 10 sowie Staehle (1999) S. 886, Meißner (2012) S. 14 ff.

95 Die nachfolgend ausgeführten Inhalte zu Zielen und Akteuren der innerbetrieblichen Weiterbildung sind in der Literatur teilweise personalentwicklungsbezogen dargestellt. Da die Weiterbildung als Teilbereich der Personalentwicklung einzuordnen ist, sind die Inhalte plausibel auf die innerbetriebliche Weiterbildung übertragbar.

96 Vgl. Kailer (2004) Sp. 770 sowie Becker (2004) S. 57, Becker/Schwarz (2002) S. 21, Becker (1999) S.

Aus Sicht der Mitarbeiter ist es elementar, ihre persönlichen Entwicklungen innerhalb ihrer Berufe voranzutreiben, woraus sich einerseits Gruppenziele ergeben können, andererseits aber für jeden Mitarbeiter individuelle und persönliche Einzelziele. Diese Zielmenge ist durch die unterschiedlich geprägten Werte, Normen, Erwartungen und Motive der Mitarbeiter bedingt und insofern nicht vollständig erfassbar. Als Beispiele können die Anpassung der persönlichen Kompetenzen an die Stellenanforderungen, die Sicherung der beruflichen Stellung sowie damit verbundene Aufstiegschancen, die Einkommenssicherung, aber auch immaterielle Ziele wie die Befriedigung individueller Bildungsbedürfnisse und die Nutzung eigener Fähigkeiten für abwechslungsreiche und interessante Arbeitsaufgaben etc. angeführt werden.[97]

Auch die Gesellschaft bildet Rahmenbedingungen für die innerbetriebliche Weiterbildung. Aus *gesellschaftlicher Sicht* sind Ziele wie die Förderung des gesellschaftlichen Humankapitals, die Humanisierung des Arbeitslebens oder die freie Persönlichkeitsentfaltung zu nennen. Unternehmungen sollen demnach zur Verringerung der Arbeitslosigkeit und zur optimalen Allokation der humanen Ressourcen beitragen.[98]

Aus den einzelnen Beispielen wird ersichtlich, dass sich die unterschiedlichen Zielperspektiven teilweise ergänzen und nicht immer ausschließen. Es ist anzustreben, diese drei Zielperspektiven in Einklang zu bringen, um den Unternehmungserfolg langfristig zu sichern. Für das Ziel der Arbeit und damit verbunden für das Management des Lerntransfers ist es in erster Linie erforderlich, die Ziele der Mitarbeiter und die Unternehmungsziele sowie deren Kongruenz in den Fokus zu nehmen, da diese zumindest zum Teil durch ein Lerntransfermanagement beeinflusst werden können, hingegen die gesellschaftlichen Ziele durch den Einsatz von Maßnahmen des Lerntransfermanagements eher weniger beeinflusst werden können. Folglich werden für den weiteren Verlauf der Arbeit diese beiden genannten Zielkategorien weiter betrachtet, die gesellschaftliche Sicht aber als globaler angenommen und nachrangig im Sinne eines Lerntransfernmanagements behandelt.

156 f., Menzel (1997) S. 26 f., Bartscher/Stöckl/Träger (2012) S. 246.

97 Vgl. Kailer (2004) Sp. 770 f. sowie Becker (2004) S. 57, Becker/Schwarz (2002) S. 21, Menzel (1997) S. 27 f., Bartscher/Stöckl/Träger (2012) S. 246.

98 Vgl. Nicolai (2009) S. 271 ff. sowie Berthel/Becker (2013) S. 423 f., Conradi (1983) S. 4 ff., Bartscher/Stöckl/Träger (2012) S. 246.

Zu den **Akteuren** der innerbetrieblichen Weiterbildung gehören einerseits die Adressaten, an welche die Weiterbildungsmaßnahme gerichtet ist, und andererseits die Träger der Weiterbildung im Sinne eines institutionellen Managementbegriffs[99].

Grundsätzlich können alle *Mitarbeiter* einer Unternehmung als Adressat einer Weiterbildungsmaßnahme in Frage kommen.[100] Die Häufigkeit, die Intensität und der Umfang der einzelnen Weiterbildungsmaßnahmen können jedoch je nach Mitarbeitergruppe variieren. So kommt der Gruppe der Führungs- und Führungsnachwuchskräfte eine besonders große Rolle im Rahmen der Personalentwicklung zu. Belegt werden kann das durch sogenannte Führungskräfte-Entwicklungs-Programme, die heutzutage in vielen großen Unternehmungen vorzufinden sind. Häufig werden Weiterbildungsmaßnahmen für Mitarbeiter durchgeführt, die mit Kernfunktionen betraut sind, da diese zum langfristigen Fortbestand der Unternehmung beitragen. Randbelegschaften wie Aushilfskräfte und Teilzeitkräfte, die eher höhere Fluktuationschancen aufweisen, werden hingegen meistens weniger intensiv in Weiterbildungsprogramme integriert. Aus einer institutionellen Perspektive des Managements gesehen sind die Mitarbeiter einer Unternehmung, die eine Weiterbildungsveranstaltung besuchen,[101] ebenfalls als Träger dieser anzusehen, weil sie durch ihr aktives Mitwirken im Rahmen der Weiterbildungsbedarfserhebung aber auch bei der Konzeption, dem Lernen innerhalb einer Weiterbildungsveranstaltung sowie im Anschluss an diese, den Erfolg wesentlich mitgestalten und beeinflussen können. Folglich kommt dem Mitarbeiter nicht nur eine passive Adressatenrollen, sondern ebenfalls eine aktive Trägerrolle im Zusammenhang mit der innerbetrieblichen Weiterbildung zu.[102]

Der *Unternehmungsleitung* obliegt schließlich in erster Linie als Teil der Unternehmungspolitik die Entscheidung, ob Weiterbildung stattfinden soll, und in welchem Umfang und für welche Mitarbeitergruppen diese durchgeführt werden soll. Weiterhin ist diese für die grundsätzliche Organisation der finanziellen und personellen Ressourcen der gesamten Personalentwicklung zuständig. Ein wesentlicher Einflussfaktor der Organisation der ge-

99 Vgl. hierzu Abschnitt 2.2.2.
100 Vgl. Menzel (1997) S. 23, ebenso Nicolai (2009) S. 273.
101 Diese können im Weiteren auch als Teilnehmer bezeichnet werden.
102 Vgl. Nicolai (2009) S. 278 sowie Menzel (1997) S. 35 f.

samten Personalentwicklung ist die Identifikation der Unternehmungsleitung mit der Personalentwicklung, deren Zielen und Maßnahmen.[103]

Der gesamten Personalabteilung und insbesondere der *Weiterbildungsabteilung* kommen im operativen Bereich die meisten Aufgaben zu, in erster Linie betrifft dieses beratende, unterstützende und Informationstätigkeiten für Weiterbildungsadressaten wie -träger. Je nachdem welche Bedeutung der Personalentwicklung in der Unternehmung beigemessen wird, ist sie entweder dem Personalleiter direkt unterstellt oder bildet eine hierarchisch eigenständige Abteilung. In größeren Unternehmungen werden häufig Spezialisten in der Personalentwicklung eingesetzt oder gar innerhalb einer eigenen Bildungsabteilung beschäftigt.[104]

Den *Vorgesetzten respektive Führungskräften* obliegt eine Schlüsselrolle im Rahmen der innerbetrieblichen Weiterbildung, da diese zur Unterstützung des Lerntransfers mit der Personalentwicklung direkt zusammenarbeiten müssen und weiterhin die direkte Schnittstelle zum Mitarbeiter und deren Arbeitsplatz, -aufgaben und -pensum bilden. Folglich sind sie in allen Phasen der Weiterbildung beteiligt, kennen die genauen Arbeitsabläufe und -prozesse und können eine Einschätzung über die vorhandene Leistung und das mögliche Potenzial der Mitarbeiter liefern. Die Entwicklung von Mitarbeitern kann folglich als klassische Führungsaufgabe verstanden werden, da Führungskräfte am besten einschätzen können, welchen Anforderungen die Unternehmung sowie der Arbeitsbereich in Zukunft unterliegt, welche Unternehmungsziele priorisiert werden müssen und insbesondere, welche Kompetenzen für die Zielerreichung erforderlich sind und, im Abgleich damit, welche Kompetenzen, Stärken und Schwächen bestehende Mitarbeiter aufweisen.[105]

Laut Betriebsverfassungsgesetz haben sowohl der Arbeitgeber als auch der Betriebsrat die Pflicht, Bildung innerhalb der Unternehmung zu fördern. Folglich sind als Akteure der Weiterbildung die *Interessenvertretung der Arbeitnehmer* zu nennen, welche für die Mitwirkung gemäß gesetzlicher und vertraglicher Rechte zuständig sind und insbesondere umfangreiche Informations-, Beratungs- und Vorschlagrechte, ergänzt durch tarifvertragli-

[103] Vgl. Nicolai (2009) S. 276 sowie Menzel (1997) S. 30 f.
[104] Vgl. Nicolai (2009) S. 276 sowie Menzel (1997) S. 32 f.
[105] Vgl. Nicolai (2009) S. 276 sowie Menzel (1997) S. 33 ff.

che Regelungen und Betriebsvereinbarungen, im Rahmen der gesamten Personalentwicklung besitzen.[106]

Ebenfalls eine wichtige Gruppe der Akteure der Weiterbildung stellen die innerbetrieblichen *Trainer* dar, die für die Durchführung und teilweise auch Konzeption der Weiterbildungsmaßnahmen von der Unternehmung eingesetzt werden. Ihnen obliegen die Planung und Gestaltung der Weiterbildungsveranstaltung. Weiterhin haben sie direkte Interventionsmöglichkeiten, um den Lernprozess der Teilnehmer einer Weiterbildungsveranstaltung zu steuern.[107]

Sicherlich sind nicht alle Aufgaben klar voneinander abgrenzbar, je nach Unternehmungsstruktur, -größe und -form variieren die Zuständigkeiten erheblich. Dennoch ist es elementar wichtig, dass die einzelnen Zuständigkeiten der Unternehmungsbereiche klar definiert und kommuniziert sind und insbesondere die Zuständigkeiten den einzelnen Mitarbeitern und Mitarbeitergruppen bewusst sind, um effektive und effiziente Weiterbildungsprozesse zu generieren.

Die Weiterbildung kann als **Prozess** abgebildet werden, indem sie in die Phasen der Analyse, Planung, Qualifizierung, Transfer ins Arbeitsverhalten und eine begleitende Evaluation unterteilt wird. Dieses bildet eine systematische Betrachtung der Weiterbildungsaktivitäten und damit verbundene, mögliche Aktivitäten der Lerntransferunterstützung.[108] Vergleiche hierzu Abb. 2.

Demnach findet die Analyse des Personalentwicklungsbedarfs auf Basis einer Bedarfs- und Umfeldanalyse im Rahmen der Analysephase statt. Im Rahmen dieser können passende

[106] Vgl. Nicolai (2009) S. 278 sowie Menzel (1997) S. 35.

[107] Vgl. Kießling-Sonntag (2003) S. 384 f.

[108] In der Literatur existiert eine Vielzahl von prozessorientierten Darstellungen der Weiterbildung und teilweise der übergeordneten Personalentwicklung. Vgl. hierzu Solga/Ryschka/Mattenklott (2011) S. 24, Sonntag (2006) S. 25, Sonntag (2002) S. 61, Pawlowsky/Bäumer (1996) S. 96, Piezzi (2002) S. 183, Bronner/Schröder (1983) S. 37 f., Jochmann (2010) S. 35, Bartscher/Stöckl/Träger (2012) S. 246. Vgl. in einer weiten Sichtweise auch Becker (2013) S. 185 f., welcher auf den Prozess der strategischen Personalentwicklung eingeht. Im Rahmen dieser Arbeit wird auf die Prozessdarstellung von Berthel/Becker (2013) S. 433 ff. näher eingegangen, da sie die Phasen differenziert und übersichtlich unterscheiden sowie explizite Bezüge zu einer nicht rein summativen Evaluation sowie der Transfervorsteuerung und -sicherung herstellen.

Weiterbildungsbedarfe, Zeiträume und Orte der Weiterbildung – unter Berücksichtigung von betrieblichen Zielen – eingegrenzt werden. Die Konzeption und Abstimmung passender Qualifizierungsmaßnahmen findet in der Planungsphase statt. Die eigentliche Qualifizierung der weiterzubildenden Mitarbeiter im Rahmen der Qualifizierungsphase erfolgt im Lernfeld durch die Vermittlung von Fähigkeiten. Daraufhin können sich bei erfolgreicher Qualifizierung ein Lernerfolg und/oder eine Zufriedenheit der Mitarbeiter einstellen. Die Übertragung der erlernten Kompetenzen in das Funktionsfeld bildet den vorläufigen Schluss des Weiterbildungsprozesses, indem ein Lerntransfer stattfindet, woraufhin veränderte Arbeitsergebnisse entstehen, welche zu unternehmerischen Kosten oder Nutzen führen können.

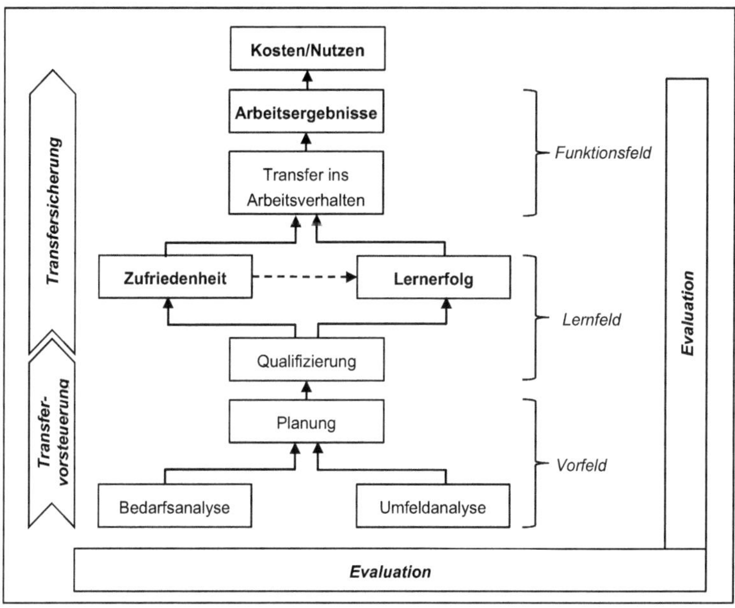

Abb. 2: Prozess der Weiterbildung.[109]

Eine Evaluierungsphase begleitet den gesamten Prozess, um Informationen über den realen Prozess der Weiterbildung zu gewinnen, welche der Lerntransferunterstützung dienen können. Ebenfalls prozessbegleitend unterteilen *Berthel/Becker* lerntransferunterstützende

[109] Quelle: Bertel/Becker (2013) S. 433, ähnlich Becker (2006) S. 170, Becker (2004) S. 57. Bertel/Becker beziehen den Prozess auf die umfassende Personalentwicklung mit dem Teilbereich der Weiterbildung.

Aktivitäten hinsichtlich einer Phase der Transfervorsteuerung, welche im Vorfeld der Weiterbildung bis zur Qualifizierung stattfindet, und einer Phase der Transfersicherung, welche ab der Durchführung der Qualifizierung anzusiedeln ist. Die Transfervorsteuerung beinhaltet demnach die intendiert optimale Gestaltung der Weiterbildungsmaßnahme, um den Lerntransfer der Mitarbeiter zu fördern. Die Transfersicherung setzt in der Lernphase mit der Gestaltung einer lerntransferförderlichen Lernumgebung der Mitarbeiter an und beinhaltet zudem Unterstützungsaktivitäten im Funktionsfeld.[110]

2.2 Lerntransfer in der innerbetrieblichen Weiterbildung

2.2.1 Lerntransfer

2.2.1.1 Begriff

Das Hauptziel einer Weiterbildungsmaßnahme besteht nicht in dem Aufbau von sehr hohen Wissensbeständen, sondern in einer Verhaltensänderung des Teilnehmers am Arbeitsplatz, bedingt durch die Übertragung von innerhalb einer Weiterbildungsmaßnahme erworbenem Wissen, Verhalten oder allgemeinen Strategien, um die übergeordneten Unternehmungsziele zu erreichen.[111] Der dafür erforderliche Lerntransfer[112] wird in der Literatur vielfach und teilweise mit unterschiedlichen Akzentuierungen definiert.

Vertreter der pädagogischen Psychologie beziehen sich im Rahmen der Definition von Transfer auf Lernerfahrungen, die auf andere Zusammenhänge oder Situationen übertragen werden. Hier ist kein direkter Bezug zu einer betrieblichen Arbeitssituation herstellbar. So formuliert *Widmer*: Transfer ist „[...] die unter bestimmten Bedingungen erfolgende Umsetzung und Anwendung von früheren Lernerfahrungen auf neue oder ähnliche Lern- und Verhaltenssituationen“[113]. Ähnlich sehen es *Mandl/Prenzel/Gräsel*: „In einem allgemeinen Sinn spricht die ältere wie neuere Transferforschung übereinstimmend dann von Transfer, wenn etwas, das in einem Zusammenhang gelernt wurde, auf einen anderen Zusammenhang übertragen wird.“[114] Dennoch wird deutlich, dass, wie *Widmer* formuliert, die Umset-

[110] Vgl. Berthel/Becker (2013) S. 433 ff.
[111] Vgl. Frieling/Sonntag (1999) S. 184.
[112] Teilweise wird in der Literatur lediglich der Terminus ‚Transfer‘ gebraucht, obwohl der Transfer in einem Lernzusammenhang gemeint ist. Deshalb wird in der deutschen Literatur häufig der Terminus ‚Lerntransfer‘ verwendet oder teilweise auch in der englischen Literatur von ‚transfer of learning‘ gesprochen.
[113] Widmer (1981) S. 382.
[114] Mandl/Prenzel/Gräsel (1992) S. 127.

zung und Anwendung von Gelerntem und, wie *Mandl/Prenzel/Gräsel* betonen, die Übertragung von Gelerntem im Fokus steht.

Vertreter der Organisationspsychologie konkretisieren den Kontext des Lerntransfers, indem sie eine betriebliche Arbeitssituation mit einbeziehen. So bezeichnen *Solga/Ryschka/Mattenklott* „Lerntransfer [..] [als] die Anwendung oder Übertragung erworbener Kenntnisse und Fertigkeiten auf Herausforderungen (Aufgaben und Probleme) des beruflichen Alltags.“[115] Weiterhin ist bei diesen Definitionen eine Spezifizierung der Kompetenzen, die im Rahmen der Übertragung des Gelernten innerhalb der Definition angesprochen werden, zu verzeichnen. *Baldwin/Ford* formulieren: „Positive transfer of training is defined as the degree to which trainees effectively apply a knowledge, skills, and attitudes gaines in a training context to the job.“[116] Ähnlich geht *Solga* vor. Laut ihm ist unter Lerntransfer „[..] die Integration der in Trainings, Coachings oder Weiterbildungsseminaren gelernten Kenntnisse und Fertigkeiten in die Arbeitstätigkeit, die Umsetzung erworbener Kompetenzen in den Arbeitsalltag […]“[117] zu verstehen.

Spezifischer formuliert, besteht der Lerntransfer der betrieblichen Weiterbildung aus der Übertragung von in einer Lernumgebung (**Lernfeld**) erworbenen Einstellungen, Kenntnissen und Fertigkeiten auf Anwendungskontexte (**Funktionsfelder**[118]). Diese Funktionsfelder können sich vom Lernfeld mehr oder weniger stark unterscheiden und bestehen innerhalb der betrieblichen Weiterbildung beispielsweise aus dem täglichen Arbeitsumfeld mit den damit verbundenen bestehenden Strukturen, Aufgaben und Problemen. Lernfelder stellen in der betrieblichen Weiterbildung beispielsweise Trainings, Workshops oder Coachings dar.[119]

Meißner pointiert, auf Basis der Ausführungen von *Baldwin/Ford*, eine zeitliche sowie eine generalisierende Komponente des Lerntransfers, indem Gelerntes, neben dem Übertragen auf und Anwenden in einer Arbeitssituation, im Idealfall auch auf andere Arbeitssi-

115 Solga/Ryschka/Mattenklott (2011) S. 27.
116 Baldwin/Ford (1988) S. 63.
117 Solga (2006) S. 1, vgl. ähnlich auch Bergmann/Sonntag (2006).
118 Vielfach wird der Terminus ‚Funktionsfeld‘ mit dem Terminus ‚Anwendungsfeld‘ gleichgesetzt.
119 Vgl. zur Unterscheidung von Lern- und Funktionsfeld auch Mandl/Prenzel/Gräsel (1992) S. 127.

tuationen generalisiert[120] sowie über einen langen Zeitraum aufrechterhalten[121] werden sollte. Demnach ist unter Lerntransfer „[…] die Übertragung und Anwendung sowie im Speziellen die Generalisierung und Aufrechterhaltung von in einer Weiterbildungsmaßnahme Erlerntem (Wissen, Fähigkeiten und Fertigkeiten, Einstellungen) im Funktionsfeld [..]“[122] zu verstehen.

Für das Verständnis der Arbeit ist der Terminus ‚Lerntransfer‘ dem Terminus ‚Transfer‘ vorzuziehen, um zu betonen, dass sich die in der Arbeit folgenden Betrachtungen auf die innerbetriebliche Weiterbildungssituation beziehen.[123] Weiterhin ist ebenfalls das Verständnis des Funktionsfeldes an die betriebliche Arbeitssituation angelehnt. Hinsichtlich der Übertragung von Erlerntem zielt die für die Arbeit verwendete Definition auf Kompetenzen ab und lehnt sich damit an die im vorherigen Abschnitt 2.1.1 ausgeführte Definition der innerbetrieblichen Weiterbildung und deren Argumentation hinsichtlich der Verwendung des Kompetenzbegriffs an. Für die Betrachtung einer aktiven Gestaltung des Lerntransfers ist es treffend, den Lerntransferbegriff weit zu fassen, indem er nicht nur eine Übertragung und Anwendung erlernter Kompetenzen, sondern auch für die Erreichung unternehmerischer Ziele eine Generalisierung erlernter Kompetenzen sowie eine Aufrechterhaltung derselben beinhaltet. So kann im Idealfall der betriebliche Nutzen der Weiterbildung maximal ausgeschöpft werden. Aufgrund der dargelegten Argumentation ist das für die Arbeit verwendete Begriffsverständnis auf Basis von *Baldwin/Ford* und *Meißner* zweckmäßig und wie folgt definiert:

> *Unter Lerntransfer ist die Übertragung und Anwendung sowie im Speziellen die Generalisierung und Aufrechterhaltung von in einer Weiterbildungsmaßnahme erlernten Kompetenzen im Funktionsfeld zu verstehen.*

---

[120] Vgl. zum Generalisierungsgedanken des Lerntransfers Baldwin/Ford (1988) S. 63, ähnlich auch Cormier (1987) S. 1, Gordon (1989) S. 72.

[121] Vgl. zum Zeitbezug des Lerntransfers auch Baldwin/Ford (1988) S. 63.

[122] Meißner (2012) S. 31.

[123] Sollte im Verlauf der Arbeit der Terminus „Transfer“ verwendet werden, so ist dies auf modelltheoretische Ausführungen anderer Autoren und deren Verwendung des Terminus zurückzuführen. Sichergestellt werden kann aber, dass auch diese Autoren das Verständnis der betrieblichen Lern- und Anwendungssituation im Kontext ihres Transferverständnisses innehaben.

2.2.1.2 *Formen*

Es ist davon auszugehen, dass sich nicht nach jeder Weiterbildungsveranstaltung ein erfolgreicher Lerntransfer einstellt. *Wilkening* visualisiert den Zusammenhang zwischen dem Weiterbildungserfolg und der Zeit über eine ‚**Behaltenskurve**'. Darauf basierend beschreibt er das Konzept der Transferlücke.[124] Vergleich hierzu Abb. 3.

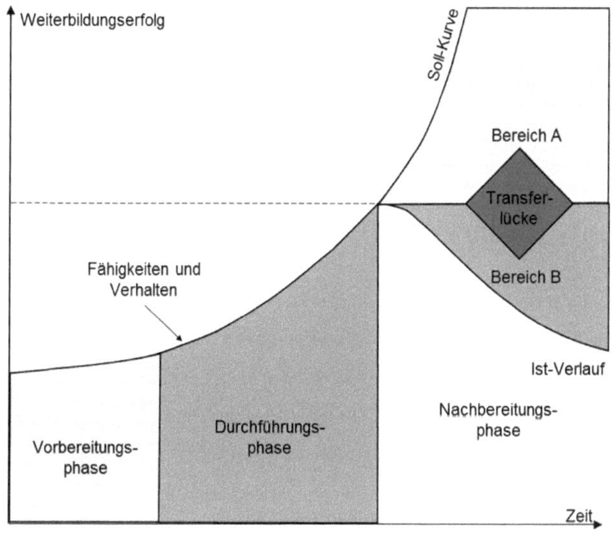

Abb. 3: Konzept der Transferlücke nach Wilkening.[125]

Der Verlauf der Behaltenskurve ist zeitlich dreigeteilt hinsichtlich einer ‚Vorbereitungsphase' vor der Durchführung einer Weiterbildungsveranstaltung, einer ‚Durchführungsphase' während der Durchführung einer Weiterbildungsveranstaltung und eine ‚Nachbereitungsphase' im Anschluss an eine bereits durchgeführte Weiterbildungsveranstaltung, zu verstehen. Demnach können zwei Szenarien (‚Ist-' und ‚Soll-Verlauf' der Behaltenskurve) unterschieden werden, welche die Anwendung des Gelernten nach einer durchgeführten Weiterbildung kennzeichnen können – ebenfalls sind Zwischenstufen des Lerntransfers möglich.

---

[124] Vgl. Wilkening (2002) S. 216 f. Vgl. zu ähnlichen Visualisierungen von Lerntransferverläufen auch Baldwin/Ford (1988) S. 97, Solga (2011) S. 341.

[125] Quelle: Wilkening (2002) S. 217.

Der Ist-Kurvenverlauf stellt den Sachverhalt dar, dass der Weiterbildungserfolg direkt im Anschluss der Durchführungsphase einer Weiterbildung stark abfällt. So wird im Zeitverlauf nahezu kein Lerntransfer mehr geleistet. Das Gegenteil beschreibt der Soll-Kurvenverlauf. Diese Kurve steigt nach der Durchführung einer Weiterbildungsveranstaltung stark an, so dass davon auszugehen ist, dass erlernte Inhalte nicht nur erfolgreich in die Arbeitssituation transferiert werden sondern diese ebenfalls intensiviert, generalisiert und/oder erweitert werden. Dieses Auseinanderklaffen der beiden Kurvenverläufe beschreibt das Konzept der ‚**Transferlücke**'.[126] Dies ist den Transferhemmnissen zuzurechnen, die einer vollständigen Übertragung des Gelernten aus der Weiterbildungsveranstaltung in den beruflichen Alltag oft im Wege stehen.[127] Plausibel schlussfolgert *Wilkening*, dass Weiterbildungsverantwortliche Bestrebungen aufweisen müssen, diese Transferlücke zu schließen, indem der Lerntransfer des weitergebildeten Mitarbeiters unterstützt wird.[128]

Auf Basis der ausgeführten Überlegungen kann ein Lerntransfer unterschiedliche Ausprägungen besitzen und anhand der folgenden **Merkmalsdimensionen** in unterschiedliche Formen des Lerntransfers unterschieden werden. Wenn Lerntransfer erfolgreich stattfindet, hat dies zur Folge, dass der Arbeitsprozess verbessert, bereichert oder erleichtert wird. In diesem Fall ist der Lerntransfer als **positiv** zu bezeichnen. Im umgekehrten Fall kann sich der Lerntransfer einer Weiterbildungsveranstaltung aber auch negativ auf die Leistungen eines Mitarbeiters im Funktionsfeld auswirken. Dieses kann beispielsweise der Fall sein, wenn Weiterbildungsinhalte nicht gut auf den Arbeitskontext abgestimmt sind und es zu Fehlern oder Verzögerungen im Arbeitsprozess kommt. In diesem Fall liegt ein **negativer Lerntransfer** vor. Weiterhin kann es im Rahmen eines Lerntransferprozesses zu einem sogenannten **Null-Lerntransfer** kommen, wenn die Durchführung einer Weiterbildungsmaßnahme keine Auswirkungen auf das Funktionsfeld hat.[129]

Hinsichtlich des **Grades der Generalisierung** von Gelerntem ist es zu unterscheiden, inwieweit sich das Lernfeld von dem Funktionsfeld unterscheidet. Dementsprechend müssen die im Lernfeld erlernten Kompetenzen mehr oder weniger abstrahiert und auf veränderte Gegebenheiten im Funktionsfeld übertragen werden. Folglich kann im Fall von einer star-

---

[126] Vgl. hierzu auch Rackham (1979) S. 14, Bronner/Schröder (1983) S. 36 f.

[127] Vgl. Wilkening (2002) S. 216 f., vgl. zu den Problemen des Lerntransfers auch Hummel (1999) S. 73 ff.

[128] Vgl. Wilkening (2002) S. 216 f. Dieses kann durch die Weiterbildungsabteilung aber ebenso durch Vorgesetzte oder Kollegen erfolgen. Vgl. Solga (2011) S. 340 f.

[129] Vgl. Solga (2011) S. 342, Solga (2006) S. 4.

ken Unterscheidung der Merkmale von Lern- und Funktionsfeld von einem **weiten Lerntransfer** mit großen Lerntransferdistanzen gesprochen werden. Besteht hingegen eine große Ähnlichkeit von Lern- und Funktionsfeld, so ist der Lerntransferprozess durch geringe Lerntransferabstände und folglich einem **nahen Lerntransfer** gekennzeichnet.[130]

Ein wichtiger Faktor für den Erfolg einer Weiterbildungsmaßnahme stellt der Sachverhalt dar, wie langfristig das Gelernte im Funktionsfeld Anwendung findet und somit aufrechterhalten bleibt und im Idealfall langfristig wirksam ist bzw. das Gelernte immer wieder erneut abgerufen werden kann und in den Arbeitsalltag integriert wird. Lerntransferprozesse können folglich nach dem **Grad der Aufrechterhaltung** differenziert werden.[131]

Lerntransferprozesse können weiterhin hinsichtlich eines horizontal (lateral, situational) oder eines vertikal vorliegenden Lerntransfers unterschieden werden. Ein **horizontaler Lerntransfer** ist gekennzeichnet durch die Übertragung des innerhalb der Weiterbildungsveranstaltung Erlernten auf eine veränderte Anwendungssituation im Funktionsfeld. **Vertikaler Lerntransfer** beinhaltet ebenfalls die qualitative und quantitative Erweiterung der bereits erworbenen Kompetenzen und beschreibt somit ein sukzessives Dazulernen auf Grundlage eines horizontal vorliegenden Lerntransfers.[132]

Der **Nachweis eines positiv erfolgten Lerntransfers** ist methodisch schwierig und erfordert aufwändige Messverfahren wie Mehrpunktmessungen, Prä-Post- oder Zeitreihen-Designs sowie Versuchs-Kontrollgruppen-Designs auf Basis von validen Lerntransferkriterien. Diese sind schwierig zu generieren, da Tätigkeiten in unterschiedlichen Fachabteilungen sehr unterschiedlich ausgestaltet sind, wodurch wiederum ein Verwenden von tätigkeitsbezogenen Lerntransferkriterien unabdingbar, aber mit sehr hohem Aufwand verbunden ist. Die Nutzung betriebswirtschaftlicher Kennziffern,[133] wie beispielsweise Produktionssteigerung pro Zeiteinheit, Kennziffern der Qualität, wie Ausschuss- und Reklamationsquoten, oder Kennziffern des Betriebsklimas, wie Ausfalltage durch Krankheit, Fluktuationsquoten oder optimierte Verbesserungsvorschläge etc., als Lösungsansatz, beschränkt sich auf einen allgemeinen Wirkungsnachweis und vernachlässigt eine Erklärung, wie die

[130] Vgl. Solga (2011) S. 342, Solga (2006) S. 3.
[131] Vgl. Solga (2011) S. 342 f., Solga (2006) S. 4.
[132] Vgl. Solga (2011) S. 343, Solga (2006) S. 4.
[133] Vgl. Wöltje (1995).

gemessenen Wirkungen unter Berücksichtigung der durchgeführten Weiterbildungsveranstaltung zustande gekommen sind.[134]

2.2.2 Lerntransfermanagement

2.2.2.1 Begriff

Mit der Thematik des Lerntransfers beschäftigt sich die Literatur umfassend. Vielfach betonen Autoren, dass die systematische Förderung und Unterstützung des Lerntransfers ein zentraler Bestandteil für den Erfolg von Weiterbildungen darstellt.[135] Im Rahmen dessen stellen aber nur vereinzelte Autoren Bezüge zu einer aktiven Unterstützung des Lerntransfers in Form eines Managements des Lerntransfers her.[136]

Teilweise erfolgt eine Erweiterung des Begriffs ‚Lerntransfer' um eine aktiv gestaltende Komponente mit der Zielsetzung der betrieblichen Wirksamkeit, wie es beispielsweise bei *Lemke* der Fall ist: „Der Begriff 'Lerntransfer in der beruflichen Weiterbildung` ist ein psychosozialer Prozess, der zum einen die Aufnahme und Übertragung von in einer Seminar- oder (allgemeiner) Lernsituation Gelerntem auf eine Anwendungssituation umfasst, wobei diese nicht notwendigerweise mit der Lernsituation identisch sein muss (Generalisierung), zum anderen umfasst er alle Interventionen vor, während und nach der Weiterbildungsmaßnahme, die zur Einübung von Veränderungen und zur wirksamen innerbetrieblichen Umsetzung notwendig sind."[137] *Lemke* konkretisiert die Interventionen des Lerntransfers, indem ein Zeitbezug hergestellt wird, welcher herausstellt, dass sich Lerntransfer in großem Umfang managen, d. h. planen, kontrollieren und organisieren lässt.

Auch *Solga* betont, dass Lerntransfer nicht von selbst geschieht. Lerntransferprozesse müssen demnach aktiv, systematisch und nachhaltig unterstützt und gefördert werden.[138] Diese Aufgabe ist der Weiterbildungsabteilung und den Führungskräften ebenso wie den Teil-

---

[134] Vgl. Frieling/Sonntag (1999) S. 184 f. sowie ausführlich und unter Bezugnahme des Erfolgs der betrieblichen Weiterbildung Bronner/Schröder (1983) S. 45 ff.

[135] Vgl. Solga (2011) S. 343, Berthel/Becker (2013) S. 434, Meier (2007) S. 68.

[136] Vgl. hierzu beispielsweise *Broad* (2003), welche mit dem dargestellten Modell zum organisationalen Lerntransfersystem von einem Verständnis der aktiven Beeinflussung in Form eines Managements des Lerntransfers ausgeht sowie Solga (2011) S. 343. Vgl. im weiteren Sinn auch Berthel/Becker (2013) S. 434.

[137] Lemke (1995) S. 7.

[138] Vgl. Solga (2011) S. 343.

nehmern zuzuordnen.[139] *Solga* verwendet den Terminus ‚Lerntransfermanagement' und versteht darunter „Aktivitäten der zielgerichteten Planung, Optimierung und Kontrolle (Evaluation) des Lerntransfers aus betrieblichen Weiterbildungsmaßnahmen"[140]. Diese Aktivitäten haben das Ziel, positive, weit generalisierende, lange Zeit bestehende und vertikal wirksame Lerntransferprozesse zu fördern. Folglich sollte das Lerntransfermanagement in zeitlicher Hinsicht schon lange vor der Durchführung der eigentlichen Weiterbildungsveranstaltung sowie weit über deren Ende hinaus stattfinden. Er setzt das Lerntransfermanagement mit der Förderung des Lerntransfers gleich.[141]

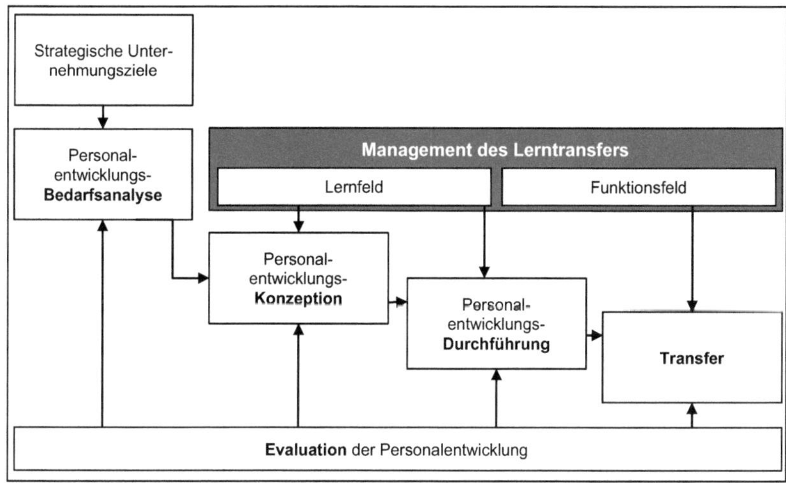

Abb. 4: Einbettung des Managements des Lerntransfers im Prozessmodell der Personalentwicklung nach Solga/Ryschka/Mattenklott.[142]

Das Prozessmodell der Personalentwicklung stellt den Zusammenhang schematisch heraus. Vergleiche hierzu Abb. 4. Demnach finden Managementmaßnahmen des Lerntransfers sowohl im Lern- als auch im Funktionsfeld statt und beziehen sich direkt auf die Konzeption einer Weiterbildungsveranstaltung, dessen Durchführung sowie auf den daran anschließenden Lerntransfer respektive die Anwendung des Gelernten im Arbeitsalltag und die damit verbundene Möglichkeit der Leistungssteigerung und Zielerreichung. Das Lerntransfermanagement setzt laut *Solga* nach der Personalentwicklungsbedarfsanalyse an, welche

[139] Vgl. Solga (2011) S. 345.
[140] Solga (2006) S. 4.
[141] Vgl. Solga (2006) S. 3 f., Solga/Ryschka/Mattenklott (2011) S. 22.
[142] Quelle: Schematische Darstellung in Anlehnung an Solga/Ryschka/Mattenklott (2011) S. 24.

wiederum auf Basis der strategischen Unternehmungsziele erstellt wird.[143] Ähnlich formulieren es *Berthel/Becker*, die den Terminus ‚Transfermanagement' gebrauchen und damit den Versuch der Sicherung der Anwendung des Gelernten beschreiben. Sie unterteilen es in eine Phase der Transfervorsteuerung, welche dazu beiträgt, die intendierte, optimale Gestaltung der Weiterbildungsveranstaltung zu steuern, sowie in eine Phase der Transfersicherung, welche sich auf das Lernfeld sowie auf Unterstützungsaktivitäten im Funktionsfeld bezieht.[144]

Folglich ist es für die Arbeit notwendig, den Begriff ‚Lerntransfermanagement' mit seinen enthaltenen Bestandteilen genauer zu explizieren.[145] Dafür bedarf es einer genaueren Betrachtung der in der Literatur unterschiedlich vorliegenden Managementperspektiven. Demnach kann das Management aus einer funktionalen sowie aus einer institutionellen Perspektive betrachtet werden. Im Rahmen dessen werden unterschiedliche Objekte mit einbezogen.

Die institutionelle Managementperspektive fokussiert sich auf Personen und Gremien als Träger der Unternehmungsführung. *Schreyögg/Koch* bezeichnen die **institutionelle Perspektive** des Managements als „[…] die Gruppe von Personen, die in einer Organisation mit Anweisungsbefugnissen betraut ist. Zum Management gehören demnach alle Organisationsmitglieder, die Vorgesetztenfunktionen wahrnehmen, […]."[146] Dieses Managementverständnis geht folglich weit über die oberste Führungsebene hinaus und schließt ebenfalls den Eigentümer als Unternehmer mit ein.[147]

Die **funktionale Perspektive** definieren *Schreyögg/Koch* als einen „[…] Komplex von Steuerungsaufgaben, die bei der Leistungserstellung und -sicherung in arbeitsteiligen Organisationen erbracht werden müssen."[148] Hierbei handelt es sich nicht um einen speziellen Personenkreis, der diese Aufgaben ausführen muss, sondern um die Aufgaben im Sinne

[143] Vgl. Solga/Ryschka/Mattenklott (2011) S. 24.
[144] Vgl. Berthel/Becker (2013) S. 434 sowie die Ausführung zum Prozess der innerbetrieblichen Weiterbildung im Rahmen des Abschnitts 2.1.2.
[145] Im weiteren Verlauf der Arbeit werden die Termini ‚Lerntransfermanagement' und ‚Transfermanagement' gleichgesetzt, da das Transferverständnis sich immer auf den Lerntransfer des Teilnehmers bezieht und nicht losgelöst vom Lernprozess betrachtet werden kann.
[146] Schreyögg/Koch (2010) S. 6 f.
[147] Vgl. Schreyögg/Koch (2010) S. 7.
[148] Schreyögg/Koch (2010) S. 8.

von Managementfunktionen. Die Leistungspositionen sind in der betrieblichen Praxis neben der Erfüllung dieser Managementfunktionen ebenfalls in unterschiedlichem Umfang mit der Erfüllung von Sachaufgaben betraut. Infolgedessen weisen die Managementfunktionen eine Querschnittsfunktion der Sachfunktionsbereiche auf und durchdringen diese steuernd. Managementfunktionen fallen folglich in allen Sachfunktionsbereichen der Unternehmung an und sind von allen Hierarchiestufen, wenn auch in unterschiedlichem Ausmaß und Intensität, zu erfüllen.[149] In der klassischen Managementlehre hat sich als einzelne Funktionen der Steuerungsaufgaben ein sogenannter Fünferkanon der folgenden Managementfunktionen bis heute etabliert:[150] Die klassische Managementlehre ordnet diese fünf Funktionen innerhalb eines integrierten Prozesses in eine lineare, aufeinander aufbauende Abfolge von Aufgaben.

Die Planung bildet im Rahmen dessen den Ausgangspunkt des Prozesses – die anderen Funktionen können an dieser Funktion ausgerichtet werden – und beinhaltet die Bestimmung möglicher Ziele und Handlungsoptionen sowie die Auswahl derselben. Die Managementfunktion Organisation umfasst alle organisatorischen Regeln, die dazu beitragen, ein Handlungsgefüge herzustellen, um Aufgabeneinheiten, Kompetenzen und Weisungsbefugnisse zu spezifizieren sowie horizontal und vertikal, auch unter Zuhilfenahme eines Kommunikationssystems, zu verknüpfen. Unter der Personalfunktion ist die Personalauswahl ebenso wie der Personaleinsatz, die Personalentwicklung und die Gestaltung des Anreizsystems zu verstehen. Die Funktion der Führung schließt an die Personalfunktion an und umfasst die zieladäquate Führung der Mitarbeiter im täglichen Arbeitsablauf, verbunden mit dem Umgang mit motivationalen und kommunikativen Aspekten sowie dem Umgang mit Konflikten innerhalb von Gruppen. Die letzte Phase des klassischen Managementsystems bildet die Managementfunktion Kontrolle. Diese beinhaltet die Überwachung planerischer Tätigkeiten, um ggf. Korrekturen oder grundsätzliche Planrevisionen frühzeitig einleiten zu können, und stellt ebenfalls den Ausgangspunkt für einen neu beginnenden Managementprozess dar. Die Planung ist eng mit der Kontrolle verknüpft sowie Kontrolle ohne Planung nicht ausführbar.[151]

---

149 Vgl. Schreyögg/Koch (2010) S. 7 ff.
150 Vgl. Koontz/O`Donnell (1976), Koontz/O`Donnell (1955) S. 83 ff.
151 Vgl. Koontz/O`Donnell (1976) S. 69 ff., Schreyögg/Koch (2010) S. 9 ff., Steinmann/Schreyögg/Koch (2013) S. 6 ff.

Die jüngere Managementliteratur ergänzt diesen Fünferkanon um eine Informationsfunktion als Basis für alle anderen Funktionen und deren Gestaltung. Weiterhin werden aus dieser Perspektive die personellen Aufgaben der Personalfunktion sowie der Führung zusammengelegt, da in den letzten Jahrzehnten von einer Aufgabenverlagerung hin zur Linie ausgegangen werden kann. Demnach ergeben sich die folgenden Managementfunktionen: Informationsfunktion, Planungsfunktion, Kontrollfunktion, Organisationsfunktion und Personalfunktion.[152]

Diese Aufgaben betreffen in der Praxis die unterschiedlichen Institutionen, die mit den Managementaufgaben betraut sind. Folglich besteht ein direkter Zusammenhang zwischen der funktionalen und der institutionellen Perspektive.[153] Innerhalb der modernen Auffassung des Managementprozesses wird die lineare Abfolge der Funktionen, bedingt durch Interdependenzen der einzelnen Funktionen, relativiert. Es wird herausgestellt, dass die einzelnen Funktionen in der betrieblichen Praxis nicht isoliert handhabbar sind. Einzelne Funktionen können sich überschneiden und es entstehen Rückkopplungsprozesse.[154] Weiterhin geht das moderne Begriffsverständnis davon aus, dass die Steuerung einer Unternehmung wesentlich von der Interaktion mit der Umwelt beeinflusst wird und diese auch Unvorhergesehenes beinhaltet. Folglich muss der Managementprozess in Form eines flexiblen Systems auf die Besonderheiten der Umwelt reagieren können. Die Planung hat nach diesem Verständnis keine Primärfunktion inne, sondern alle Managementfunktionen bestehen gleichberechtigt nebeneinander und müssen in Abhängigkeit von den aktuellen Erfordernissen der Organisation als eigenständige und getrennt zu behandelnde Steuerungspotenziale eingesetzt und variiert werden – dieses schließt aber wiederum die Anschlüsse der Funktionen untereinander nicht aus.[155]

Wie bereits im vorherigen Abschnitt beschreiben, ist unter Lerntransfer die Übertragung und Anwendung sowie im Speziellen die Generalisierung und Aufrechterhaltung von in einer Weiterbildungsmaßnahme erlernten Kompetenzen im Funktionsfeld zu verstehen. Im Weiteren lehnt sich das Verständnis des Lerntransfermanagements der Arbeit an diese moderne Auffassung des Managementprozesses an, da sie die betriebliche Praxis in der heuti-

[152] Vgl. Becker (2015) S. 27 ff. sowie Becker (2011) S. 19 f.
[153] Schreyögg/Koch (2010) S. 6 ff.
[154] Vgl. Schreyögg/Koch (2010) S. 13, ebenso Becker (2011) S. 18.
[155] Vgl. Schreyögg/Koch (2010) S. 20 ff.

gen Zeit realitätsgetreuer abbildet als die klassische Auffassung des Managementprozesses und insbesondere die Komponente der Umwelt mit einbezieht. Demnach kann das Lerntransfermanagement für die vorliegende Arbeit wie folgt definiert werden:

Ein Lerntransfermanagement beinhaltet zwei unterschiedliche Komponenten: Unter dem funktionalen Lerntransfermanagement sind systematische, zielgerichtete Aktivitäten im Rahmen der Managementaufgaben (Information, Planung, Organisation, Personal und Kontrolle) mit dem Ziel der Förderung des Lerntransfers zu verstehen. Von Seiten der Unternehmung ist für die Konzeption, Umsetzung und Evaluation dieser Aktivitäten das institutionelle Lerntransfermanagement zuständig. Im Rahmen dessen sollten die Aktivitäten ganzheitlich am Weiterbildungsprozess ausgerichtet sein, d. h. in zeitlicher Hinsicht bereits vor der Durchführung der Weiterbildungsmaßnahme beginnen sowie im Anschluss daran im Funktionsfeld der weitergebildeten Mitarbeiter fortgeführt werden.

Die Formulierung der Definition[156] fußt auf der Bedingung des Vorliegens eines möglichst weiten Begriffsverständnisses des Lerntransfermanagements, um im Rahmen der Empirie die Unterschiedlichkeiten des Umgangs mit der Thematik des Lerntransfers erfassen zu können. Wie bereits geschildert ist davon auszugehen, dass Unternehmungen im Rahmen ihrer Aktivitäten des Lerntransfermanagements konkrete Maßnahmen zur Lerntransfersicherung einsetzen.[157] Diese Maßnahmen des Lerntransfermanagements sollen aktiv gestaltet sein, um eine betriebliche Absicht der Lerntransferunterstützung ableiten zu können. Aus der Definition wird ersichtlich, dass ein Lerntransfermanagement nicht allein aus Maßnahmen der Lerntransferunterstützung ganzheitlich bestehen kann.

2.2.2.2 Akteure

Die an der Weiterbildungsveranstaltung beteiligten Akteure unterliegen unterschiedlichen Verantwortlichkeiten, um einen erfolgreichen und langfristigen Lerntransfer zu generieren.

---

[156] Wenn im Folgenden der Terminus ‚Lerntransfermanagement' genutzt wird, so werden inhaltlich mit dem Begriff beide Komponenten angesprochen.

[157] Diese können nachfolgend als Lerntransfersicherungsmaßnahmen oder auch als Lerntransferunterstützungsmaßnahmen oder Lerntransferförderungsmaßnahmen synonym bezeichnet werden, da sowohl eine Sicherung als auch eine Unterstützung als auch eine Förderung mit aktiven Maßnahmen in diesem Sinne darauf abzielt, einen erfolgreichen Lerntransfer der Mitarbeiter zu generieren.

Für eine Betrachtung des Lerntransfermanagements bedarf es eines Überblicks möglicher, am Lerntransfermanagement beteiligter Personengruppen. Die Ausführungen von *Kießling-Sonntag* implizieren eine Beschreibung und Zuweisung einzelner Aufgabenbereiche und lassen sich insofern plausibel auf das vorangegangene, geschilderte Verständnis des Lerntransfermanagements übertragen.[158]

Demnach obliegt dem **Teilnehmer** die Identifizierung von weiterbildungsrelevanten Umfeldentwicklungen, die dieser unmittelbar am Arbeitsplatz wahrnimmt, sowie die Identifikation von relevanten Entwicklungsbedarfen. Eine wichtige Rolle kommt dem Teilnehmer insbesondere bei der konkreten Umsetzung des Gelernten zu. Er kann bei möglichen Lerntransferproblemen die Unterstützung der entsprechenden Führungskraft einfordern und seinen persönlichen Weiterbildungserfolg objektiv einschätzen.[159]

Die **Führungskräfte** sind verantwortlich für die Einschätzung der praxisrelevanten Qualifikationsbedarfe. Sie können aus allgemeinen Unternehmungszielen die jeweiligen Bereichs- respektive Abteilungsziele ableiten und die Lerntransferleistung des Mitarbeiters im Funktionsfeld begleiten sowie den Weiterbildungserfolg der ihnen unterstellten Mitarbeiter einschätzen. Durch die Unterstützungsfunktion der Führungskräfte können die Motivation der weitergebildeten Mitarbeiter und die Übertragung des Gelernten in das Funktionsfeld verstärkt werden. Weiterhin können Führungskräfte Einfluss auf technische und organisatorische Rahmenbedingungen nehmen.[160]

Der wesentliche Beitrag, den ein **Trainer** zur Lerntransfersicherung leisten kann, ist bedingt durch ein lerntransfergerechtes Weiterbildungs-Design. Hierbei bedarf es einer, an der Arbeitspraxis des weiterzubildenden Mitarbeiters angelehnten, lerntransferorientierten Gestaltung der Weiterbildungsveranstaltung. Dieses beinhaltet genauso eine praxisbezogene Auftragsklärung und Bedarfserhebung wie Interventionen und Steuerungsimpulse während der Weiterbildungsveranstaltung.[161]

---

[158] Vgl. Kießling-Sonntag (2003) S. 383 ff. Vgl. zu ähnlichen Ausführungen auch Broad (2003).
[159] Vgl. Kießling-Sonntag (2003) S. 383, ähnlich Ottoson (1994) S. 21.
[160] Vgl. Kießling-Sonntag (2003) S. 383 f., ähnlich Götz (2001) S. 137.
[161] Vgl. Kießling-Sonntag (2003) S. 384 f., ähnlich Ottoson (1994) S. 21.

Neben den drei genannten hauptverantwortlichen Personengruppen für die Unterstützung eines erfolgreichen Lerntransfers sind die **Mitarbeiter der Weiterbildungsabteilung** ebenfalls am Lerntransferprozess verantwortlich beteiligt, indem sie die zur Verfügung gestellten Gegebenheiten und Instrumente der Weiterbildung an der grundsätzlichen Unternehmungsstrategie sowie den Unternehmungszielen ausrichten. Ihnen obliegt ein großer Anteil der operativen Planung, Auswahl, Organisationen und Nachbereitung der durchgeführten Weiterbildungsveranstaltung. Innerbetrieblich fungieren sie auch häufig als Trainer.

Letztlich liegt die Verantwortung für den Lerntransfer und den Erfolg der Weiterbildung auch beim **Topmanagement**, da dieses die strategische Ausrichtung der Unternehmung sowie die damit verbundene Mitarbeiterentwicklung vorgibt. Dieser Rahmen ist elementar wichtig, um Qualifikationsdefizite aufzudecken und Qualifikationsvisionen zukunftsorientiert, auf die Unternehmungsbedarfe ausgerichtet, herleiten zu können.[162]

[162] Vgl. Kießling-Sonntag (2003) S. 385 ff.

3. Forschungsrahmen: Aspekte des Lerntransfermanagements

3.1 Vorgehensweise

Die Erkenntnisse des Forschungsrahmens bilden die Basis für die angestrebte empirische Erhebung. Weiterhin tragen die Erkenntnisse dazu bei, die Zielstellung der Arbeit zu erreichen, indem die theoretischen Inhalte, ergänzt um die empirischen neu ermittelten Inhalte, zur Erklärung der Ausgestaltung und des Einsatzes des Lerntransfermanagements beitragen. Um das Lerntransfermanagement und seine Bestandteile betrachten zu können, bedarf es einer Bezugsherstellung zu grundlegenden, in der Literatur vorliegenden Lerntransfermodellen. Diese leisten erste Indizien für Ansatzpunkte eines Lerntransfermanagements. Des Weiteren bildet ein wesentlicher Bestandteil des Lerntransfermanagements die von den Unternehmungen einzusetzenden Lerntransfersicherungsmaßnahmen. Folglich gehen die in der Literatur vorliegenden Lerntransfersicherungsmaßnahmen als zweiter großer Bestandteil in den Forschungsrahmen ein und bilden die Basis für die Ausgestaltung des Lerntransfermanagements. Hinsichtlich des Einsatzes eines Lerntransfermanagements liegen in der Literatur nahezu keine Erkenntnisse vor. Folglich werden als dritter Bestandteil des Forschungsrahmens durch das Heranziehen von allgemeinen Theorien, ergänzt um Plausibilitätsüberlegungen, Vermutungen zu den Einsatzbedingungen des Lerntransfermanagements hergeleitet, um eine systematische Basis für die empirische Erhebung bilden zu können. Zum Ende jedes inhaltlichen Teils werden Arbeitshypothesen[163] angeführt, die im Sinne einer explorativen Vorgehensweise eine systematische und fundierte Herangehensweise für die empirische Phase ermöglichen. Im letzten Abschnitt dieses Kapitels leistet eine visuelle Darstellung einen Überblick über die für die Arbeit relevanten und in der Literatur vorliegenden Erkenntnisse zum Lerntransfermanagement.

3.2 Lerntransfermodelle

3.2.1 Auswahl herangezogener Modelle

In der Literatur existiert eine Vielzahl von Modellen, die den Lerntransfer und dessen Zusammenhänge mit unterschiedlicher Fokussierung beschreiben. Teilweise betrachten diese den mit der Weiterbildung verbundenen Lerntransfer ganzheitlich, teilweise beziehen sie sich nur auf Teilbereiche dessen.[164] Teilweise sind die Überlegungen durch Studien ge-

---

[163] Nach Becker (2006a) S. 293 handelt es sich hierbei um ‚Arbeitshypothesen'. Diese sind aus der qualitativen Perspektive nicht als Hypothesen zu verstehen, die es zu testen gilt. Sie haben den Charakter einer Vermutung.

[164] Vgl. für einen Überblick Lemke (1995) S. 11 ff.

prägt.[165] Häufig steht die Betrachtung der Förderung des lerntransferorientierten Lernens mit den damit verbundenen Wirkungsdeterminanten im Vordergrund.[166] Aufgrund der Komplexität dieser Lerntransferdeterminanten und deren Wechselwirkungen ist es bisher nicht gelungen, innerhalb eines Modells alle möglichen lerntransferrelevanten Einflussvariablen mit einem eindeutigen Wirkungsgefüge zu erfassen. Häufig werden deshalb einzelne Faktoren isoliert untersucht.[167]

Für den Verlauf dieser Arbeit können die benannten Modelle dennoch Indizien für einen Erklärungsbeitrag des Lerntransfermanagements leisten, da sie lerntransferförderliche Aspekte betrachten und analysieren. Durch diese kann ein Rückschluss zum Lerntransfermanagement gezogen werden.[168] Deshalb werden nachfolgend nicht die in der Literatur weit etablierten und zitierten Modelle des Lerntransfers dargestellt, sondern insbesondere die Modelle betrachtet, die spezifische Charakteristika aufweisen, welche **Indizien für die Erklärung des Lerntransfermanagements** leisten können. Weiterhin wird die Darstellung der Modelle **auf spezifische Charakteristika reduziert**, welche Implikationen für das Lerntransfermanagement leisten. Folglich erhebt die nachfolgende Darstellung weder einen Anspruch auf Vollständigkeit hinsichtlich der Darstellung existierender lerntransferrelevanter Modelle noch hinsichtlich der Modellbeschreibung aller Charakteristika der ausgewählten Modelle, da dieses für den Verlauf der Arbeit nicht zielführend wäre.[169]

---

[165] Vgl. für einen Überblick auf empirischer Basis Cheng/Ho (2001).

[166] Einen Überblick über unterschiedliche Herangehensweisen und Teilaspekte geben beispielsweise Bergmann/Sonntag (2006) S. 358, Singley/Anderson (1989) sowie Dettermann/Sternberg (1993). Vgl. beispielsweise Meißner (2012), Lemke (1995), Kauffeld (2010).

[167] Vgl. Wirth/Kauffeld/Bates/Holton (2009) S. 80 f., vgl. Vandenput (1973) zur empirischen Betrachtung von Variablen des Lerntransfers, vgl. Rouilier/Goldstein (1993), welche das Lerntransferklima analysieren, vgl. Cheng/Ho (2001a), welche sich auf Karriereeinstellungen beziehen sowie Kim/Callahan (2013) S. 187 ff. welche Bezüge zur lernenden Organisation und insbesondere zum Führungsverhalten aufzeigen. Vgl. zu einer praxeologisch orientierten Darstellung von Einflussfaktoren des Lerntransfers auch Hummel (1999) S. 73 f. sowie Staudt [u. a.] (1993) S. 153 f.

[168] Vgl. zu einer Übersicht auch Ford/Weissbein (1997) S. 25 ff. Abzugrenzen sind diese Modelle von in der Literatur bestehenden Erklärungsansätzen für fehlende Lerntransferleistungen durch sogenanntes ‚träges Wissen' wie beispielsweise Metaprozesserklärungen, Strukturdefiziterklärungen oder Situiertheitserklärungen. Vgl. hierzu Whitehead (1929), Renkl (1996), S. 79 ff., Greeno [u. a.] (1993). Diese sind in der Psychologie zu verorten und befassen sich vornehmlich mit der Erörterung kognitiver Prozesse. Aus der Perspektive des Lerntransfermanagements wird im Rahmen der Arbeit nicht der Frage nachgegangen, warum keine Anwendung erlernter Inhalte stattfindet, sondern warum der Lerntransfer der Mitarbeiter nicht unterstützt wird. Folglich können hier keine direkt plausiblen, aktiven Gestaltungsmerkmale des Lerntransfermanagements abgeleitet werden. Deshalb werden diese Ansätze keiner weiteren Betrachtung unterzogen.

[169] Auf Basis der angeführten Argumentation wird ebenfalls auf eine Darstellung der Kritik der vorgestellten Modelle verzichtet, wenngleich zweifelsfrei ist, dass keines der Modelle kritikfrei ist oder einen Anspruch auf die vollständige Abbildung der Realität erhebt. Dieses wird ebenfalls belegt durch die beschriebenen, vielen, in der Literatur vorliegenden Versuche der Modellweiterentwicklung.

Im Folgenden wird das **‚Rahmenmodell zur Beschreibung des Transferprozesses'** von *Baldwin/Ford* aufgegriffen, da dieses Modell als Vorreiter in der Lerntransferforschung einzustufen ist im Rahmen der Kategorisierung von Determinanten, die den Lerntransfer beeinflussen. Diese Determinanten können Ansatzpunkte für ein Lerntransfermanagement liefern. Weiterhin wird das **‚umfassende Modell der Weiterbildungseffektivität'** von *Cannon-Bowers/Salas/Tannenbaum/Mathieu*[170] betrachtet. Dieses konzentriert sich auf die Analyse der Wechselwirkungen möglicher Lerntransfereinflussfaktoren. *Cannon-Bowers [u. a.]* beziehen in ihre Überlegungen zum Lerntransfer gestaltbare Merkmale und Interventionen zur Aufrechterhaltung des Lerntransfers mit ein. Dies entspricht dem aktiven Charakter des Lerntransfermanagements. Folglich eignet sich das Modell, um Bezüge zum Lerntransfermanagement herzustellen. Als drittes Modell geht in die Betrachtungen das **‚Lerntransfer-System-Inventar-Modell'** von *Holton [u. a.]* mit ein, welches konkrete Faktoren der Lerntransferbeeinflussung umfasst. Diese Spezifizierung bestehender Einflussfaktoren kann ebenfalls Hinweise für die Gestaltung eines Lerntransfermanagements liefern. Deshalb wird dieses Modell ebenfalls für die folgenden Überlegungen ausgewählt.

3.2.2 Darstellung der Charakteristika relevanter Modelle

Einen Überblick zur Lerntransferforschung leisten *Baldwin/Ford* (1988) durch das von ihnen aufgestellte **allgemeine Rahmenmodell zur Beschreibung des Transferprozesses** und dessen Wirkfaktoren.[171] Innerhalb dieses Modells werden verschiedene Faktoren beschrieben, die den Lerntransfer einer Weiterbildungsmaßnahme beeinflussen. Vergleiche hierzu Abb. 5.

Die Faktoren werden in drei Gruppen zusammengefasst:[172] Als eine Gruppe sind die **Merkmale der Teilnehmer** zu benennen. Diese umfassen beispielsweise die Fähigkeiten und Fertigkeiten, die ein Teilnehmer besitzt sowie dessen Motivation innerhalb einer Weiterbildungsmaßnahme wie auch dessen Persönlichkeitseigenschaften. Hinsichtlich der **Merkmale des Trainings** identifizieren *Baldwin/Ford* beispielsweise die Lernprinzipien und die Übereinstimmung der innerhalb der Weiterbildung durchgeführten und erlernten Aufgaben mit den Anforderungen am Arbeitsplatz als lerntransferrelevante Faktoren. Als weiterer Erfolgsfaktor einer Weiterbildungsmaßnahme gelten die **Merkmale der Ar-**

170 Vgl. Cannon-Bowers [u. a.] (1995) S. 143 ff.
171 Vgl. Baldwin/Ford (1988) S. 64 ff.
172 Vgl. Baldwin/Ford (1988) S. 64.

beitsumgebung, in welcher der Trainingsteilnehmer vor und nach der Weiterbildungsmaßnahme arbeitet und den Lerntransfer leisten soll.[173] An dieser Stelle sind Faktoren wie der Grad der Unterstützung des Mitarbeiters von Vorgesetzten und Kollegen ebenso anzuführen wie die Möglichkeiten, die dem Mitarbeiter gegeben sind, um das innerhalb der Weiterbildungsmaßnahme erlernte Wissen in seiner Arbeitsumgebung anzuwenden.[174] Laut *Baldwin/Ford* besteht ein Einfluss aller drei genannter Gruppen von Lerntransfervariablen innerhalb des Lernfeldes, aber lediglich der Teilnehmer und die Arbeitsumgebung sind direkt mit dem Arbeitsfeld verbunden. Somit haben diese beiden Faktoren den wesentlichen Einfluss am Arbeitsplatz.[175]

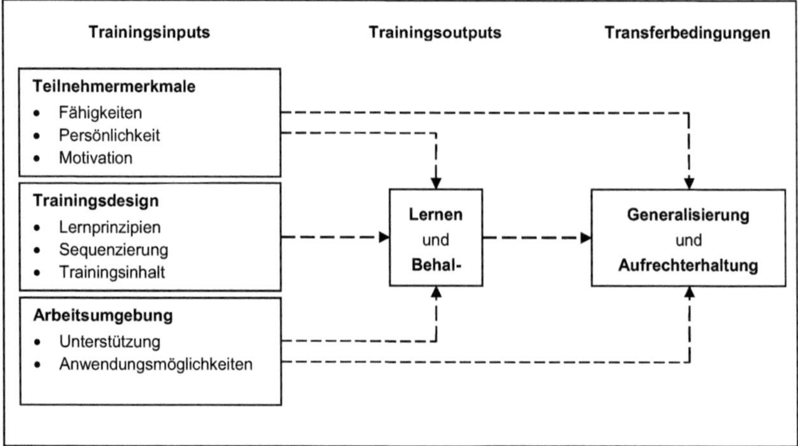

Abb. 5: Allgemeines Rahmenmodell zur Beschreibung des Transferprozesses von Baldwin/Ford.[176]

Cannon-Bowers/Salas/Tannenbaum/Mathieu (1995) stellen ein **umfassendes Modell der Weiterbildungseffektivität** mit unterschiedlichsten Variablen auf, um die Effektivität von Weiterbildungsmaßnahmen zu beschreiben und zu erklären. Vergleiche hierzu Abb. 6.

173 Vgl. Baldwin/Ford (1988) S. 66 ff.
174 Vgl. Wirth/Kauffeld/Bates/Holton (2009) S. 81 f.
175 Vgl. Baldwin/Ford (1988) S. 64 ff., Wirth/Kauffeld/Bates/Holton (2009) S. 81 ff.
176 Quelle: Baldwin/Ford (1988) S. 65.

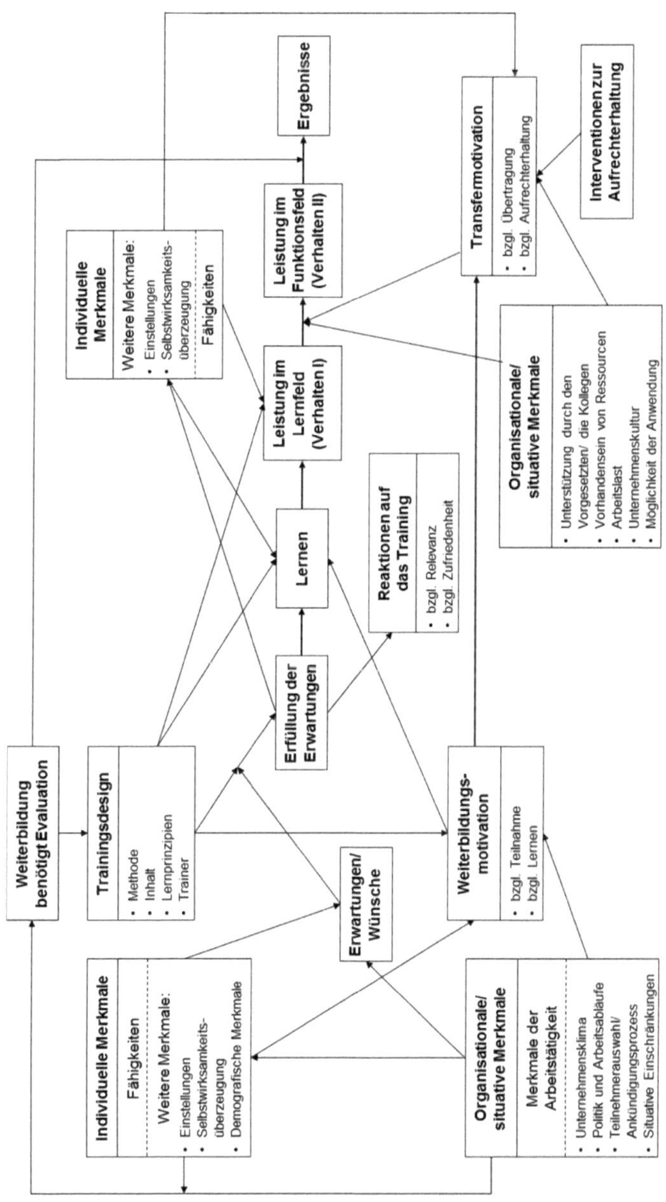

Abb. 6: Umfassendes Modell der Weiterbildungseffektivität von Cannon-Bowers/Salas/Tannenbaum/Mathieu.[177]

[177] Quele: Cannon-Bowers [u. a.] (1995) S. 144.

Im Wesentlichen bezieht sich das Modell auf die gängigen Lerntransfereinflussfaktoren respektive Determinanten: Es stehen der Teilnehmer, das Trainings-Design und auch die Arbeitsumgebung im Vordergrund der Diskussion und dessen Wechselbeziehungen werden erläutert.[178]

Im vorliegenden Modell beeinflussen individuelle Merkmale des Teilnehmers sowie Merkmale der Arbeitstätigkeit die Erwartungen und Wünsche des Teilnehmers an eine zukünftige Weiterbildungsmaßnahme. Dem Modell folgend wirkt das von der Organisation gestaltete Trainings-Design auf die Weiterbildungsmotivation des Teilnehmers hinsichtlich einer möglichen Teilnahme bzw. hinsichtlich einer möglichen Lernsituation. Eine Erfüllung der Erwartungen des Teilnehmers mündet in einem Lernen respektive in einer Leistung im Lernfeld sowie in einer von dem Teilnehmer ausgelösten Reaktion auf das Training hinsichtlich Relevanz und Zufriedenheit.

Auch hier führen *Cannon-Bowers [u. a.]* organisationale und situative Merkmale an, die im Wesentlichen den Prozessschritt zwischen einem veränderten Verhalten im Lernfeld und einem veränderten Verhalten im Funktionsfeld respektive der Lerntransferleistung beeinflussen.[179] Weiterhin führen sie individuelle Merkmale des Teilnehmers an, welche die Leistung bereits im Lernfeld beeinflussen. Zwischen Lern- und Funktionsfeld ist die Lerntransfermotivation des Teilnehmers angesiedelt, welche durch Interventionen zur Aufrechterhaltung beeinflusst werden kann, um letztlich Arbeitsergebnisse zu erhalten. Weiterhin führen *Cannon-Bowers [u. a.]* die Evaluation an, die für eine Weiterbildung unabdingbar ist. *Cannon-Bowers [u. a.]* greifen ebenso wie *Kirkpatrick* vier Ergebnisebenen auf – Reaktionen, Lernen, Verhalten und organisationale Ergebnisse – welche sich aber nicht hierarchisch aufeinander beziehen.[180]

Hervorzuheben ist an diesem Modell, dass *Cannon-Bowers [u. a.]* nicht ausschließlich Lerntransferdeterminanten sowie deren Wechselwirkungen innerhalb ihres Modells abbilden. Insbesondere die Transfermotivation wird ihrer Meinung nach durch **Interventionen**

---

178 Vgl. Cannon-Bowers [u. a.] (1995) S. 143 ff.

179 Vgl. Cannon-Bowers [1995] S. 143.

180 Vgl. Cannon-Bowers [u. a.] (1995) S. 146 und zum Vergleich Kirkpatrick (1976) S. 88. Vgl. zu den inhaltlichen Ausführungen des Modells gesamten Modells Cannon-Bowers [u. a.] (1995) S. 143 ff. sowie Tannenbaum [u. a.] (1993) und für einen zusammenfassenden Überblick Meißner (2012) S. 82 ff.

zur Aufrechterhaltung beeinflusst. An dieser Stelle wird die Wichtigkeit eines aktiven, lerntransferunterstützenden Verhaltens zur Steuerung der Lerntransferleistung des Teilnehmers seitens der Organisation direkt visualisiert, denn die angesprochene Transfermotivation bewirkt die Übertragung der vom Teilnehmer im Lernfeld gezeigten Leistungen in das vorliegende Funktionsfeld. Ebenfalls zeigen sie in ihrem Modell gestaltbare **organisationale und situative Merkmale** auf. Auch diese wirken einerseits auf die Leistungsübertragung des Teilnehmers vom Lernfeld in das vorliegende Funktionsfeld: Hier sind die Unterstützung durch den Vorgesetzten und durch Kollegen, vorhandene Ressourcen, welche die Organisation stellt, Arbeitslast, Unternehmungskultur, aber auch Möglichkeiten, die die Organisation für den Teilnchmer zur Anwendung des Gelernten schaffen, anzuführen. Andererseits sind diese Merkmale bereits vor Trainingsbeginn wirksam. Hier führen *Cannon-Bowers [u. a.]* Merkmale der Arbeitstätigkeit an, wie das vorliegende Unternehmungsklima, Politik und Arbeitsabläufe, die Teilnehmerauswahl sowie Ankündigungsprozesse des Trainings und situative Einschränkungen. Auch diese genannten organisationalen und situativen Merkmale sind als von der Organisation gestaltbar einzustufen, womit eine indirekte Steuerung des Verhaltens des Teilnehmers bewirkt werden kann.[181]

Das Evaluationsmodell von *Holton* (1996)[182] knüpft an das Modell des Transferprozesses von *Baldwin/Ford* an und bildet die Grundlage des **Lerntransfer-System-Inventars** von *Holton [u. a.]* (2000).[183] Im Vordergrund dieses Modells steht die Messung von validen und generalisierbaren Faktoren der Lerntransferbeeinflussung, welche die Basis für die Steigerung der Weiterbildungseffektivität darstellen können. Auch *Holton [u. a.]* gehen von einer dreigeteilten Kategorisierung der Einflussfaktoren des Lerntransfers in die Teilnehmercharakteristika, das Trainings-Design und die Arbeitsumgebung aus. So konnten durch eine explorative Faktorenanalyse für das englischsprachige Lerntransfer-System-Inventar insgesamt **16 Faktoren identifiziert werden, die den Lerntransfer beeinflussen**, welche in elf spezifische (Erwartungsklarheit, Motivation zum Lerntransfer, Lerntransfer-Design, Training-Arbeits-Übereinstimmung, positive Folgen bei Anwendung, negative Folgen bei Nicht-Anwendung, Unterstützung durch Kollegen, Unterstützung durch

---

181 Weiterhin führen *Cannon-Bowers [u. a.]* individuelle Merkmale des Teilnehmers an, welche sowohl auf die Erwartungen und Wünsche als auch auf die Leistung im Lernfeld und die Lerntransfermotivation des Teilnehmers wirken. An dieser Stelle wird auf diese individuellen Merkmale nicht näher eingegangen, weil sie als nicht direkt von der Organisation gestaltbar einzustufen sind und damit die Lerntransferleistung des Teilnehmers nur schwer beeinflussbar ist. Vgl. hierzu Cannon-Bowers [u. a.] (1995) S. 143 ff.

182 Vgl. Holton (1996).

183 Vgl. Holton/Bates/Ruona (2000).

Vorgesetzte, positive Einstellung des Vorgesetzten, persönliche Lerntransferkapazität, Möglichkeit der Wissensanwendung)[184] und in fünf generelle Faktoren (generelle Selbstwirksamkeitsüberzeugung, Leistungsverbesserung durch Anstrengung, Ergebniserwartung, Offenheit für Änderungen in der Arbeitsgruppe und Feedback)[185] unterteilt werden, die in einem allgemeinen Verhältnis zu den Weiterbildungsmaßnahmen zu sehen sind.[186] Weiterhin bestätigen Validierungen auch die Faktoren des deutschen Lerntransfer-System-Inventars.[187]

Aus dem Lerntransfer-System-Inventar lassen sich verschiedene Merkmale ableiten, die einen Einfluss auf den Lerntransfer von Weiterbildungsmaßnahmen haben.[188] Systematisch stellt *Kauffeld* diese Merkmale dar – unterteilt in generelle, welche alle Weiterbildungsmaßnahmen einer Unternehmung betreffen, und spezifische, bezogen auf eine bestimmte Weiterbildungsveranstaltung oder eine Weiterbildungsveranstaltungsreihe. Zu den **generellen Merkmalen** zählen im Rahmen der Arbeitsumgebung das Ausmaß, in dem Mitarbeiter und Kollegen gegenüber Veränderungen im täglichen Arbeitsablauf offen gegenüber stehen sowie der Grad, in dem den Lernenden Feedback über ihre Arbeits- und Lerntransferleistung gegeben wird. Hinsichtlich der Merkmale des Teilnehmers sind als Determinanten die Selbstwirksamkeitsüberzeugung des Teilnehmers und seine Erwartung, dass seine Leistung durch seine eigene Anstrengung verbessert wird, sowie eine Veränderung seiner Arbeitsleistung zu verbesserten Arbeitsergebnissen führt, anzuführen.[189]

Als **spezifische lerntransferbeeinflussende Merkmale**, bezogen auf eine Weiterbildungsveranstaltung, sind die Erwartungsklarheit des Teilnehmers über die Ziele der Weiterbildungsmaßnahme, seine Kapazitäten hinsichtlich zeitlicher Ressourcen und Belastung für die Umsetzung des Gelernten, bereitstehende Arbeitsmaterialien sowie der Grad, in dem der Lerntransfer positive oder negative Folgen bietet, sowie die Unterstützung des Vorgesetzten und Kollegen im Rahmen der Arbeitsumgebung anzuführen. Als Teilnehmermerkmale beeinflusst den Lerntransfer vor allem die Motivation des Teilnehmers, ei-

---

184 Vgl. Holton/Bates/Rouna (2000) S. 344 ff.
185 Vgl. Holton/Bates/Rouna (2000) S. 354.
186 Vgl. zum Modell Wirth [u. a.] (2009) S. 82, Bates/Kauffeld/Holton (2007), Kauffeld [u. a.] (2008).
187 Vgl. hierzu Kauffeld [u. a.] (2008) S. 66.
188 Vgl. auch die Ausführungen von Holton/Bates/Rouna (2000) S. 357, welche den aktiver Lerntransferunterstützung betonen.
189 Vgl. Kauffeld (2010) S. 6 ff.

nen Lerntransfer zu leisten durch die Richtung, Intensität und Dauer seiner Lerntransferbemühungen. Im Rahmen der Merkmale des Programms sind als lerntransferbeeinflussende Faktoren die Übungsmöglichkeiten des Lerntransfers sowie die Vorbereitung auf die Umsetzung des Gelernten am Arbeitsplatz (Transfer-Design) und letztlich die von dem Teilnehmer wahrgenommene Übereinstimmung von Übungsaufgaben im Lernfeld zu später eintreffenden Aufgaben im Arbeitskontext anzuführen.[190]

3.2.3 Implikationen für das Lerntransfermanagement

Im Folgenden werden die aus den dargestellten Lerntransfermodellen abgeleiteten arbeitshypothetischen Vermutungen für das Lerntransfermanagement dargestellt. Tab. 2 gibt einen Überblick über die Zusammenhänge zu den vorliegenden Modellen.

Tab. 2: Überblick der lerntransfermodellgestützten Implikationen für das Lerntransfermanagement.

Modell	Implikation für das Lerntransfermanagement
Rahmenmodell des Transferprozesses (Baldwin/Ford 1988)	• Mögliche Ansatzpunkte des Lerntransfermanagements sind Merkmale des Teilnehmers, des Trainers und der Arbeitsumgebung • Unterstützungsfunktion bezieht sich auf die Arbeitsumgebung
Umfassendes Modell der Weiterbildungseffektivität (Cannon-Bowers [u. a.] 1995)	• Einbezug von Interventionen der Aufrechterhaltung, welche auf die Lerntransfermotivation des Teilnehmers wirken: Betonung der aktiven Unterstützungsfunktion des Lerntransfermanagements • Einbezug von organisationalen und situativen Merkmalen
Lerntransfer-System-Inventar (Holton [u. a.] 2000)	• Spezifizierung der Ansatzpunkte des Lerntransfermanagements durch detaillierte Beschreibung von 16 spezifischen und fünf generellen Faktoren der Lerntransferbeeinflussung

Das Rahmenmodell des Transferprozesses von *Baldwin und Ford* liefert Indizien für die Gestaltung eines Lerntransfermanagements, indem als mögliche **Ansatzpunkte** für einen erfolgreichen Lerntransfer und somit auch übertragen für ein Lerntransfermanagement die Merkmale des **Teilnehmers**, des **Trainers** und der **Arbeitsumgebung** identifiziert werden können. Weiterhin wird im Rahmen des Modells die **aktive Unterstützung** des Lerntransfers konkret angeführt, aber lediglich auf den Bereich der Arbeitsumgebung reduziert.

Das umfassende Modell der Weiterbildungseffektivität von *Cannon-Bowers [u. a.]* leistet einen Beitrag zur Analyse des Lerntransfermanagements, indem es für einen erfolgreichen Lerntransfer **Interventionen der Aufrechterhaltung** direkt benennt. Insofern ist von einem steuernden Charakter des Lerntransfermanagements auszugehen. Dieses bezieht sich

[190] Vgl. Kauffeld (2010) S. 6 ff., Solga (2006) S. 16 f.

aber im Rahmen des vorliegenden Modells lediglich auf die Lerntransfermotivation des Mitarbeiters. Ergänzend bezieht sich das Modell auf **gestaltbare organisationale und situative Merkmale**, welche konkret ausgeführt werden wie beispielsweise die Unterstützung von Vorgesetzten, Kollegen, vorhandene Ressourcen, Arbeitsbelastung etc. Diese reißen teilweise **konkrete, aktiv anzugehende Unterstützungsmöglichkeiten** des Lerntransfers an, auf welche sich ein Lerntransfermanagement beziehen kann. Wesentlich hebt das Modell die Gestaltbarkeit des Lerntransfers durch die Unternehmung hervor, was wiederum dem Lerntransfermanagement obliegt.

Holton [u. a.] spezifizieren im Rahmen ihres Modells des Lerntransfer-System-Inventars durch die Aufstellung der 16 spezifischen und fünf generellen Faktoren die in der Literatur vorliegenden Faktoren der Lerntransferbeeinflussung. Aufgrund ihrer **detaillierten Betrachtung der Merkmale**, welche ausschlaggebend sind für einen erfolgreichen Lerntransfer, können Indizien für eine Lerntransferunterstützung und darauf aufbauend auch für ein Lerntransfermanagement abgeleitet werden. So argumentieren *Holton [u a.]* beispielsweise, dass für einen erfolgreichen Lerntransfer Mitarbeiter und Kollegen offen gegenüber Veränderungen sein müssen. Daraus ist abzuleiten, dass ein Lerntransfermanagement in unterstützender Funktion Einfluss auf diese Offenheit nehmen kann, um den Lerntransfer der Mitarbeiter zu beeinflussen. Beispielsweise kann ein Lerntransfermanagement darauf abzielen, den Mitarbeiter durch positives Feedback zum Lerntransfer zu verhelfen sowie ihm verbesserte Arbeitsergebnisse auf Grund einer Leistungssteigerung transparent aufzuzeigen. Im Rahmen der spezifischen lerntransferbeeinflussenden Faktoren gilt es beispielsweise, dem Mitarbeiter ausreichend zeitliche und materielle Ressourcen für die Lerntransferumsetzung zur Verfügung zu stellen. In ähnlicher Weise lässt sich diese Argumentation für alle von *Holton [u a.]* ausgeführten Faktoren weiterführen.

Zusammenfassend lassen sich aus den geschilderten Modellen erste Ansatzpunkte für ein Lerntransfermanagement sowie angrenzende Bereiche des Themenfeldes ableiten. Ein Bezug zu Begründungen für und gegen den Einsatz eines Lerntransfermanagements ist an dieser Stelle nicht herzuleiten, da sich sowohl die dargestellten als auch die weiteren in der Literatur vorliegenden Modelle zum Lerntransfer in erster Linie mit Determinanten des Lerntransfers auseinandersetzen sowie deren Wirkungsgefüge analysieren. Diese Auseinandersetzung trägt dazu bei, das Lernen des Mitarbeiters und auch Möglichkeiten für einen erfolgreichen Lerntransfer zu erklären.[191] Dieses Konstrukt ist aber nicht direkt übertragbar auf die Erklärung der Ausgestaltung, des Einsatzes und des Nichteinsatzes des Lerntransfermanagements. Demnach können lediglich einzelne Bereiche aufgezeigt werden, an denen das Lerntransfermanagement ansetzen kann. Weiterhin ist davon abzuleiten, dass eine aktive Unterstützung des Lerntransfers für das Lerntransfermanagement charakteristisch und für einen erfolgreichen Lerntransfer notwendig ist.

3.3 LERNTRANSFERSICHERUNGSMAẞNAHMEN

3.3.1 Generelle Überlegungen zur Vorgehensweise

Aus praxeologischer Sicht wird innerhalb der Literatur vielfach beschrieben, mit welchen aktiven Maßnahmen ein Lerntransfer gesichert werden kann.[192] Hierbei handelt es sich in der Regel um eine **Skizzierung möglicher Einzelmaßnahmen**[193], nicht um eine umfassende, kritische Darstellung derselben. Konzepte, in deren Zusammenhang mehrere Maßnahmen detailliert und ggf. zusammenhängend hinsichtlich ihres Einsatzes dargestellt werden, existieren wenige.[194] Auch ein Bezug zu Anwendungsgründen wird in der Literatur nahezu nicht hergestellt.

Wirth [u. a.] benennen beispielsweise Ideen zur Optimierung der spezifischen und generellen Erfolgsfaktoren des Lerntranfers und skizzieren im Rahmen dessen unterschiedliche Einzelmaßnahmen, welche sie aus den Erfolgsfaktoren des Lerntransfer-System-Inventars[195] ableiten.[196] Vergleiche hierzu Tab. 3.

---

[191] Folglich wird an dieser Stelle auf eine intensive Ausführung möglicher Wirkungsdeterminanten verzichtet, da sie für die Erklärung des Lerntransfermanagements keinen Mehrwert bieten und somit eine Auseinandersetzung mit diesen für den Verlauf der Arbeit nicht zielführend wäre.

[192] Vgl. Kauffeld (2010) S. 13 ff.

[193] Vgl. beispielsweise Lemke (1995) S. 101 ff., Meyer (2007) S. 76 ff., Meier (2005) S. 272 ff.

[194] Vgl. hierzu Broad (2003), die ein Modell unter Bezugnahme transferverantwortlicher Personen aufgestellt hat und im Rahmen dessen Einzelmaßnahmen skizziert.

[195] Vgl. hierzu auch die Ausführungen im Abschnitt 3.2.2 zum Lerntransfer-System-Inventar-Modell von Holton/Bates/Rouna (2000).

[196] Vgl. Wirth [u. a.] (2009) S. 101 f.

Tab. 3: Ideen zur Optimierung der spezifischen und generellen Erfolgsfaktoren des Lerntransfers.[197]

Spezifische Erfolgsfaktoren des Lerntransfers	Lerntransfersicherungsmaßnahmen
Erwartungsklarheit	• Ziele, Inhalte und Ablauf der Weiterbildung konkretisieren und die Teilnehmer vorab durch schriftliche Informationen kontaktieren • Meeting der Teilnehmer mit Trainer vor Beginn der Maßnahmen
Motivation zum Lerntransfer	• Planung von konkreten Schritten zur Umsetzung in der Weiterbildung • Selbstverpflichtungsbriefe der Teilnehmer an sich selbst, die nach einigen Wochen zugestellt werden • Lerntransfertag nach einigen Wochen • Coaching im Anschluss an die Maßnahme • Lernpaten als „Sparringspartner" zur Reflexion • Kommunikation von Evaluationsergebnissen
Positive Folgen bei Anwendung	• Rücklaufsystem entwickeln „Was hat die Fortbildung gebracht? Was nicht?" • Erfolge aufzeigen • Belohnung (zum Beispiel Lob) • Prämiensystem
Negative Folgen bei Nicht-Anwendung	• Vergleich zwischen Weiterbildungsgruppe und Kontrollgruppe aufzeigen • Beurteilung des Vorgesetzten auf erfolgreiche Umsetzung der Weiterbildungsinhalte
Persönliche Lerntransferkapazität	• Schaffung von Freiräumen durch Vorgesetzte • Reflexionszeit in der Unternehmung
Unterstützung durch Kollegen	• Erzeugen eines gemeinsamen Lerninteresses • Meeting mit Teilnehmern und Kollegen (Informationsaustausch, Umsetzungsvereinbarungen)
Positive Einstellung des Vorgesetzten	• Kompetenzentwicklung der Mitarbeiter als Führungsaufgabe • Einbeziehung der Vorgesetzten bei der Bildungsbedarfsanalyse • Kenntnis der Weiterbildungsinhalte
Unterstützung durch Vorgesetzte	• Vorgesetzte identifizieren für Mitarbeiter individuell den Weiterbildungsbedarf • Definition von Lernzielen vor der Maßnahme • Definition von Voraussetzungen für die Umsetzung des Gelernten • Umsetzungsvereinbarung
Training-Arbeits-Übereinstimmung	• Analyse der Organisation und Aufgabe der Mitarbeiter • Fragebogen über gewünschte Weiterbildung(sinhalte) • Training mit „ echten" Themen (realitätsnah) • Training im „echten" Team
Lerntransfer-Design	• Praktische Übungen: Rollenspiele, Fallbeispiele der Teilnehmer • Widerstände antizipieren, Lösungsmöglichkeiten im Training erarbeiten und durchspielen • Intervalltrainings: abwechselnd Lern- und Anwendungsphasen
Möglichkeit der Wissensanwendungen	• Arbeitsmittel zur Verfügung stellen (zum Beispiel Moderationsmaterial nach einem Moderationstraining) • realistische Kostenplanung (Personal und Arbeitsmittel)
Generelle Erfolgsfaktoren des Lerntransfers	**Lerntransfersicherungsmaßnahmen**
Leistungsverbesserung durch Anstrengung	• Teammitglieder mit erfolgreichen Weiterbildungserfahrungen als Beispiel • Vergleich mit einer anderen Gruppe, die das Training bereits absolvierte • Kontrolle der Ergebnisse
Ergebniserwartung	• Signale vom Management, dass Gelerntes honoriert wird • Auswahl der richtigen Leute für das Training • Teilnehmer müssen Lernziele erarbeiten
Offenheit für Änderungen in der Arbeitsgruppe	• Training der ganzen Gruppe • Workshop zu Normen in der Gruppe
Generelle Selbstwirksamkeitsüberzeugung	• Aufzeigen von Erfolgen des Mitarbeiters • Lerninhalte den Fähigkeiten der Teilnehmer anpassen
Feedback	• Regelmäßige Mitarbeitergespräche • 360-Grad-Feedback • Kundenkontakt

[197] Quelle: In enger Anlehnung an Wirth [u. a.] (2009) S. 101 f.

Im Rahmen ihrer Ausführungen nehmen sie Bezug zu Maßnahmen, welche vor, während und nach einer Weiterbildungsveranstaltung eingesetzt werden können. Diese beziehen sich sowohl auf den weiterzubildenden Mitarbeiter als auch auf Aktivitäten, an denen der jeweilige Vorgesetzte beteiligt ist, sowie die Weiterbildungsabteilung. Die Ausführungen beschränken sich auf eine Maßnahmenskizzierung.[198]

Solga stellt ein Modell des Lerntransfermanagements auf, welches unterschiedliche Maßnahmen zur Sicherung des Lerntransfers beinhaltet. Siehe hierzu Abb. 7. Laut diesem Modell gibt es **vier Einflussfaktoren**, welche die Leistung eines Weiterbildungsteilnehmers respektive die Qualität und Häufigkeit seiner Lerntransferaktivitäten beeinflussen: Um einen Lerntransfer generieren zu können, ist es vorerst erforderlich, dass der Weiterbildungsteilnehmer Kenntnisse, Fähigkeiten und Einstellungen innerhalb der Weiterbildungsveranstaltung erwirbt und über einen längeren Zeitraum behält. Dieser Vorgang zeichnet einen erfolgreichen oder auch nicht erfolgreichen **Lernerfolg** aus. Weiterhin muss die Bereitschaft des Weiterbildungsteilnehmers bestehen, erworbene Kompetenzen in seinen Arbeitskontext zu integrieren. Je nach Ausdauer und Intensität der Bemühungen des Teilnehmers, die erworbenen Kompetenzen anzuwenden, zeichnet sich seine **Lerntransfermotivation** aus. Als weiteren Einflussfaktor des Lerntransfers nennt *Solga* Unterstützung in Form von praktischen Hilfestellungen durch Vorgesetzte und Kollegen des Weiterbildungsteilnehmers am Arbeitsplatz sowie die **Anwendungsgelegenheiten** des Gelernten, die der Teilnehmer in seinem täglichen Arbeitsumfeld hat.[199]

Diese vier Einflussfaktoren des Lerntransfers können wiederum durch ein Lerntransfermanagement gezielt beeinflusst werden. *Solga* unterscheidet hierfür zwei Gestaltungsfelder: Das **Design der Qualifizierungsmaßnahme** (Lernfeld) und die Arbeitsumwelt des lernenden Mitarbeiters (Funktionsfeld), welches er auch als **Lerntransferklima** bezeichnet, in denen Maßnahmen zur Unterstützung des Lerntransfers angewendet werden können.[200]

---

198 Auf Basis einer durchgeführten Befragung bei einem Automobilzulieferer spezifizieren sie beispielhaft lediglich die folgenden vier Maßnahmen: ‚Fragebogeneinsatz‘, ‚Einführung eines Lerntransfergesprächs‘, ‚Vorabgespräche mit (externen) Trainern‘ und ‚Erfahrungsaustausch unter Kollegen zu Trainingsmaßnahmen‘. Vgl. Wirth [u. a.] (2009) S. 97 ff.

199 Vgl. Solga (2006) S. 5 f.

200 Vgl. Solga (2006) S. 5 f.

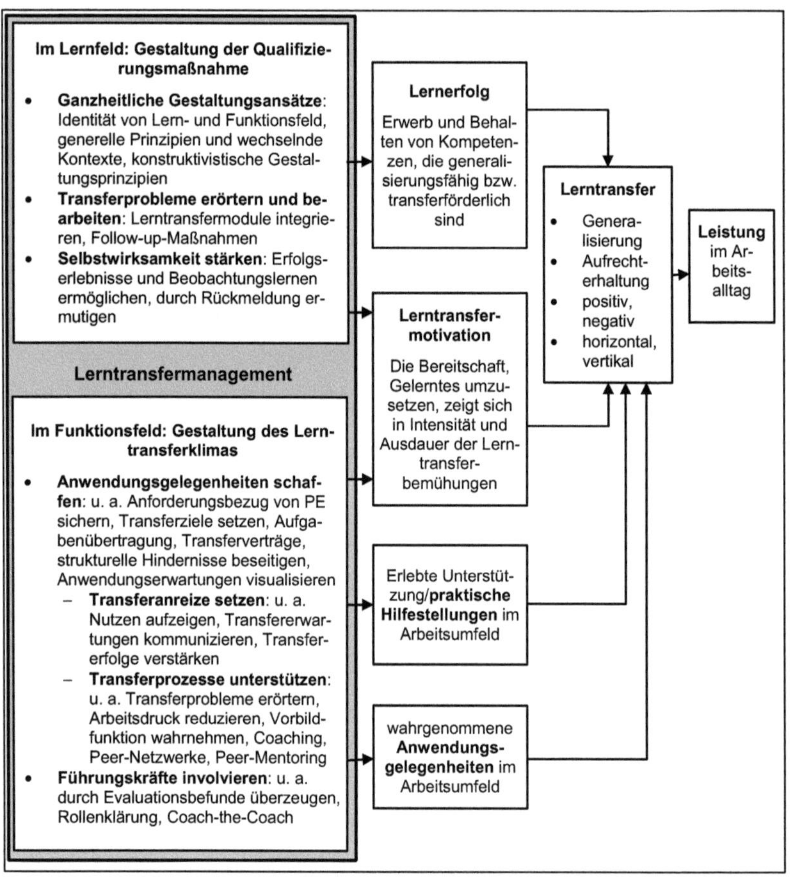

Abb. 7: Modell des Lerntransfermanagements nach Solga.[201]

Solga leitet mögliche Interventionen, die den Lerntransfer unterstützen, aus den Kategorien des LTSI-Modell von *Holton [u. a.]*. ab und gliedert diese pragmatisch in **vier Kategorien**: Als erste Interventionskategorie nennt er die **Anwendungsgelegenheiten**, die für die Lernenden geschaffen und sichtbar gemacht werden müssen, damit diese im Anschluss an eine Weiterbildungsmaßnahme die erlernten Kenntnisse und Fertigkeiten sinnvoll einsetzen können. Weiterhin unterteilt er in **Anreize für Lerntransferprozesse**, die die Motivation der Mitarbeiter steigern soll, Lerntransfer zu leisten. Weiterhin gilt es, Lerntransferprozesse durch praktische Hilfestellungen und die Schaffung einer positiven kollegialen

[201] Quelle: Solga (2006) S. 6.

Atmosphäre zu **unterstützen** sowie die **Führungskräfte** der lernenden Mitarbeiter für ihre Aufgaben im Lerntransferprozess zu sensibilisieren und letztlich aktiv mit einzubeziehen.[202]

Insofern ist es **für die Erreichung der Zielsetzung der Arbeit** förderlich, Maßnahmen mit dem Ziel der Lerntransfersicherung darzustellen, denn der Einsatz derselben bildet unter anderem die Ausgestaltung des Lerntransfermanagements. Da in der Literatur kaum Erkenntnisse hinsichtlich der Kombination und Wirkungsweisen mehrerer Maßnahmen und detaillierten Ausgestaltung einzelner vorliegen, werden die existierenden Erkenntnisse der Literatur dargestellt. Insofern kann kein existierendes, ganzheitliches Maßnahmenkonzept dargestellt werden. Weiterhin kann auf Grund der Fülle an existierenden Einzelmaßnahmen lediglich ein beschreibender Überblick über vielfach verwendete oder in der Literatur genannte Maßnahmen gegeben werden. Um die Unterschiedlichkeit der Ausgestaltung des Lerntransfermanagements auch empirisch erfassen zu können, werden unter Maßnahmen alle vorliegenden Ansätze verstanden, die im Sinne einer aktiven Herangehensweise von Unternehmungsseite her eingesetzt werden, um den Lerntransfer der Mitarbeiter zu fördern. Hinsichtlich der Strukturierung nachfolgend dargestellter Maßnahmen bietet sich eine Unterteilung in zeitliche Aspekte des Einsatzes vor, während und nach einer Weiterbildungsveranstaltung an.[203] Zudem existieren Maßnahmen, die zeitlich nicht eindeutig einer dieser Kategorien zugeordnet werden können, da sie eine übergreifende Funktion haben.

3.3.2 Maßnahmen vor der Weiterbildungsmaßnahme

Im Vorfeld einer Weiterbildungsveranstaltung ist es elementar, den **Weiterbildungsbedarf fundiert zu erheben**, um die einzelnen Veranstaltungen sowohl an den Unternehmungszielen und deren strategischer Ausrichtung als auch an dem konkreten Bedarf der Arbeitsgruppe und des Vorgesetzten auszurichten. Folglich sollten Vorgesetzte und Weiterbildungsverantwortliche gleichermaßen an der Planung der Weiterbildungsmaßnahmen beteiligt sein und mit dem Teilnehmer zusammenarbeiten. Im Rahmen dessen sollte vorab geklärt werden, welche **Rolle dem Vorgesetzten** im Lerntransferprozess zukommt, damit er die Unterstützungsfunktion des Mitarbeiters auch einnehmen kann. Dem Vorgesetzten

---

[202] Vgl. Solga (2006) S. 12 ff.

[203] Vgl. zu ähnlichen Vorgehensweisen Kauffeld (2010) S. 146, Solga (2011) S. 346 ff., Besser (2004) S. 29 ff.

sollte aufgezeigt werden, wie wichtig sein Verhalten für die Lern- und Lerntransferprozesse der ihnen unterstellten Mitarbeiter sind. Folglich sollten Vorgesetzte, beispielsweise durch ein Coaching durch Weiterbildungsexperten, ihre Aufgaben und Verantwortung im Rahmen des Lerntransfermanagements aufgezeigt werden.[204]

Kießling-Sonntag führt vorab der Weiterbildungsveranstaltung an, dass **Gespräche zwischen Führungskraft und weiterzubildendem Mitarbeiter** stattfinden sollten. Mit spezifischen lerntransferorientierten Fragen, die sich unter anderem auf konkrete Seminarziele, Änderungsabsichten im Arbeitsbereich und das Sichtbarmachen von Veränderungen beziehen sowie die Rolle von Teilnehmern, Führungskräften und Trainer und mögliche Widerstände bei der Umsetzung des Gelernten mit einbeziehen, kann so ein erfolgreicher Lerntransfer unterstützt werden. Insbesondere Einzelgespräche zwischen dem am Seminar teilnehmenden Mitarbeiter und der direkten Führungskraft wird eine besondere Bedeutung beigemessen[205], da die Führungskraft in ihrer Rolle den Teilnehmer einschätzen und sowohl vor als auch nach dem Seminar begleiten und direkte Verhaltensänderungen erkennen und beeinflussen kann. Diese Einzelgespräche vorab einer Weiterbildungsmaßnahme bilden die Grundlage, um neu erworbene Kenntnisse in die Praxis zu integrieren.

Dabei kann die Formulierung von Lern- und Lerntransferzielen ebenso Bestandteil des Gesprächs sein wie die Information der weiterzubildenden Mitarbeiter über mögliche Weiterbildungsinhalte und deren persönlicher Nutzen.[206] Zu konkreten Frageformulierungen zwischen Teilnehmer und Führungskraft siehe Abb. 8.[207]

Schon im Rahmen der Auftragsklärung sollten ebenfalls **Gespräche zwischen der Weiterbildungsabteilung und den eingesetzten Trainern** stattfinden, innerhalb derer die Lerntransferproblematik konkret angesprochen wird. Auch Weiterbildungsteilnehmer sollten schon vorab der Weiterbildungsmaßnahme Zeit haben mit dem Trainer zu sprechen,

---

204 Vgl. Solga (2006) S. 22, ähnlich Hummel (1999) S. 73, Kienbaum (2008).
205 Vgl. Wirth [u. a.] (2009) S. 98 f.
206 Vgl. Hummel (1999) S. 73.
207 Vgl. Kießling-Sonntag (2003) S. 389 f.

um inhaltliche Wünsche zu äußern und auf Besonderheiten in ihrem täglichen Arbeitsablauf hinzuweisen.[208]

Leitfragen für das Gespräch vor dem Seminar:

- Welche Motivation hat der Mitarbeiter für die Seminarteilnahme? Welche Ziele will er erreichen?
- Was soll sich nach dem Weiterbildungsbesuch ändern: für den Kunden, den Teilnehmer selbst, die Kollegen, die Führungskraft, die Projektpartner?
- Woran wird der Mitarbeiter erkennen, dass er seine Seminarziele erreicht hat (beobachtbares Verhalten)?
- Was wird der Mitarbeiter tun, um nach dem Seminar die Umsetzung des Gelernten sicherzustellen?
- Welche Wünsche hat der Mitarbeiter diesbezüglich an die Führungskraft?
- Welche Probleme können in der Umsetzungsphase auftreten? Gibt es schon Lösungsansätze?
- Welche Vereinbarungen sollten Führungskraft und Mitarbeiter jetzt und hier konkret treffen, damit das Seminar ein Erfolg wird?

Abb. 8: Leitfragen für das Gespräch zwischen Führungskraft und Mitarbeiter vorab einer Weiterbildungsmaßnahme.[209]

Um eine bedarfsgerechte Weiterbildung von Seiten der Führungskräfte oder der Weiterbildungsabteilung zu planen, ist es weiterhin erforderlich, sowohl Informationen über die Arbeitsaufgaben als auch die Gegebenheiten des Arbeitsplatzes des weiterzubildenden Mitarbeiters zu haben. Darüber hinaus können damit Erkenntnisse über mögliche Unterstützungsbedarfe im Anschluss an eine durchgeführte Weiterbildungsveranstaltung gewonnen werden.[210] Im Rahmen der **Analyse der Arbeitsaufgaben und des Arbeitsplatzes** ist es weiterhin elementar, dass der Trainer die Bedingungen der Weiterbildungsteilnehmer kennt und diese beispielsweise vorab besichtigt, um einen Eindruck von dem Tagesgeschäft zu erlangen.[211] Nur so können die Übungsaufgaben innerhalb der Weiterbildungsveranstaltungen auf Basis der im Funktionsfeld anfallenden Praxisaufgaben konzipiert werden.[212] Weiterhin ist zu klären, ob sich der **Einsatz von Teamschulungen** (Projektteams, Arbeitsgruppen oder Abteilungen) anbietet, um bei Kollegen der weitergebildeten Mitarbeiter eine Unterstützung des neuen Verhaltens im Nachgang einer erfolgreichen Weiterbildung zu erlangen.[213]

---

[208] Vgl. Bank (1997) S. 165, Wirth [u. a.] (2009) S. 90 ff.
[209] Quelle: Kießling-Sonntag (2003) S. 390.
[210] Vgl. Hummel (1999) S. 73.
[211] Vgl. Wirth [u. a.] (2009) S. 90 ff.
[212] Vgl. Bank (1997) S. 156 ff., Mandl/Prenzel/Gräsel (1992) S. 130 ff.
[213] Vgl. Hummel (1999) S. 73.

3.3.3 Maßnahmen während der Weiterbildungsmaßnahme

3.3.3.1 Unterstützung der Lerntransfermotivation des Teilnehmers

Die **Lerntransfermotivation** des weiterzubildenden Mitarbeiters ist eng mit der Selbstwirksamkeit – als das Vertrauen in die eigene Tüchtigkeit sowie die Überzeugung, in dem eigenen Tun erfolgreich sein zu können, um ein bestimmtes Ziel zu erreichen – verknüpft. Folglich wird die Selbstwirksamkeitserwartung einer Person von unterschiedlichen Quellen beeinflusst. Im Rahmen des Lerntransfers hängt die Lerntransfermotivation wesentlich davon ab, ob ein Weiterbildungsteilnehmer sich zutraut, die erworbenen Kenntnisse und Fertigkeiten, aus eigener Kraft erfolgreich im Arbeitsumfeld einsetzen zu können.[214] Diese Art der **Selbstwirksamkeitserwartung** kann durch unterschiedliche Maßnahmen unterstützt werden, damit die Motivation des Teilnehmers gesteigert wird, seinen Lerntransfer aktiv anzugehen und erfolgreich zu realisieren, insbesondere wenn die Lerninhalte komplex und neu sind oder wenn der Teilnehmer innerhalb seines Arbeitsfeldes einen geringen Unterstützungsgrad sowie wenig Verständnis für die Unterstützung der Anwendung des Gelernten von Kollegen und Vorgesetzten erwartet.[215]

Wenn der Weiterbildungsteilnehmer innerhalb der Weiterbildungsveranstaltung häufig die Erfahrung macht, dass er viele Lernaufgaben, die der Anwendungssituation am Arbeitsplatz sehr ähnlich sind, erfolgreich bewältigen kann, stärkt dies sein Vertrauen in sein eignes Tun und seine Selbstwirksamkeit. Folglich gilt es, innerhalb einer Weiterbildungsveranstaltung möglichst viele Elemente und Lernaufgaben zu integrieren, mit deren Hilfe sich von den Teilnehmern neue Herausforderungen meistern lassen sowie ihnen positive **Erfolgserlebnisse** zu vermitteln. Weiterhin kann die Selbstwirksamkeitserwartung durch sogenanntes **Beobachtungslernen**, indem Weiterbildungsteilnehmer das Verhalten anderer Personen beobachten, die ihnen ähnlich sind und zeigen, wie sich Lernaufgaben erfolgreich lösen lassen, sowie Berichten, wie ein erfolgreicher Lerntransfer stattfinden kann oder aus realen Erfahrungen in der Vergangenheit stattgefunden hat, unterstützt werden. Auch die positive Rückmeldung anderer Personen auf die Handlungskompetenz der Weiterbildungsteilnehmer unterstützt die Selbstwirksamkeit der Teilnehmer. Die **verbale Überzeugung** sollte dem Teilnehmer signalisiert werden, indem zum Ausdruck gebracht wird, dass andere Personen zuversichtlich sind, dass er den geforderten Lerntransfer leisten

[214] Vgl. Colquitt/Le Pin/Noe (2000) sowie Saks (1997).
[215] Vgl. Solga (2006) S, 11 f.

kann und wird.[216] *Colquitt [u. a.]* betrachten die Lerntransfermotivation des Mitarbeiters im Zusammenhang mit dessen erlebten persönlichen Nutzen durch die Teilnahme an einer Weiterbildungsveranstaltung und bezeichnen dieses als **Trainingsvalenz**.[217] Folglich kann die Lerntransfermotivation ebenso gesteigert werden, wenn die Trainingsvalenz gesteigert wird. *Solga* kombiniert diese Überlegung mit einer aktiven Maßnahme zur Lerntransfersicherung: Demnach sollen dem Mitarbeiter Anreize für eine Teilnahme am Lernen und an der späteren Umsetzung des Gelernten gegeben werden. Beispielsweise kann ein positiv nachhaltiger Lerntransfer die Karrierechancen des Mitarbeiters sowie seine persönliche Entwicklung und die damit verbundene Beschäftigungsfähigkeit verbessern.[218]

3.3.3.2 Gestaltung der Lernumgebung

In der Literatur lassen sich vielfach Empfehlungen zur Gestaltung des Lernens und der Lernumgebung finden, welche auf theoretischen Ansätzen beruhen. *Delhees* (1980) bezieht sich auf kognitive Lerntheorien und schlussfolgert für Weiterbildungen, dass entdeckendes Lernen und flexibles, kreatives Umgehen mit Regeln sowie eine für den Lernenden nachvollziehbare Begriffsverwendung lerntransferfördernd sind. Auch die Erregungsforschung kommt zu der Erkenntnis, dass Lernstoffe auf bestimmte Art und Weise aktivierend gestaltet werden sollten.[219] Auf Basis von Motivationstheorien, beispielsweise unter Bezugnahme von *Heckhausen* (1977), ergeben sich weitere Schlussfolgerungen für eine lerntransferunterstützende Gestaltung der Lerninhalte.[220] Grundsätzlich sind all diese Gestaltungsaspekte, die den Lerntransfer fördern können. Diese sind aber weniger als aktive Lerntransfersicherungsmaßnahmen zu klassifizieren, welche seitens der Unternehmung direkt gestaltet und eingesetzt werden können. Folglich wird im Rahmen dieses Kapitels zwar auf bedeutende theoretische Überlegungen wie die Identität von Lern- und Anwendungsumgebung, die Vermittlung von generellen Prinzipien oder auch eine konstruktivistische Ausgestaltung der Lernumgebung eingegangen, es ist aber nicht erkenntniszielführend, alle lerntransferförderlichen Lernumgebungsgestaltungen aufzuführen. Es erfolgt eine Beschränkung auf vielfach in der Literatur zitierte und etablierte Lernumgebungsgestaltungstheorien.

---

216 Vgl. Solga (2006) S. 11 f.
217 Vgl. Colquitt/Le Pin/Noe (2000).
218 Vgl. Solga (2006) S. 20.
219 Vgl. Weidenmann (1986).
220 Vgl. hierzu Götz (2001) S. 91.

Die **Theorie der identischen Elemente** nach *Thorndike*[221] ist als behavioristischer Ansatz zu verorten und kann als Lerntransfertheorie bezeichnet werden. Sie postuliert, dass die Wahrscheinlichkeit des positiven Lerntransfers steigt, je ähnlicher die Lernumgebung mit der späteren Anwendungsumgebung im Arbeitskontext gestaltet wird.[222] Folglich sollen innerhalb einer Weiterbildungsveranstaltung Arbeitsaufgaben möglichst realitätsnah simuliert werden, sodass die Teilnehmer Situations-Reaktions-Verbindungen erlernen können. Im Rahmen dessen ist es für den verantwortlichen Trainer im Rahmen der Konzeption und Vorbereitung der Weiterbildungsveranstaltung erforderlich, die Arbeitsumgebung sowie die Arbeitsprozesse der Teilnehmer möglichst detailliert zu erfassen – beispielsweise mit Hilfe von Instrumenten der psychologischen Arbeits- und Anforderungsanalyse. Eine analytische Beschreibung des Funktionsfeldes vorab der Weiterbildungsmaßnahme ist demnach unabdingbar. Nur so können Aufgaben und Arbeitsanforderungen in valide Gestaltungsaussagen für das Lernfeld überführt werden.[223]

Als **Umsetzungsmethode** innerhalb des Seminars und im Rahmen dieser geforderten, ähnlichen Gestaltungen von Lern- und Arbeitskontext, eignet sich beispielsweise das Planen von Praxisprojekten im Seminar und das Hinzunehmen von Führungskräften respektive Entscheidern oder Auftraggebern, um Praxisprojekte zu präsentieren sowie die Integration von unternehmungsinternen Fachleuten in das Seminar durch Vorträge oder Experten-Hearings. Weiterhin kann der Trainer einen hohen Praxisbezug durch spontane, situationsgebundene Interventionen herstellen wie beispielsweise das Erörtern von Praxisstandpunkten im Rahmen von Plenumsgesprächen oder das Fragen nach der praktischen Anwendung von unmittelbar gewonnenen Erkenntnissen sowie durch Konfrontationen mit praxisuntauglichen Verhaltensweisen, die innerhalb des Seminars gegebenenfalls gezeigt wurden. Grundsätzlich eignet sich didaktisch ein stetiger Wechsel von Phasen der Wissensaufnah-

221 Vgl. Thorndike (1914).

222 Dieses wird auch als strukturelle und inhaltliche Übereinstimmung von Source und Target benannt.

223 Vgl. Kießling-Sonntag (2011) S. 346 f., Frieling/Sonntag (1999) S. 187 f., Becker (2005) S. 249 f. Da dieser theoretische Denkansatz als einer der wesentlichen in der Literatur genannten zu beschreiben ist, ist es unerlässlich, auch zumindest auf vielfach zitierte Kritikpunkte an dieser Stelle hinzuweisen, welche Hindernisse für den Einsatz der darauf aufbauenden, genannten lerntransferunterstützenden Maßnahmen darstellen können: So unterliegen Akteure des Lerntransfermanagements, die sich nach diesem Ansatz richten, der Schwierigkeit der gänzlichen Erfassung aller Facetten des Funktionsfeldes, um eine nahezu identische Lernsituation im Lernfeld zu schaffen, was vollständig nicht möglich ist. Der Theorieansatz fokussiert demnach die Aufgabenstruktur, kognitive Prozesse werden im Rahmen dessen nicht betrachtet. Weiterhin beschränkt er sich auf die Abbildung weitgehend stabiler Arbeitssituationen, was die Vermittlung von generalisierenden Erfahrungen für die weiterzubildenden Mitarbeiter nicht ermöglicht und folglich die Erzielung eines weiten Lerntransfers erschwert oder unmöglich macht. Vgl. zur ausführlichen Beschreibung dieser und weiterer existierender Kritikpunkte Solga (2006) S. 7 f. sowie Frieling/Sonntag (1999) S. 187 f.

me und Phasen der praxisorientierten Reflexion. Auch Rollenspiele und eine kollegiale Praxisberatung und ein durch den Trainer initiiertes, mentales Hineinversetzen in den Arbeitsalltag können im Rahmen dessen unterstützend wirken.[224]

Im Gegensatz zu der Theorie der identischen Elemente, beinhaltet der Lerntransferansatz zur **Vermittlung genereller Prinzipien**, im Sinne eines kognitiven Ansatzes, den Kerngedanken, dass die **Entwicklung genereller Denk- und Problemlösungsstrategien** sowie theoretisches Grundlagenwissen die Weiterbildungsteilnehmer dazu befähigt, diese Kompetenzen flexibel in dynamischen, sich verändernden sowie unvorhersehbaren Anwendungssituationen einzusetzen. Grundlage sind dabei innerhalb eines Trainings vermittelte allgemeine Strategien und Heurismen sowie die Förderung von Analogieschlüssen bei den Teilnehmern. Ziel dieser Lerntransfertheorie ist die Generierung eines **weiten Lerntransfers**. Diese generellen Denk- und Problemlösungsstrategien in Form kognitiver Fähigkeiten werden auch als **Methodenkompetenzen** bezeichnet[225] wie beispielsweise die Mittel-Ziel-Analyse, das Hypothesentesten oder die Anwendung von verschiedenen Kreativitätstechniken, mit deren Hilfe die Teilnehmer weitere, situationsspezifische Kenntnisse schnell und ganzheitlich erwerben können und diese – in Form einer adaptiven Expertise – auf komplexe Aufgaben übertragen und anwenden können.[226]

Eine **konstruktivistische Ausgestaltung der Lernumgebung** kombiniert die beiden Kerngedanken zur Lerntransferunterstützung und versucht, die Integration identischer Elemente in die Lernumgebung mit der Entwicklung genereller Denk- und Problemlösungsstrategien zu verknüpfen. Demnach nimmt der Kontext der Lernumgebung einen besonderen Stellenwert im Rahmen der Lerntransferförderung ein.[227] Aufbauend auf der Überlegung, dass innerhalb des schulischen Unterrichts, bedingt durch fehlende Anwen-

[224] Vgl. Kießling-Sonntag (2003) S. 391 f.
[225] Vgl. Sonntag (2004).
[226] Vgl. Solga (2006) S. 8 f., Mandl/Prenzel/Gräsel (1992) S. 132 ff. Hinsichtlich des Lernprozesses ist kritisch anzumerken, dass auch generelle Denk- und Problemlösungsstrategien in der Regel innerhalb eines spezifischen oder beispielhaften Anwendungskontextes erlernt und erprobt werden müssen, beispielsweise mit Inhalten, in denen die Verwendung der Strategien beispielhaft erörtert werden. (Untersuchungen von Friedrich/Mandl (1992) zeigen, dass ein genereller Strategietransfer eher selten bei Teilnehmern erfolgt.) Folglich ist es für einen weiten Lerntransfer erforderlich, die erlernten Methodenkompetenzen in vielen unterschiedlichen Anwendungskontexten respektive Problemsituationen zu erproben, um deren Anwendung schrittweise aus dem erlernten Kontextbedingungen zu lösen und langfristig selbständig auf neue Probleme übertragen zu können. Dieses erfordert erhebliche zeitliche Ressourcen im Rahmen der Weiterbildung.
[227] Vgl. Prezel/Mandl (1992) S. 703 ff.

dungssituationen und Handlungsbezüge vielfach nur träges Wissen – in dem bereits erworbene Kenntnisse nicht eingesetzt werden – produziert wird, entstanden auf Basis des konstruktivistischen Ansatzes **vier Prinzipien** für die Gestaltung konstruktivistischer Lernumgebungen,[228] die den Lerntransfer unterstützen sollen: Demnach sollen konstruktivistische Lernumgebungen (in der Literatur häufig auch als problemorientierte Lernumgebungen bezeichnet) eine *Authentizität* zu den Anwendungssituationen aufweisen, indem der Anwendungskontext selbst als Lernumgebung dient, um mittels authentischer Aufgaben und Bedingungen reale Anwendungssituationen herzustellen. Wenn dieses ressourcenbedingt nicht möglich ist, gilt es, im Rahmen der *Situiertheit (Anschaulichkeit)* bedeutsame Anwendungssituationen und im Idealfall das gesamte Funktionsfeld realistisch zu simulieren sowie Lernaufgaben in realistische Erzählungen einzubetten, die für den Lernenden eine hohe Relevanz aufweisen. Entsprechend der Theorie zur Vermittlung allgemeiner Denk- und Problemlösestrategien sollte eine konstruktivistische Lernumgebung unterschiedliche Anwendungssituationen (*multiple Kontexte*) aufweisen, in welchen die Kenntnisse und Fertigkeiten erlernt, erprobt und geprüft werden können. Weiterhin sollte es als *sozialen Kontext* einen Austausch zwischen Lernenden und Job-Experten geben. Die Experten nehmen eine beratende unterstützende Rolle für den Lernenden ein, indem sie Problemlösestrategien modellhaft vorleben und zu Experten-typischen Heuristiken anleiten, um die Lerntransferleistung der Lernenden sowie die Kooperation der Lernenden untereinander zu fördern.[229]

3.3.3.3 Lerntransferunterstützende Maßnahmen des Trainers

Im Rahmen der Lerntransferunterstützung innerhalb einer Weiterbildungsveranstaltung kann der Trainer die Seminarerwartung von den Teilnehmern konkretisieren lassen und die Formulierung daraus abgeleiteter individueller Weiterbildungsveranstaltungsziele initiieren. Dabei sollten die Weiterbildungsinhalte an den Unternehmungszielen und bestehenden Normen und Prozeduren der Unternehmung ausgerichtet sein.[230] Auch ein Bezug auf bis-

[228] Vgl. hierzu Spiro [u. a.] (1991).

[229] Vgl. Solga (2011) S. 349 f., Solga (2006) S. 9 f., ebenso Mandl/Reinmann-Rothmeier (1995) und (2006), Becker (2005) S. 251 ff. Innerhalb instruktionspsychologischer Ansätzen, wie beispielsweise dem cognitive apprenticeship Ansatz vgl. Collins/Brown/Newman (1989), dem anchores instruction Ansatz vgl. Cognition and Technology Group at Vanderbilt (1993) sowie der cognitive flexibility theory vgl. Spiro [u. a.] (1991), wurde versucht, die Prinzipien der Gestaltung konstruktivistischer Lernumgebungen umzusetzen. Die Studien beziehen sich vorwiegend auf Kontexte der schulischen oder medizinischen Ausbildung und konnten Verbesserungen im Rahmen des Lerntransfers nachweisen. Vgl. zur kritischen Betrachtung der Gestaltung einer konstruktivistischen Lernumgebung Prezel/Mandl (1991) S. 317 ff.

[230] Vgl. Bank (1997) S. 164 f.

herige Vorgehensweisen im Rahmen von Lerntransferstrategien der Teilnehmer, kann unterstützend auf einen zukünftigen positiven Lerntransfer wirken. Konkret können die Teilnehmer dazu angehalten werden, nicht nur Ziele für die Zeit nach dem Seminar zu formulieren, sondern diese auch in individuelle Aktionspläne zu überführen. Methodisch bietet sich an dieser Stelle das Bilden von Lernpartnerschaften respektive Lerntandems oder auch von Lerngruppen (vier bis sechs Personen) an, welche sich im Anschluss an die durchgeführte Weiterbildungsmaßnahme in regelmäßigen zeitlichen Abständen treffen und bei der praktischen Umsetzung des Gelernten unterstützen sowie konkrete Praxisfälle besprechen können.[231]

3.3.3.4 Einsatz von Lerntransfermodulen

Am Ende einer Weiterbildungsmaßnahme besteht die Möglichkeit, im Rahmen sogenannter **Lerntransfermodule** bei den Weiterbildungsteilnehmern Kompetenzen zu entwickeln, mit deren Hilfe ein Lerntransfer gezielt unterstützt werden kann. Folglich kann am Ende einer Weiterbildungsmaßnahme beispielsweise thematisiert werden, welche möglichen Lerntransferhindernisse im Funktionsfeld auf den Teilnehmer treffen können, um diesen für aufkommende Probleme wie die mangelnde Unterstützung von Kollegen oder Vorgesetzten, erhöhten Zeitdruck etc. zu sensibilisieren. Weiterführend kann ein solches Lerntransfermodul auch aufwändiger gestaltet werden und den **Weiterbildungsteilnehmer als eigenen Manager seines Lerntransferprozesses** ausbilden. Dieses beinhaltet dann verschiedene funktionale Managementfunktionen im Sinne des Erlernens von Selbstmanagementkompetenzen wie beispielsweise das Diagnostizieren möglicher Lerntransferhindernisse und Unterstützungspotenziale durch Vorgesetzte und Kollegen, die Optimierung des eigenen Zeitmanagements des Lerntransfers, die Konzeption, Durchführung und Kontrolle eigens gesetzter Lerntransferziele sowie der eigenen Erfolge des Lerntransfers und entsprechende Belohnungen etc.[232]

---

[231] Vgl. Kießling-Sonntag (2003) S. 391 f.

[232] Vgl. Solga (2006) S. 10 f., ähnlich Lemke (1995) S. 106, welcher den Einsatz von Lerntransfermodulen bereits vor Beginn der Weiterbildungsveranstaltung verortet, um Strategien für die Lernransferproblematik generieren zu können.

3.3.4 Maßnahmen nach der Weiterbildungsmaßnahme

3.3.4.1 Lerntransferunterstützende Maßnahmen des Vorgesetzten

Der Vorgesetzte des weitergebildeten Mitarbeiters kann lerntransferunterstützend eingreifen, wenn dieser die Lerntransferleistungen des Mitarbeiters wertschätzend würdigt. Dieses kann über **Lerntransfergespräche** umgesetzt werden. Im Rahmen dessen können Probleme thematisiert werden, denen der Mitarbeiter bei Umsetzung des Gelernten gegenübersteht. Weiterhin können von Seiten des Vorgesetzten Hilfestellungen zur Überwindung möglicher Lerntransferhemmnisse angeboten werden – diese können beispielsweise durch ungünstige Rahmenbedingungen wie fehlende Materialien oder zu knapp bemessene Budgets oder zu hohe Arbeitsbelastungen, die zu geringen Zeitressourcen für die Anwendung des Gelernten im Arbeitskontext führen, bedingt sein.[233] Im Wesentlichen sollte dem Mitarbeiter von seinem Vorgesetzten signalisiert werden, dass ein großes Interesse an der Umsetzung des Gelernten besteht, um den Lerntransfer anzuregen sowie herausstellen, dass die Lerntransferleistungen des Mitarbeiters entsprechend wahrgenommen und wertgeschätzt werden. Das Lerntransfergespräch hat einerseits eine Feedback-Funktion, andererseits dient es der Aussprache von Lob und Anerkennung für bereits geleisteten Lerntransfer der Weiterbildungsteilnehmer, um diese weiter zu motivieren.[234]

Kießling-Sonntag formulieren Leitfragen für ein Gespräch zwischen Mitarbeiter und Führungskraft nach dem Seminar. Sie differenzieren dabei zeitlich ein Gespräch kurz nach dem Seminar sowie weitere Kommunikation nach ca. vier Wochen. Konkrete Frageformulierungen, die sich auf erforderliche Gesprächsinhalte beziehen, können Abb. 9 entnommen werden.

Letztlich kann ebenso die Unterstützung des Vorgesetzten zu einem positiven Lerntransfer beitragen, indem er im Funktionsfeld immer wieder die Umsetzung des Gelernten analysiert und an geeigneten Stellen **Tipps** zur effektiveren Umsetzung des Gelernten am Arbeitsplatz gibt.[235]

[233] Vgl. Solga (2006) S. 14, ebenso Bank (1997) S. 164 f., Staudt [u. a.] (1993) S. 145 ff.
[234] Vgl. Staudt [u. a.] (1993) S. 160 ff., Solga (2006) S. 20, Wirth [u. a.] (2009) S. 90 ff.
[235] Vgl. Solga (2006) S. 14.

Leitfragen für das Gespräch kurz nach dem Seminar:

- Wie ist das Seminar aus der Sicht des Mitarbeiters gelaufen (Inhalte, Methoden, Passung der Gruppe, Trainer, Praxistauglichkeit)?
- Was möchte der Mitarbeiter konkret umsetzen? Entspricht dies den vor dem Seminar formulierten Zielen?
- Welche Hilfe benötigt der Mitarbeiter bei der Umsetzung seiner Ziele (von der Führungskraft, von Kollegen, Ausstattung)?
- Gibt es wichtige Punkte/Erkenntnisse, die dem gesamten Arbeitsbereich zugänglich gemacht werden sollten (z. B. Mittels interner Multiplikation durch Präsenzveranstaltungen oder schriftlicher Dokumentation)?

Leitfragen für das Gespräch nach ca. vier Wochen:

- Was konnte bisher erreicht werden?
- Was hat sich durch die Umsetzung des Gelernten verändert (für die Mitarbeiter, für andere)?
- Welche Veränderung hat die Führungskraft bemerkt (konkrete Verhaltensbeschreibungen)?
- Welche Schwierigkeiten sind beim Lerntransfer aufgetreten? Gibt es Kritikpunkte (an der Führungskraft, an anderen)?
- Was muss geschehen, damit der Lernerfolg langfristig gesichert wird?
- War die Seminarmaßnahme in der Rückschau sinnvoll ausgewählt/konzipiert?

Abb. 9: Leitfragen für Gespräche zwischen Führungskraft und Mitarbeiter im Anschluss an eine durchgeführte Weiterbildungsmaßnahme.[236]

Weiterhin ist es wichtig, dass von Seiten der Führungskraft dem Mitarbeiter der Nutzen der Weiterbildung für die Arbeitstätigkeit und für den Erfolg der Unternehmung aufgezeigt wird. Dies setzt wiederum voraus, dass der Vorgesetzte sich explizit mit der Weiterbildung identifiziert und diese als für die Arbeitstätigkeit sinnvoll erachtet sowie diese Einstellung entsprechend vorlebt. Folglich sollte innerhalb der Unternehmung die Unterstützung und Förderung des Lerntransfers als **Führungsaufgabe** für Vorgesetzte definiert werden. Vorgesetzte sollten aufzeigen, in welcher Art und Weise die erlernten Inhalte von Weiterbildungsveranstaltungen den täglichen Arbeitsablauf erleichtern, am Arbeitsplatz Kontrolle und Flexibilität leisten sowie den Erfolg des Mitarbeiters, der Abteilung und letztlich der Unternehmung steigern können. Vorgesetzte können insgesamt eine **Coachingrolle** zur Unterstützung des Lerntransfers gegenüber dem Mitarbeiter einnehmen, indem sie diesen bei der Umsetzung des Gelernten beraten sowie im Sinne einer Vorbildfunktion als Modell zum Beobachtungslernen dienen. Lerntransfererfolge können von diesen durch die Aussprache von Lob und Anerkennung positiv verstärkt werden sowie Misserfolge konstruktiv-kritisch aufgearbeitet werden.[237]

---

[236] Quelle: Kießling-Sonntag (2003) S. 390 f.

[237] Vgl. Kauffeld (2010) S. 146 ff., Solga (2006) S. 19 ff.

3.3.4.2 Einbeziehen von Kollegen

Kollegen von weitergebildeten Mitarbeitern ist es häufig nicht bewusst, welche Rolle ihre Unterstützung im Rahmen des erfolgreichen Lerntransfers spielt und inwieweit sie damit Einfluss auf die Lerntransferleistung nehmen können. Kollegen sind bei Lerntransferproblemen zeitlich und räumlich häufig schneller erreichbar als die Vorgesetzten und können so schnell weiterhelfen. Weiterhin bieten Kollegen für Fragen häufig eine geringere Überwindungshürde, wenn Schwierigkeiten bestehen, sodass diese effektiver die Umsetzung des Gelernten fördern können. Die Einbeziehung von Kollegen im Rahmen des Lerntransfers kann insbesondere durch die Einrichtung von **Austauschmöglichkeiten** der Mitarbeiter untereinander gefördert werden. Dieses kann sowohl innerhalb von Abteilungsbesprechungen wie auch in gesondert vereinbarte Gruppengespräche integriert werden. Weiterhin kann so auch Erlerntes an Kollegen, die die Weiterbildungsmaßnahme nicht besucht haben, weitergegeben werden. Ein Austausch unter Kollegen steigert weiterhin die Erwartungsklarheit von potenziellen neuen Weiterbildungsteilnehmern, die die Maßnahmen ebenfalls in Zukunft durchlaufen werden.[238] Ein erfolgreicher Lerntransfer kann wesentlich gefährdet werden, wenn sich die Kollegen des weitergebildeten Mitarbeiters nicht mit den lerntransferbedingten Veränderungen im Arbeitsumfeld identifizieren sowie den Lerntransferprozess blockieren, indem Sie den Mitarbeiter kritisieren und seine neu erlernten Vorgehensweisen nicht akzeptieren. Dieser kritischen Einstellung kann durch die **gleichzeitige Teilnahme mehrerer oder aller Mitarbeiter** einer Arbeitsgruppe an einer Weiterbildungsveranstaltung entgegengewirkt werden.[239]

3.3.4.3 Einsatz von Follow-up-Maßnahmen

Im Rahmen der Nachbetreuung einer bereits abgeschlossenen Weiterbildungsveranstaltung ist es unabdingbar, durch ein **Auftragsabschlussgespräch** den Auftraggeber der Weiterbildungsveranstaltung zu informieren. Als Auftraggeber kann hier je nach organisationaler Struktur der Unternehmungen die Weiterbildungsabteilung bis hin zum mittleren Management oder der Geschäftsführung aber auch der direkte Vorgesetzte fungieren, der die Weiterbildungsveranstaltungen initiiert hat. Inhalte dieses Gesprächs sollten vor allem Veränderungen nach der Weiterbildung sowie unerwartete Nebenwirkungen im Anschluss an die Weiterbildung aber auch Möglichkeiten zur Verstärkung von Weiterbildungseffekten sowie der Umgang mit Widerständen bei der Umsetzung des Gelernten sein. Diese

---

[238] Vgl. Wirth [u. a.] (2009) S. 82 ff.
[239] Vgl. Solga (2006) S. 21, ähnlich Hummel (1999) S. 68 ff.

Gesprächsaktivität konkretisiert den aktuellen Stand der Lerntransferaktivitäten, macht einen weiteren Bedarf an Unterstützung im Anschluss an das Seminar im Funktionsfeld sichtbar und unterstützt eine bedarfsgerechte Bildungsplanung für eventuelle, folgende Weiterbildungsveranstaltungen.[240]

Auf Basis dessen können **Follow-up-Maßnahmen** geplant werden. Darunter sind **im engeren Sinne** kleinere Weiterbildungsveranstaltungen oder auch Coachings oder Beratungsgespräche zu verstehen, die im Anschluss an die eigentliche Weiterbildungsveranstaltung beispielsweise mit einem Abstand von einigen Wochen oder Monaten, mit dem Ziel der Auffrischung und Vertiefung erlernter Kenntnisse der Weiterbildungsteilnehmer sowie des Austausches über die Umsetzung des Gelernten im täglichen Arbeitsprozess und des Erlernens möglicher lerntransferunterstützender Verhaltensweisen, stattfinden. *Bronner/Schröder* verifizieren in diesem Zusammenhang sogenannte Reviewsitzungen im Anschluss an eine durchgeführte Weiterbildungsveranstaltung, in denen sich Trainer und Mitarbeiter Monate nach der Weiterbildung zu einem Erfahrungsaustausch treffen.[241] Weiterhin kann der **Trainer** eine sogenannte Transferhotline für die weitergebildeten Mitarbeiter anbieten, um konkrete Praxisfragen klären zu können. Gegebenenfalls können Einzelcoachings den Mitarbeitern Gelegenheit geben, Praxisthematiken in Anschluss an das Training zu analysieren.[242] **Im weiteren Sinne** können mit Follow-up-Maßnahmen aber auch Seminarkonzepte bezeichnet werden, die in mehreren, aufeinander aufbauenden Veranstaltungen über einen längeren Zeitraum stattfinden. Mehrstufig ausgerichtete Weiterbildungskonzepte können einen stabileren Lerntransfer erzielen im Vergleich zu Veranstaltungen, die nur einmalig durchgeführt werden.[243]

3.3.4.4 Bildung von Netzwerken

Durch die **Bildung von Netzwerken** nach der Durchführung einer Weiterbildungsveranstaltung unter den Teilnehmern können diese sich über ihre Lerntransfererfahrungen und mögliche Lerntransferhindernisse sowie deren erfolgreiche Überwindung austauschen. Die Teilnehmer bleiben so über einen längeren Zeitraum miteinander in Kontakt und können wechselseitig den jeweils anderen Lerntransferprozess begleiten und positiv unterstüt-

---

[240] Vgl. Kießling-Sonntag (2003) S. 392.
[241] Vgl. Bronner/Schröder (1983) S. 265 ff.
[242] Vgl. Kießling-Sonntag (2003) S. 392 f.
[243] Vgl. Solga (2006) S. 11, Bronner/Schröder (1983) S. 270 ff., Kienbaum (2008).

zen.[244] Hier ist es die Aufgabe der Weiterbildungsverantwortlichen der Unternehmung sowie der Vorgesetzten, diese Gruppentreffen zu initiieren, Kontakte herzustellen sowie ggf. eine Struktur in die regelmäßigen Treffen zu verankern. Das Einrichten von Newsgroups oder Chats kann einen virtuellen Austausch der Teilnehmer hinsichtlich Praxiserfahrung, Lerntransfererfolge und Lerntransferhindernisse anregen. Weiterhin eignet sich die Einrichtung von Lerntandem und/oder Lerngruppen in Form von Patenschaften, Erfahrungsaustauschgruppen oder Unterstützungsgruppen, um Praxisfälle zu besprechen und das Gelernte zu vertiefen.[245] Jegliche Maßnahmen zur Förderung der Bildung von Netzwerken mit dem Zweck des Erfahrungsaustausches können so lerntransferunterstützend wirken.[246]

3.3.5 Zeitlich übergreifende Maßnahmen

3.3.5.1 Gestaltung der Lernkultur

Als Maßnahme der Lerntransferunterstützung und ebenfalls als Grundvoraussetzung für einen erfolgreichen Lerntransfer kann die innerhalb einer Unternehmung bestehende **Lernkultur**[247] angesehen werden. Diese etabliert und pflegt dauerhaft den Stellenwert des Lernens und damit auch indirekt des Lerntransfers innerhalb von Teams, Abteilung sowie der gesamten Unternehmung. So wird die Lernkultur „[…] als Ausdruck des Stellenwertes definiert, der dem Lernen im Unternehmen zukommt."[248] Auf normativer Ebene umfasst sie Werte, Normen und Einstellungen. Strategisch beinhaltet sie Rahmenbedingungen, die ein erfolgreiches Lernen lange und nachhaltig unterstützen. Operativ findet sie Ausdruck in individuellem, gruppenbezogenen und organisationalen Lernen. Insgesamt ist eine Lernkultur von der Unternehmung gestaltbar und veränderbar.[249]

---

[244] Vgl. Solga (2006) S. 21.

[245] Vgl. Kauffeld (2010) S. 145 f.

[246] Vgl. Bank (1997) S. 166, ebenso Hummel (1999) S. 68 ff., Kießling-Sonntag (2003) S. 392, Kienbaum (2008).

[247] Es existieren vielfache Ansätze zur betrieblichen Lernkultur wie beispielsweise der klassische Ansatz von Schein (1985), welcher drei Kulturebenen zur Modellierung einer Organisationskultur differenziert: *Artefakte* als verbale Äußerungen und Interaktionen, welche beobachtbar, aber schwer deutbar sind, *Werte*, welche von zentraler Bedeutung für die Ausrichtung der Unternehmung sind und *grundlegende Annahmen*, welche von Organisationsmitgliedern übernommen werden, ohne darüber zu reden oder nachzudenken. Frieling (2002) beispielsweise stellte über 60 Indikatoren auf zum Zweck der Bestimmung einer betrieblichen Lernkultur. Die vollständige Diskussion um das Thema ‚Lernkultur' kann an dieser Stelle nicht in Gänze abgebildet werden, da lediglich, bezugnehmend auf das Erkenntnisziel der Arbeit, die Literaturinhalte für den Forschungsrahmen relevant sind, welche Erkenntnisse über Zusammenhänge zwischen einer vorliegenden Lernkultur innerhalb einer Unternehmung und der Lerntransfersicherung liefern können.

[248] Sonntag/Stegmaier (2005) S. 23.

[249] Vgl. Sonntag/Stegmaier (2005) S. 22 ff.

Die Lernkultur ist einerseits abhängig vom grundsätzlichen **Stellenwert des Lernens** innerhalb der Unternehmung, welcher durch Leitbilder, die Unternehmungspolitik sowie organisationalen Strukturen und personelle Verhaltensweisen bedingt ist. Andererseits wird die Lernkultur beeinflusst durch die Mitarbeiter selbst und ihre **Art und Weise zu lernen und Potenziale zu nutzen**, um individuelles sowie gruppenbezogenes und organisationales Lernen in eine erfolgreiche Lerntransferleistung umzusetzen. Beeinflusst werden diese Verhaltensweisen durch Maßnahmen der Personal- und Organisationsentwicklung, welche wiederum durch die Weiterbildungsabteilung gesteuert werden können. Weiterhin ist die Lernkultur bedingt durch das **Ausmaß der Unterstützung** für eine positive Kulturgestaltung. Anzuführen sind an dieser Stelle beispielsweise verwendete innovative Lernformen, ein offener Praxis-Wissenschaftsdialog sowie mögliche interdisziplinäre Herangehensweisen, die innerhalb einer Unternehmung für Weiterbildungszwecke unterstützt werden. Für eine erfolgreiche Lernkultur bedarf es einer Befürwortung der entsprechend einflussreichen Personen innerhalb einer Unternehmung, welche als Machtpromotoren die Lernkultur essenziell beeinflussen.[250]

Die bestehende Lernkultur einer Unternehmung wird folglich von den Mitgliedern dieser geprägt und wesentlich beeinflusst. Hervorzuheben sind im Rahmen dessen die Rolle der Führungskraft sowie der beteiligten Kollegen des Lernenden, welche durch die Lernkultur einerseits geprägt werden, andererseits diese wiederum auch definieren, welches wiederum Einfluss auf die Verhaltensweisen der Personen im Rahmen der Lerntransferunterstützung hat. Weiterhin sind unternehmungsinterne Informations- und Kommunikationsstrukturen, aber auch die Gestaltung des Wissensaustausches mit der Unternehmungsumwelt und die bestehenden Lernmöglichkeiten innerhalb einer Unternehmung Stellgrößen, mit der eine Unternehmung die Lernkultur und darauf aufbauend auch den Umgang mit der Lerntransferunterstützung beeinflussen und gestalten kann.[251]

3.3.5.2 Vereinbarung von Zielen

Der Lerntransfer des Weiterbildungsteilnehmers sollte Gegenstand eines **Systems von Zielvereinbarungen** zwischen dem lernenden Mitarbeiter und seinem Vorgesetzten sein.

[250] Vgl. Frieling/Sonntag (1999) S. 190 f. Auch Sonntag/Stegmaier stellen differenzierte Gestaltungsdimensionen einer Lernkultur auf. Vgl. hierzu Sonntag/Stegmaier (2005) S. 24 ff.

[251] Vgl. Sonntag/Stegmaier (2005) S. 24 ff. Vgl. ebenfalls Euler (2009) S. 44 ff., der für den Aufbau einer selbstgesteuerten Lernkultur plädiert, im Rahmen derer der Lernende den Nutzen und Sinn einer Weiterbildungsmaßnahme sehen und schrittweise an ein selbstgesteuertes Lernen herangeführt werden kann.

Eine schriftliche Fixierung der Ziele dient dem Anreiz wie auch der Überprüfung des Lernenden, das Erlernte auch wirklich im Arbeitsalltag umzusetzen.[252] Beispielsweise können innerhalb der Zielvereinbarungsgespräche sogenannte **Aktionspläne** erstellt werden, die dem Mitarbeiter als Wegweiser dienen, um innerhalb einer festgelegten Zeitspanne mittels der neu erlernten Kenntnisse und Fähigkeiten spezifische Arbeitsaufgaben zu bewältigen.[253] Aktionspläne oder auch Lerntransferverträge genannt, können beispielsweise beinhalten, welche Weiterbildungsveranstaltungen absolviert wurden bzw. welche in Zukunft besucht werden sollen, welche Aufgaben mittels der neu erworbenen Kenntnisse und Fähigkeiten in Zukunft bearbeitet werden sollen und welche Unterstützungsformen von Seiten der Führungskraft im Rahmen dessen zur Verfügung stehen sowie Zeitpunkte, Häufigkeiten der Messung und Folgen der Beurteilung von Lerntransferleistungen.[254]

Lerntransferziele können von Vorgesetzten generiert werden. Zur Konkretisierung der Ziele können diese **Arbeitsaufgaben** an den Mitarbeiter stellen, die nur mit einer Lerntransferleistung umfassend bearbeitet werden können. Vorab sind hierzu die Erfolgskriterien der Bearbeitung mit dem Mitarbeiter transparent festzulegen. Insofern wird gleichzeitig der Anforderungsbezug der Weiterbildungsmaßnahme festgelegt. Dadurch, dass die Lerninhalte für die Arbeitsaufgabe idealerweise langfristig tätigkeitsrelevant sind, wird das innerhalb der Weiterbildungsveranstaltung Gelernte auch angewendet, um die Arbeitsaufgabe zu erfüllen.[255]

3.3.5.3 Evaluation

Die systematische Evaluation einer Weiterbildungsmaßnahme leistet neben einem Nachweis für das Erreichen von Weiterbildungszielen auch die Grundlage für eine Optimierung der didaktisch-methodischen Gestaltung der Maßnahme sowie eine Überprüfung von eingetretenen Lern- und Lerntransfererfolgen der weitergebildeten Mitarbeiter. Dieses kann eine bedarfsgerechte Verteilung der Weiterbildungsressourcen nach Effizienzkriterien unterstützen.[256]

---

[252] Anzumerken ist an dieser Stelle, dass sie die Formulierung der genannten Ziele auf Lerntransferleistungen beziehen sollten, welche abzugrenzen sind von Lernzielen, die sich auf eine reine Lernleistung beziehen.
[253] Vgl. Solga (2006) S. 14.
[254] Vgl. Solga (2006) S. 18 f., ähnlich Euler (2009) S. 38 ff., Kienbaum (2008).
[255] Vgl. Solga (2006) S. 18.
[256] Vgl. Frieling/Sonntag (1999) S. 179, ähnlich Sonntag (2011a) S. 369 f.

Inhaltlich ist insbesondere wichtig, dass eine Evaluation im Sinne der Lerntransferforderung systematisch und ganzheitlich angelegt wird.[257] *Frieling/Sonntag* verbinden beispielsweise die Evaluation eng mit der Qualitätssicherung und unterteilen diese in eine **Vorbereitungsphase**, in der Ziele einer Weiterbildung präzisiert werden und diese auf Basis einer Situationsanalyse geplant wird, in eine **formative Phase**, welche eine Qualitäts- und eine Wirkungsanalyse während des Verlaufs der Weiterbildungsmaßnahme enthält, und in eine **summative Phase** mit einer systematischen Wirkungsanalyse[258] zum Zweck der Überprüfungen von Lern- und Lerntransfererfolgen sowie einer Kosten-, Nutzen- und Effizienzanalyse der gesamten durchgeführten Weiterbildungsmaßnahme.[259] Weiterhin ist auch eine Evaluation der Weiterbildungsarbeit insgesamt anzuführen, um im Sinne einer Qualitätssicherung Informationen über die Intentionen, Maßnahmen, Strukturen und vorhandene Ressourcen zu gewinnen.[260]

Laut *Götz* kann eine Evaluation dem Zweck der Veränderung oder Aufrechterhaltung von Einstellungen und Verhaltensweisen dienen. Diese Verhaltensweisen beziehen sich auf Teilnehmer, Dozenten, interne Bildungsexperten, externe Bildungsexperten, Vorgesetzte der Teilnehmer sowie auf das Management. Über die Evaluation einer Weiterbildungsmaßnahme können **Informationen gewonnen** werden, welche an die Individuen zurück gespielt werden, um eine Einstellungsänderung zu bewirken. Dieses kann eine Verhaltensänderung – beispielsweise bei den Teilnehmern einer Weiterbildungsmaßnahme – nach sich ziehen, welche zur Verbesserung der als überarbeitungsbedürftig erkannten Bedingungen und Prozesse führen kann. Beeinflusst wird diese Verhaltensänderung wiederum durch organisatorische Rahmenbedingungen innerhalb der Organisation.[261]

---

[257] Vgl. zu Ansätzen der Evaluation beispielsweise Thierau-Brunner/Wottawa/Stangel-Maseke (2006) S. 333 ff., Sonntag (2011a) S. 373.

[258] Sogenannte Rückmeldebögen (häufig auch als Happyness-Sheets bezeichnet), welche sich nicht auf eine Wirkungsanalyse beziehen, stehen seit längerem in der allgemeinen Kritik der Personalentwicklung, da sie insbesondere und unter Umständen ausschließlich die gefühlsmäßige Zufriedenheit der Teilnehmer mit einer Weiterbildungsveranstaltung erfassen und keine Aussage darüber treffen, inwieweit die Weiterbildung qualitativ hochwertig und erfolgreich durchgeführt wurde sowie ob ein Lernerfolg oder ein Lerntransfererfolg daraus induziert werden kann. Folglich leistet dieses Evaluationsinstrument auch keine Lerntransferunterstützung und ist von der beschriebenen Evaluation abzugrenzen. Vgl. hierzu Becker/Wittke/Friske (2010) sowie Kießling-Sonntag (2003) S. 394 ff.

[259] Vgl. Frieling/Sonntag (1999) S. 180 f.

[260] Vgl. Frieling/Sonntag (1999) S. 182 ff., ähnlich Berthel/Becker (2013) S. 519 ff., Becker (2006) S. 169 ff. Vgl. zur praktischen Umsetzung der Evaluation auch Widmer (1996), Wottawa/Thierau (2003) sowie zu grundlegenden Forschungskonzepten Kirkpatrick (1967) S. 88 ff. sowie Kirkpatrick/Kirkpatrick (2006).

[261] Vgl. Götz (2001) S 72 f.

Als Maßnahme der Lerntransfersicherung leistet eine systematische Evaluation von Weiterbildungsmaßnahmen folglich in erster Linie Informationen und schafft somit **Transparenz** für beteiligte Trainer, weitergebildete Mitarbeiter sowie die verantwortlichen Mitarbeiter der Weiterbildungsabteilung. Die Weiterverarbeitung dieser Informationen kann dann einen direkten, positiven, unterstützenden und steuernden Einfluss auf die Lerntransferleistung des weitergebildeten Mitarbeiters haben.

3.3.6 Implikationen für das Lerntransfermanagement

Aus den Ausführungen wird deutlich, dass Lerntransfersicherungsmaßnahmen sehr **unterschiedlich ausgestaltet** werden können. Beispielsweise kann als übergeordnete Maßnahme die bedarfsgerechte Weiterbildungsplanung als eine einzige Lerntransfersicherungsmaßnahme mit dazugehörigen Teilaktivitäten verstanden werden. Andererseits können auch spezifischere, heruntergebrochene Maßnahmen festgelegt werden zur Lerntransfersicherung, wie beispielsweise stattfindende Gespräche zwischen der Führungskraft und dem weiterzubildenden Mitarbeiter vorab der Durchführung einer Weiterbildungsveranstaltung. Im Rahmen der Ausführungen sind diese unterschiedlichen Maßnahmen dargestellt worden, da auch in der anstehenden durchzuführenden empirischen Untersuchung davon auszugehen ist, dass der Maßnahmenbegriff von den Unternehmungen unterschiedlich ausgelegt wird. Insofern sei an dieser Stelle auf den zweckmäßig weit definierten Maßnahmenbegriff[262] verwiesen.

Lerntransferunterstützungsmaßnahmen gestalten sich unterschiedlich hinsichtlich ihres **zeitlichen Einsatzes**. Sie können folglich vor, während oder nach einer Weiterbildungsveranstaltung eingesetzt werden. Zudem existieren Maßnahmen, die über die Zeiträume übergreifend gestaltet sind. Sie sind nicht einem Zeitraum eindeutig zuzuordnen. Aus den Erkenntnissen der Literatur kann nicht abgeleitet werden, ob Maßnahmen vornehmlich in einem bestimmten Zeitraum von den Unternehmungen eingesetzt werden. Weiterhin ist nicht ersichtlich, ob Bezüge zu vermittelnden **Kompetenzarten** im Rahmen des Maßnahmeneinsatzes hergestellt werden können, sodass beispielsweise bestimmte Lerntransfersicherungsmaßnahmen bei Weiterbildungsveranstaltungen zur Vermittlung von spezifischen Kompetenzen bewusst eingesetzt oder auch nicht eingesetzt werden oder auch bewusst auf Basis der zu vermittelnden Kompetenzen ausgestaltet werden.

---

[262] Vgl. hierzu Abschnitt 3.3.1.

Interessant wäre es weiterhin, mehr über die **Rollen der Akteure** des Lerntransfermanagements im Zusammenhang mit dem Einsatz von Lerntransfersicherungsmaßnahmen zu erfahren. Diese werden im Rahmen der Maßnahmendarstellung in der Literatur häufig auf die Rolle des Vorgesetzten des weitergebildeten Mitarbeiters reduziert. Bedingt durch die, in der Literatur vorliegenden Darstellungen der Maßnahmen bleibt die Frage offen, ob ein **Managementbezug** allein durch einen Maßnahmeneinsatz im Rahmen des Lerntransfermanagements hergestellt werden kann. Dieses schließt an die im Abschnitt 2.2.2 ausgeführten Inhalte zum institutionellen Lerntransfermanagement und die damit beteiligten Akteure an.

Tab. 4: Überblick über die Implikationen für das Lerntransfermanagement auf Basis der Ausführungen zu in der Literatur dargestellten Lerntransfersicherungsmaßnahmen.

Sachverhalt im Rahmen der Maßnahmendarstellung	Implikation für das Lerntransfermanagement
Unterschiedlich weit ausgelegte Lerntransfersicherungsmaßnahmen werden dargestellt	Erfassung der Ausgestaltung der Lerntransfersicherungsmaßnahmen bei zu befragenden Unternehmungen erforderlich
Zeitlicher Einsatz der Lerntransfersicherungsmaßnahmen variiert, Belege für spezifische, wiederkehrende Zeitbezüge liegen in der Literatur nicht vor	Umgang der zu befragenden Unternehmungen mit der Ausgestaltung von Lerntransfersicherungsmaßnahmen in zeitlicher Hinsicht zur Weiterbildungsveranstaltung
Einsatz der Lerntransfersicherungsmaßnahmen variiert bei der Vermittlung von unterschiedlichen Kompetenzarten	Existenz von wiederkehrenden Vorgehensweisen hinsichtlich der Ausgestaltung von Lerntransfersicherungsmaßnahmen unter Bezugnahme der Kompetenzvermittlung bei zu befragenden Unternehmungen
In der Literatur basiert das Lerntransfermanagement in erster Linie auf dem Einsatz von Lerntransfersicherungsmaßnahmen	Herstellung von Bezügen der zu befragenden Unternehmungen, über den Einsatz von Lerntransfersicherungsmaßnahmen hinaus, zu Managementaktivitäten und Rollenzuweisungen beteiligter Akteure des Lerntransfermanagements

Demnach ergeben sich für die Exploration des Lerntransfermanagements die der Tab. 4 zu entnehmenden, zu spezifizierende Bereiche, auf die im Rahmen der empirischen Erhebung Bezug genommen werden kann.

3.4 VERMUTUNGEN ZU DEN EINSATZBEDINGUNGEN DES LERNTRANSFERMANAGEMENTS

3.4.1 Vorbemerkungen

Ein zentraler Bestandteil der Zielsetzung der Arbeit beinhaltet das Herausfinden von Gründen für sowie gegen den Einsatz des Lerntransfermanagements und den damit verbundenen Maßnahmen in der Unternehmungspraxis der innerbetrieblichen Weiterbildung.

Wie in Abschnitt 3.3 ausgeführt, **konzentriert sich die Forschungsliteratur derzeit lediglich auf eine, größtenteils wenig ausführliche Darstellung vorherrschender Maßnahmen**, die im Rahmen der Lerntransfersicherung eingesetzt werden.[263] Folglich fehlt die theoretische Grundlage zu den Begründungen des Einsatzes und des Nichteinsatzes eines Lerntransfermanagements. Offen bleibt die Frage, warum Unternehmungen ein ganzheitliches Lerntransfermanagement einsetzen oder auch gerade nicht einsetzen und welchen Bedingungen ein Lerntransfermanagement unterliegt. Im Rahmen des Forschungsprozesses handelt es sich um einen **Entdeckungszusammenhang**, sodass methodisch offen herangegangen werden kann, um die nötige Informationsbasis für die empirische Phase systematisch zu eruieren. Die Vorgehensweise der Vermutungsgenerierung ist in diesem Zusammenhang eine gängige Methode.[264]

Um diese möglichen Gründe in der Unternehmungspraxis dennoch, im Sinne einer explorativen Vorgehensweise, **theoriegeleitet** und vor allem **systematisch nachvollziehbar** im Rahmen der empirischen Studie erheben zu können, bedarf es einiger Vorüberlegungen auf deren Basis dann die Fragenkonstruktion des problemzentrierten Interviews aufbauen kann. Schließlich dient der Forschungsrahmen dazu, auch wenn keine ausreichend fundierte theoretische Basis vorliegt, **allgemeine Vermutungen** unter Bezugnahme des Forschungsobjektes zu generieren und zusammenzufassen.[265]

Die Ableitung von Vermutungen respektive Schlussfolgerungen aus unterschiedlichen grundlegenden theoretischen Ansätzen[266], die in diesem Fall aus den Erkenntnisbereichen ‚Organisation', ‚Management' und ‚Unternehmungsführung' stammen (da die Theorien dieser Erkenntnisbereiche für die Betriebswirtschaftslehre und im engeren Sinn für das Personalmanagement eine zentrale Basis darstellen), um die Vermutungsgrundlage offen

---

263 Vgl. Sieber Bethke (2003) S. 67 ff. sowie beispielhaft bei Rank/Thiemann (1998), Kienbaum (2008) S. 42, Dubs (1990) S. 159 ff., Besser (2004), Hummel (1999) S. 68 ff., Broad (1982), Becker (2005) S. 263 ff.

264 Vgl. Becker (2006a) S. 286.

265 Vgl. Becker (2006a) S. 293.

266 Der Terminus ‚theoretischer Ansatz' wird im Folgenden synonym mit dem Terminus ‚Theorie' verwendet und Theorien als „[…] übergeordnete, grundsätzliche, in sich konsistente Aussagesysteme […]" (Wolf (2013) S. 2) verstanden, die durch die folgenden acht Aspekte gekennzeichnet sind: Theorien sind als Begriffsapparate, Bündelung von Wenn-Dann-Aussagen, Modelle, Systeme nomologischer Aussagen, Systeme von Hypothesen, Systeme von Gesetzesaussagen, Ergebnisse geistiger Tätigkeiten zu verstehen und sind Hauptinformationsträger wissenschaftlicher Erkenntnisbemühungen.

zu halten[267] aber dennoch plausibel herleiten zu können, dient dazu, sich in dem Themengebiet ‚Lerntransfermanagement und Beeinflussungsfaktoren des Managements' **profund vorzubereiten** und sich für **Alternativen und Gegensätze zu sensibilisieren**. So kann den Interview-Partnern innerhalb der anstehenden Interviews die benötigte Aufmerksamkeit entgegengebracht werden. Durch das profund aufgebaute Vorverständnis können die Interview-Äußerungen hinterfragt sowie kritisch fundiert reflektiert werden.[268]

Da das Befassen mit den Organisationstheorien Ansatzpunkte darüber liefern kann, wie das Verhalten einzelner Personen, im Rahmen eines existierenden oder auch nicht angewendeten Lerntransfermanagements erklärt oder auch gesteuert werden kann, werden im Folgenden begründet ausgewählte theoretische Ansätze aus den genannten Bereichen herangezogen, um aus diesen **Arbeitshypothesen** abzuleiten. Diese dienen als Grundgerüst für die Ableitung der im Experteninterview verwendeten Fragenbereiche.

Dafür werden die **Kernaussagen** der jeweiligen theoretischen Ansätze dargestellt und insbesondere auf die Theoriedetails, welche für die arbeitshypothetischen Vermutungen von Bedeutung sind, eingegangen. Anzumerken ist, dass insbesondere der darstellende Teil der vorliegenden theoretischen Ansätze keinen Anspruch auf eine detaillierte und vollständige Darstellung der einzelnen theoretischen Ansätze erhebt, da lediglich eine Fokussierung auf die für die folgende empirische Erhebung bedeutenden Theoriebestandteile zielführend ist. Weiterhin wird auf eine ausführliche kritische Betrachtung der vorgestellten theoretischen Ansätze verzichtet, da es im Rahmen dieses Kapitels nicht darum geht, die vorliegenden theoretischen Ansätze in Gänze zu diskutieren. Es sollen lediglich, aus ganzen Ansätzen oder Bestandteilen derselben, Arbeitshypothesen für die Empirie zielführend abgeleitet werden, um die anstehende empirische Phase theoretisch zu fundieren. Selbstverständlich

[267] Vgl. zur expliziten Vorgehensweise der Auswahl konkreter Theorieansätze den folgenden Abschnitt.

[268] An dieser Stelle wird aus Sicht der vorliegenden theoretischen Ansätze eine multiple Perspektive eingenommen, vgl. hierzu auch Scherer/Marti (2014) S. 34 ff. Vgl. zu einer ähnlichen Vorgehensweise im Rahmen der Herleitungen der Vermutungen unter Bezugnahme anderer Forschungsfragen beispielsweise: Vom Hofe (2005) sowie Bauer/Jensen (2004) oder auch die ähnliche Vorgehensweise im Rahmen der Übertragung von Theorieperspektiven auf die praktische Relevanz für die Personalentwicklung von Becker (2013) S. 34 ff. sowie im Rahmen der Übertragung organisationstheoretischer Ansätze auf die strategisch-orientierte Ausgestaltung eines Führungskräfteentwicklungssystems Becker (2011a) S. 234 ff. und Becker [u. a.] (2011) S. 201 ff., welche eine ähnliche Vorgehensweise im Kontext von organisationstheoretischen Erklärungsversuchen zu einer Interviewserie zur Professionalität von Hochschulleitungen im Hochschulmanagement wählen. Vgl. ebenfalls Becker [u. a.] (2010) S. 88 ff. im Rahmen der Vermutungsgenerierung zur Entwicklung eines Interviewleitfadens auf Basis einer bezugsrahmenorientierten Forschungsmethodik.

existieren für jede der angeführten theoretischen Ansätze vielfache Kritikpunkte, die im Rahmen des Einsatzes einer Theorie berücksichtigt werden müssen. Diese liefern aber im Rahmen dieser Arbeit keinen Mehrwert für die anstehenden Plausibilitätsüberlegungen.

Die nachfolgenden Abschnitte befassen sich mit den theoretischen Ansätzen und gliedern sich in einen darstellenden Teil und eine anschließende Ableitung der Arbeitshypothesen sowie die darauf aufbauende Fragebereiche der durchzuführenden Experteninterviews. Vorab wird im Abschnitt 3.4.2 kurz Stellung zur vorliegenden Systematisierung sowie zur Auswahl der herangezogenen theoretischen Ansätze genommen. Ergänzend werden auf Basis der aktuellen Managementpraxis allgemeine Plausibilitätsüberlegungen angestellt, um weitere Vermutungen für den Umgang und die Gründe für und gegen den Einsatz eines Lerntransfermanagements zu generieren. Es ist anzunehmen, dass die aktuell vorliegenden Bedingungen und Verhaltensweisen der Managementpraxis auf die zu befragenden Unternehmungen zutreffen oder diese zumindest tangieren, sodass sie für weitere Aussagen im Rahmen der Plausibilitätsüberlegungen herangezogen werden können.

3.4.2 Auswahl herangezogener theoretischer Ansätze

Die aktuelle Literatur bietet eine **Vielzahl an Theorien** in den Bereichen Organisation, Management und Unternehmungsführung. Dieses liegt begründet in dem hohen Grad der **Abstraktheit**, den die drei Bereiche aufweisen. Beispielsweise wird eine Unternehmung nie vollständig real wahrgenommen werden können, sondern lediglich einzelne Bestandteile innerhalb des Alltags wie verantwortliche Personen, Räume, Entscheidungshilfsmittel etc. Ebenso bedingt diese Abstraktheit einen hohen **Interpretationsspielraum**, da nicht alle Wirkungszusammenhänge, auch aufgrund der vorliegenden **Komplexität** der Systeme, eindeutig erfassbar sind. Letztlich ist die Forschung und Theoriegenerierung in den Bereichen Organisation, Management und Unternehmungsführung ein **interdisziplinär bedingtes Forschungsfeld**. An dieser Stelle sind Betriebswirte genauso zu nennen wie Soziologen, Psychologen, Politologen u. a., welche die Gebiete erforschen.[269]

Um die existierende Theorievielfalt systematisch nach für die Forschungsfrage relevanten Theorien zu untersuchen, bedarf es einer geordneten Vorgehensweise. Folglich ist eine

[269] Vgl. Wolf (2013) S. 50 ff.

bestehende Systematisierung vorliegender Theorien erforderlich, um zu prüfen, ob sich die vorliegenden theoretischen Ansätze für inhaltliche Plausibilitätsüberlegungen eignen, die einen Mehrwert für die Bearbeitung der Forschungsfragen liefern. Eine Vielzahl an Wissenschaftlern hat bereits den Versuch unternommen, eine kriteriengeleitete Ordnung bestehender Theorien zu erstellen.[270] Die in der Literatur vorliegenden Systematisierungen der bestehenden theoretischen Ansätze sind dennoch nicht immer eindeutig und überschneidungsfrei gestaltet und beziehen sich teilweise nur auf eine oder mehrere der genannten Disziplinen ‚Organisation, Management und Unternehmungsführung'.[271] Folglich können die zu untersuchenden theoretischen Ansätze **nicht einer einzigen bestehenden, inhaltlichen Systematisierung** entnommen werden. Deshalb wird im Wesentlichen auf die umfassende chronologische Darstellung[272] von *Wolf* Bezug genommen, um die bestehenden theoretischen Ansätze aus den Bereichen ‚Organisation, Management und Unternehmungsführung'[273] nach Zusammenhängen zu den bestehenden Forschungsfragen zu untersuchen. Die Ausführungen von *Wolf* sind als allgemein akzeptiert und etabliert einzustufen und umfassen die drei genannten Disziplinen.

Hinsichtlich der Vorgehensweise wird ein bestehender theoretischer Ansatz dann in die Auswahl mit aufgenommen, wenn **plausibel ein naheliegender Zusammenhang** zu der Ausgestaltung, dem Einsatz oder dem Nichteinsatz des Lerntransfermanagements aus der Perspektive oder Bestandteilen des vorliegenden theoretischen Ansatzes herstellbar ist. Die ausgewählten theoretischen Ansätze werden folglich einzig auf dieses genannte Kriterium hinsichtlich der Auswahl untersucht.[274] Auf Basis dessen werden für die ausgewählten Ansätze Plausibilitätsüberlegungen durchgeführt, die im nachfolgenden Abschnitt erläutert werden. Einen Beitrag für plausible Zusammenhänge zu den Begründungen für den Ein-

---

[270] Vgl. Schulte-Zurhausen (2014) S. 7 ff. Vgl. zu einer Übersicht in der Literatur vorliegender Gliederungsversuche von ausschließlich organisationtheoretischen Ansätzen Grochla (1978) S. 101 ff.

[271] Vgl. hierzu beispielsweise Scott (1961), Grochla (1978) S. 105 ff., Burrell/Morgan (1979), Gmür (1993), Walter-Busch (1996) S. 57 ff. und Scherer (1999) S. 14 ff., welche sich in erster Linie auf die Klassifizierung von Organisationtheorien beziehen. Vgl. zur Ordnung bestehender Theorien des Personalmanagements Stock-Homburg (2010) S. 40 ff., Bartscher/Stöckl/Träger (2012) S. 64 ff. und der Unternehmensführung Macharzina/Wolf (2015). Einzig Wolf (2013) betrachtet Ansätze aus den Bereichen Organisation, Management und Unternehmungsführung.

[272] Vgl. Wolf (2013) S. 56.

[273] Vgl. Wolf (2013) S. 59 ff.

[274] Um einen möglichst großen Erkenntnisgewinn sicherzustellen, ist eine Beschränkung auf langfristig anerkannte Organisationstheorien nicht zielführend. Folglich ist es notwendig, auch weniger etablierte theoretische Ansätze aus den Disziplinen ‚Organisation, Management und Unternehmungsführung' für die Untersuchung hinzuzuziehen, da diese ebenfalls für die Forschungsthematik wichtige Indizien liefern können.

satz und den Nichteinsatz eines Lerntransfermanagements leisten demnach die im nachfolgenden Abschnitt dargestellten theoretischen Ansätze.

3.4.3 Darstellung theoretischer Ansätze und Ableitungen für das Lerntransfermanagement

3.4.3.1 Systemtheoretische Ansätze

Aus Sicht der **Systemtheorie**[275] kann davon ausgegangen werden, dass Unternehmungen durch allgemeine Kernmerkmale von Systemen bedingt sind, da eine Strukturgleichheit von Unternehmungen und Systemen vorliegt. Folglich können Erkenntnisse aus dieser Theorie über Systeme aus systemtheoretischer Sichtweise auf die Strukturen und Prozesse von Unternehmungen übertragen werden.[276]

Wenig einheitlich ist dabei der **Begriff des Systems** in der Literatur definiert und mehrheitlich abstrakt verwendet.[277] Dennoch kann er durch die nachfolgend beschriebenen fünf Kernmerkmale charakterisiert werden: Demnach bestehen Systeme aus *Elementen.* Im Rahmen der Betrachtung einer Unternehmung als System können diese Elemente beispielsweise Mitarbeiter, Abteilungen oder auch Funktionsbereiche darstellen. Zwischen diesen Elementen existiert eine *große Beziehungsvielfalt.*[278] Die bestehenden Beziehungen können einen Austausch – beispielsweise von Energie oder Informationen – beinhalten. Übertragen auf eine Unternehmung kann beispielsweise die Versetzung eines Mitarbeiters die Beziehungen zwischen Elementen beeinflussen. Die innerhalb eines Systems vielfältig in Beziehung stehenden Elemente sind grundsätzlich *hierarchisch gegliedert*, können aber dennoch ebenfalls auf einer Ebene liegen. Innerhalb einer Unternehmung stellen Mitarbeiter und Maschinen kleine Analyseeinheiten und Werke oder Auslandsgesellschaften hochaggregierte Verbindungen derselben dar. Folglich existieren Elemente und Subsysteme innerhalb eines Systems. Die beschriebenen *Elemente, Subsysteme und die zwischen diesen bestehenden Beziehungen bestimmen Zustände und Verhaltensweisen des Systems.* Folglich unterstehen Systeme einem Wandel. Beispielsweise kann der Austritt eines Mitarbeiters aus einer Arbeitsgruppe eine Gruppenveränderung bedingen. Das bestehende *Beziehungsgefüge eines Systems zeigt die Systemstruktur.* Die vorliegenden Beziehungen sind

[275] Vgl. Wilke (1993).
[276] Vgl. Wolf (2013) S. 165.
[277] Vgl. hierzu beispielsweise Wilke (2000) S. 5, anders Bertalanffys (1972) S. 31, auch Grochla (1978) S. 203, Lehmann (1992), Luhmann (1991) S. 33
[278] Vgl. Wilke (2000) S. 18 ff.

nicht völlig zeitstabil, aber dennoch existiert durch diese eine gewisse Struktur und Ordnung, sodass diese nicht bei jeglicher Änderung direkt zerfallen. Ein gewisses Maß an Beziehung und Stabilität existiert innerhalb eines Systems.[279]

Die moderne Systemtheorie geht dabei davon aus, dass Systeme grundsätzlich **offen** sind und sich folglich mit ihrer Umwelt durch materielle und immaterielle Ressourcen austauschen können und dass dieser intensive Ressourcenaustausch die Ordnung und Lebensfähigkeit von Systemen ermöglicht. Dieses bedingt, dass die Handlungen innerhalb eines Systems nicht nur von einheitlich gesetzten Zielen abhängig sind, sondern durch ein ganzes **Zielbündel** beeinflusst werden. Die Handlungen innerhalb einer Unternehmung, als System betrachtet, werden beispielsweise nicht nur durch die ökonomische Sichtweise und Zielerstellung des Kapitalgebers beeinflusst. Ebenso sind ökologische, ethische, politische, technologische etc. Ziele von Bedeutung, die von anderen Interessensgruppen bestimmt und ausgesprochen werden. Folglich ist eine differenzierte Analyse der Unternehmungsumwelt für das System unerlässlich, um erfolgreich und zielkonform zu wirtschaften.

Systemtheoretiker plädieren grundsätzlich für ein **ganzheitliches Denken**. Dies bedeutet, dass eine Untersuchung einzelner Teile eines Systems nicht angemessen ist, weil es gilt, Ursachen, Bedingungen und Konsequenzen in die Analyse der bestehenden Phänomene des Systems mit einzubeziehen, um Aussagen über das System tätigen zu können. Diese komplexen Wirkungsbeziehungen müssen auch im Rahmen der Unternehmungsführung und Entscheidungsfindung in Unternehmungen berücksichtigt werden. Vielfach sind hier auch die Phänomene **zwischen** einzelnen Unternehmungsteilen zu nennen, die untersucht werden und diese sich gegenseitig bedingen (hierzu zählen beispielsweise Koordination, Kommunikation, Unternehmungskultur etc.). Nach *Wilke 1993* lassen sich Wirkungsbeziehungen innerhalb eines Systems nicht auf einfache Kategorien oder Gesetzmäßigkeiten beschränken.

Systemtheoretiker wie *Wilke* 1993 plädieren weiterhin für die Wichtigkeit von **symbolischen Strukturen bzw. dem Sinn**, um die Komplexität und Ungewissheit innerhalb eines Systems zu reduzieren. Dieses betrifft in Unternehmungen beispielsweise die in einer **Un-**

279 Vgl. Wolf (2013) S. 159 ff.

ternehmungskultur verankerten Ideen und Wertvorstellungen, die innerhalb einer Unternehmung allgemein gültig und akzeptiert sowie von den Führungskräften vorgelebt werden sollten. Diese geben für die Unternehmungsangehörigen die Richtungen für ihr Handeln vor und fördern die Identifikation mit der Unternehmung. Wenn die Unternehmungskultur fest verankert ist und innerhalb der Unternehmung gelebt wird, müssen diese Werte im täglichen Arbeitsablauf respektive in unterschiedlichen Entscheidungssituationen nicht immer neu definiert werden.[280]

Wird eine Unternehmung aus systemtheoretischer Sichtweise betrachtet, so lässt sich als Arbeitshypothese, basierend auf den pointiert geschilderten, vorangegangenen Ausführungen zur Systemtheorie ableiten, dass ein **Zielbündel** aus beispielsweise ökologischen, ethischen, politischen, technologischen usw. Zielen sowohl die Einsatzgründe eines Lerntransfermanagements als auch die Ausgestaltung der lerntransferunterstützenden Maßnahmen beeinflussen kann. Weiterhin ist zu vermuten, dass die Ausgestaltung der **Unternehmungskultur** sowohl den Einsatz als auch die Ausgestaltung eines Lerntransfermanagements beeinflussen kann.

Folglich gilt es zu erheben, inwieweit eine Beeinflussung des Lerntransfermanagements bei den zu befragenden Unternehmungen vorhanden ist und in welcher Art und Weise dieses gestaltet ist. Weiterhin stellt sich die Frage, ob ein Lerntransfermanagement bei den zu befragenden Unternehmungen in der Unternehmungskultur verankert ist und inwieweit eine Beziehung zur vorherrschenden Meinung zu Wichtigkeit der Weiterbildung hergestellt werden kann.

Als betriebswirtschaftliche Variante der bestehenden Systemtheorie gelten die von *Chester Barnards* betrachteten **Funktionen von Führungskräften**.[281] *Barnard* identifiziert in seiner Veröffentlichung **Erfolgsfaktoren von Unternehmungen**. Diese beruhen auf den drei Funktionen Kommunikation, Personal und Motivation, welcher der (Spitzen-) Führungskraft obliegen. In erster Linie spielen der Verlauf der **Kommunikation** und die damit verbundenen Kommunikationswege eine bedeutende Rolle für die Wertschöpfung einer Unternehmung und deren Erfolg. Der Führungskraft obliegt dabei die Steuerung der Kommu-

[280] Vgl. Wolf (2013) S. 165 ff.
[281] Vgl. Barnard (1938).

nikation.[282] Im Rahmen seines aufgestellten theoretischen Ansatzes stellt er fest, dass eine Führungskraft nur soweit ihre Autorität auf das **Personal** ausüben kann, wie die Mitarbeiter bereit sind, diese auch zu akzeptieren. Erfolgversprechend ist es aus Sicht von *Barnard*, wenn mit Mitarbeitern und Führungskräften ein Interessensausgleich bewirkt werden kann und den Mitarbeitern Kooperationsanreize gewährt werden können. Führungskräfte sollten Vordenker von Werthaltungen sein, um die Mitarbeiter zu **motivieren** und Leistungsanreize zu schaffen.[283] Ihnen kommt insofern eine besondere Rolle zu. Den Führungskräften obliegt die Pflege der bestehenden Beziehungen zwischen Individuen und Gruppen innerhalb des Systems.[284]

Als Arbeitshypothese lässt sich auf Basis der von Barnard identifizierten Funktionen von Führungskräften ableiten, dass die **Führungskraft** im Kommunikationsprozess eine wesentliche Rolle spielt. Es ist zu vermuten, dass ihr die **Steuerung der Kommunikation im Rahmen des Lerntransfermanagements obliegt** oder sie diese zumindest maßgeblich beeinflussen kann.

Für die anstehende empirische Erhebung stellt sich die Frage nach der Ausgestaltung und Häufigkeit der von der Führungskraft initiierten Kommunikation mit den Mitarbeitern vor, während oder auch nach einer Weiterbildungsveranstaltung, welche den Transferprozess maßgeblich beeinflussen könnte.

3.4.3.2 Situationstheoretische Ansätze

Situationsansätze sind weit verbreitete theoretische Ansätze aus der Organisations-, Management- und Unternehmungsführungstheorie.[285] Sie besitzen aus forschungsstrategischer und pragmatischer Sicht ein großes Potenzial für die Erklärung unterschiedlichster Problemstellungen.[286] Grundgedanke der Situationstheorien ist es, im Rahmen der Gestaltung von Strukturen, Instrumenten und Prozessen innerhalb der Unternehmung, den bestehenden **Kontext zu berücksichtigen** und je nach vorliegender Ausprägung der Variablen die

282 Vgl. Walter-Busch (1996) S. 198.
283 Vgl. Walter-Busch (1996) S. 199.
284 Vgl. Barnard (1938), Wolf (2013) S. 183 ff.
285 Vgl. zu den Anfängen im deutschsprachigen Raum Hauschildt (1970), Kieser (1973) sowie Kubicek/Welter (1985).
286 Vgl. Berthel/Becker (2013) S. 193.

Gestaltungsformen und Verhaltensweisen, die in einer Unternehmung existieren, anzupassen. Folglich müssen unternehmerische Verhaltensweisen entsprechend den situativen Umstände variiert werden, um einen unternehmerischen Erfolg zu erzielen, weil die **Situation** sich fortwährend verändern und so eine **andere Verhaltensweise** erforderlich werden kann.

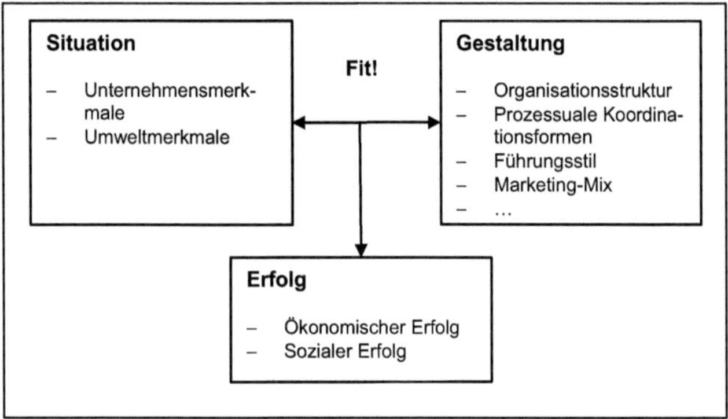

Abb. 10: Grundmodell der Situationstheorie.[287]

Ein von *Wolff* schematisch dargestelltes **Grundmodell der Situationstheorie** verdeutlicht den Zusammenhang der vorliegenden Situation und der Gestaltungsmöglichkeiten der Unternehmung, welche aufeinander passen müssen, um einen unternehmerischen Erfolg zu erzielen (siehe hierzu Abb. 10). So ist die Situation anzuführen, in welcher sich eine Unternehmung befindet. Diese ist einerseits determiniert durch Unternehmungsmerkmale wie beispielsweise die Größe, vorliegende Technologien oder Eigentumsverhältnisse der Unternehmung sowie Mitarbeitereigenschaften und andererseits durch Umweltmerkmale wie vorliegende Dynamiken, auftretende Heterogenität in der Unternehmungsumwelt oder auch vorherrschende Standortkulturen. Situationstheoretisch gilt es zu betrachten, welche Kontextfaktoren die vorliegenden Gestaltungsformen von Organisationen erklären können und wie Kontextfaktoren und Gestaltungsformen zusammenhängen. Die Bereiche, die von der Unternehmung im Rahmen der Gestaltung anzuführen sind, sind beispielsweise die vorliegende Organisationsstruktur, prozessuale Koordinationsformen, veränderbare Führungsstile etc. Abzuleiten ist hieraus, dass die unternehmerischen Strukturen, Formen und Verhaltensweisen entsprechend den situativen Umständen variieren und angepasst werden

[287] Quelle: In enger Anlehnung an Wolf (2013) S. 204.

müssen, um einen Fit zwischen Gestaltung und Situation zu erhalten, welches letztlich den unternehmerischen und somit den ökonomischen und sozialen Erfolg determiniert. Aber nicht alle genannten Faktoren sind im Rahmen eines Personalmanagements beeinflussbar. Wesentlich kann aber im Rahmen der Veränderung des **Führungsstils** der Führungskräfte die Situation günstig beeinflusst werden, um einen Erfolg herbeizuführen.[288] Folglich gehen Situationsansätze davon aus, dass erfolgreiche Mitarbeiterführung von einem Zusammenwirken der Situation sowie einem vorliegenden Führungsstil abhängig ist.[289]

Aus den situationstheoretischen Ansätzen verbleibt die Kernaussage, dass unternehmerische Verhaltensweisen und insbesondere Führungsstile von Führungskräften entsprechend den situativen Umständen variieren können, weil diese einander bedingen. Folglich lässt sich als Arbeitshypothese formulieren, dass jegliche Veränderung des Führungsstils der Führungskräfte die vorliegende Situation innerhalb der Unternehmung respektive der entsprechenden Arbeitsgruppe günstig beeinflussen kann.

Für die anstehende empirische Erhebung ergibt dies den Fragenbereich, inwieweit lerntransferunterstützende Maßnahmen und auch das Verhalten des Vorgesetzten, unter Bezugnahme auf die vorliegende Situation, beteiligter Mitarbeiter sowie Zeitvariablen etc., variieren.

3.4.3.3 Interaktionstheorie

Im deutschsprachigen Raum ist die **Interaktionstheorie**, dessen Wurzeln auf die Austauschtheorie zurückzuführen sind, insbesondere durch *Macharzina* geprägt worden. Inhaltlich lässt sich diese durch verschiedene Merkmale beschreiben: Die Interaktionstheorie geht davon aus, dass sogenannte Interaktionen zwischen Akteuren als wechselseitige, zielgerichtete Beziehungen bestehen, welche sich wiederum wechselseitig beeinflussen. Folglich ist das Handeln von Individuen auch durch das Handeln anderer Personen und Gruppen bestimmt. Die Einflussbeziehungen sind zu Beginn eines Interaktionsprozesses als

[288] Vgl. Wolf (2013) S. 200 ff., Walgenbach (2014), Kieser/Walgenbach (2010) S. 40 ff.

[289] Vgl. Macharzina (1977) S. 30 ff. sowie Berthel/Becker (2013) S. 191. Siehe dazu auch das Kontingenzmodell von Fiedler (1967, 1971 und 1987).

neutral einzustufen. Asymmetrien in der Interaktionsstruktur bilden sich erst über die Zeit heraus. Die Beeinflussungsprozesse sind sehr komplex ausgestaltet.[290]

Da sich aus der Perspektive der Interaktionstheorie eine wechselseitige Beziehung zwischen Akteuren, wie beispielsweise der weitergebildeten Mitarbeiter und deren Kollegen, herleiten lässt und somit sich beispielsweise weitergebildete Mitarbeiter auch von Plänen und Absichten anderer Individuen und Gruppen beeinflussen lassen, lässt sich als Arbeitshypothese vermuten, dass das Verhalten von Kollegen die Umsetzung des Lerntransfers eines weitergebildeten Mitarbeiters beeinflussen kann.

Im Rahmen der empirischen Erhebung gilt es folglich zu untersuchen, inwieweit und auf welche Art und Weise Kollegen von weitergebildeten Mitarbeitern die Lerntransferunterstützungsmaßnahmen sowie eine erfolgreiche Lerntransferumsetzung beeinflussen können.

3.4.3.4 Strukturationstheorie

Die **Strukturationstheorie** ist auf *Giddens*[291] zurückzuführen. Aus der Perspektive dieser Theorie sind in einer Organisation formal bestehende Regeln als kodifizierte Auslegung respektive Interpretationen von Regeln zu verstehen. Diese Regeln beinhalten alle Regeln, die im Kontext einer Unternehmung verhaltenswirksam werden. Demnach sind formale Regeln nur Interpretationen von Regeln und bieten folglich einen Handlungsspielraum für Unternehmungsmitglieder, indem sie offen für unterschiedliche Handlungsweisen sind. Daraus ist abzuleiten, dass die Beziehung zwischen Handlung und Struktur aus Perspektive der Strukturationstheorie nicht eindeutig ist. Strukturen lassen sich von Unternehmungsmitgliedern zur Realisation eigener Ziele nutzen und sind demnach einerseits Medium, andererseits Ergebnis sozialen Handelns. Handlung und Struktur stehen in einer Wechselbeziehung zueinander. Wenn Unternehmungsmitglieder handeln, so greifen sie auf eine bestehende Struktur zurück und bedingen diese wiederum durch ihr Handeln.[292]

---

[290] Vgl. hierzu Macharzina (1970) und (1977) S. 35 ff. sowie Wolf (2013) S. 230 ff.

[291] Vgl. Giddens (1976), (1979) und (1984).

[292] Vgl. Giddens (1992) S. 51 ff., Kieser/Walgenbach (2010) S. 58 ff., Walgenbach (2006) S. 403 ff., Ortmann/Sydow (2001) S. 421 ff.

Als Arbeitshypothese lässt sich aus der Perspektive der Strukturationstheorie ableiten, dass in einer Unternehmung vorliegende Strukturen die Aktivitäten eines Lerntransfermanagements beeinflussen können. Andererseits können aber auch die Aktivitäten des Lerntransfermanagements in der Unternehmung bestehende Strukturen verändern oder neue Strukturen schaffen.

Für die anstehende empirische Untersuchung ergibt sich als Fragebereich, inwieweit bestehende Strukturen Aktivitäten des Lerntransfermanagements hemmen oder auch positiv beeinflussen können und inwieweit ein Zusammenhang von Strukturen und Aktivitäten des Lerntransfermanagements besteht.

3.4.3.5 Verhaltenswissenschaftliche Ansätze

Im Rahmen der zwischen den Jahren 1924 und 1932 durch *Roethlisberger, Dickson und Whitehead* durchgeführten **Hawthorne-Experimente** sollten die postulierten Erfolgsfaktoren guten Fabrikmanagements einer Prüfung unterzogen werden.[293] Die Interpretation der Ergebnisse ergab, dass vorliegende technische und organisatorische Rahmenbedingungen nur bedingt Einfluss auf die Arbeitsproduktivität der Arbeiter hatte. Wesentlich war diese bestimmt durch die in Arbeitsgruppen vorliegenden **sozialen Beziehungen** sowie insbesondere das **Betriebsklima**. Folglich werden soziale und informelle Beziehungen zwischen Individuen und Gruppen als bedeutsame Erfolgsfaktoren für das Leistungsergebnis eines Mitarbeiters angesehen, mehr noch als vorherrschende formelle Strukturen. Trotz vorherrschender Kritik an der Durchführung dieser Experimente, entwickelte sich auf ihrer Basis die Denkrichtung der Human-Relations-Bewegung, welche zwischenmenschliche Beziehung als Untersuchungsgegenstand in den Mittelpunkt stellt.[294]

Da im Rahmen der durchgeführten Experimente das Betriebsklima als wesentlicher Einflussfaktor der Leistungserbringung herausgestellt wurde, lässt sich als Arbeitshypothese vermuten, dass das vorherrschende Betriebsklima einer Unternehmung einen Einfluss auf den Einsatz und die Ausgestaltung eines Lerntransfermanagements ausüben kann.

---

[293] Vgl. Roethlisberger/Dickson (1939), Mayo (1945).

[294] Vgl. Wolf (2013) S. 236 ff.

Im Rahmen der empirischen Erhebung gilt es nun ebenfalls zu untersuchen, inwieweit und auf welche Art und Weise das vorliegende Betriebsklima der Unternehmung sowie das vorherrschende Klima beteiligter Arbeitsgruppen Einfluss auf den Einsatz und die Ausgestaltung eines Lerntransfermanagements haben kann.

Die **Anreiz-Beitrags-Theorie** ist zurückzuführen auf *Barnard* (1938) sowie durch *March und Simon* (1958) wesentlich spezifiziert worden und den prozessorientierten Motivationstheorien zuzuordnen. Mit Hilfe der Anreiz-Beitrags-Theorie kann die Gestaltung vorliegender Arbeitssituationen analysiert werden. Im Kern argumentiert diese Theorie, dass die Teilnahmemotivation eines Mitarbeiters, innerhalb einer Unternehmung zu arbeiten, sowie seine Bleibemotivation, als Verbleib innerhalb einer Unternehmung, und seine Leistungsmotivation, im Sinne von gezeigten, leistungsorientierten Verhalten am Arbeitsplatz, bedingt ist durch stetig ablaufende Vergleichsprozesse.[295] Ein Mitarbeiter wird seine Teilnahme-, Bleibe- und Leistungsmotivation nur beibehalten oder steigern, wenn die vorliegenden materiellen und immateriellen Belohnungen (Anreiznutzen) von Seiten der Unternehmung aus seiner Sicht als gleich oder größer einzustufen sind als der von ihm zu erbringende Aufwand für Beiträge, die er für die Unternehmung erbringt (Beitragsnutzen). Folglich wird aus Sicht des Mitarbeiters die Höhe der von der Unternehmung anzubietenden Anreize durch seinen Beitragsnutzen bestimmt. Dabei wird dem Mitarbeiter unterstellt, dass er als Person sowohl Anreize und Beiträge anhand einer einzigen Variablen zusammenfassen kann und diese als Grundlage für eine Verhaltensänderung annimmt. Unternehmungen stehen der Herausforderung gegenüber, ein adäquates Anreizsystem zu etablieren, welches aus Mitarbeitersicht im Rahmen der Anreiz-Beitrags-Relation als fortwährend positiv beurteilt wird, um die Leistungserbringung der Mitarbeiter zu sichern.[296]

Aus der Perspektive der Anreiz-Beitrags-Theorie werden von Unternehmungsseite her Anreize geboten, die die Unternehmungsmitglieder subjektiv wahrnehmen und mit ihren individuell bewerteten Beiträgen für die Unternehmung vergleichen. Daraus entstehen dann Entscheidungen für oder gegen Teilnahme, Verbleib und Leistung der Mitarbeiter. Für eine Betrachtung im Rahmen des Lerntransfermanagements ist lediglich die Leistungsmotivation der Mitarbeiter von Bedeutung, da diese sowohl die Entscheidung für oder

[295] Vgl. March/Simon (1958) S. 83 ff.
[296] Vgl. Barnard (1938), Wolf (2013) S. 250 f., Berthel/Becker (2013) S. 45 ff.

gegen den Einsatz eines Lerntransfermanagements bedingen als auch Auswirkung auf die Ausgestaltung derselben haben kann. Als Arbeitshypothese lässt sich in diesem Zusammenhang formulieren, dass von Unternehmungsseite her Anreize in einer entsprechenden Höhe für den Mitarbeiter vorliegen müssen, damit es zu einer Unterstützung des Lerntransfers kommen kann. Die Ausgestaltung der in der Unternehmung vorliegenden Anreize kann folglich den Einsatz sowie die Ausgestaltung von lerntransferunterstützenden Maßnahmen beeinflussen.

Für die anstehende Empirie ergeben sich die Fragenbereiche, inwieweit die Anreizgestaltung eine Lerntransferunterstützung beeinflussen kann sowie, ob bei den zu befragenden Unternehmungen überhaupt Anreize eingesetzt werden, um einen positiven Lerntransfer oder auch Aktivitäten der Lerntransferunterstützung zu generieren. Weiterhin gilt es, die Ausgestaltung bestehender Anreize, die Unternehmungen bereits in diesem Zusammenhang einsetzen, zu erfassen.

Die **Zielsetzungstheorie** von *Locke* ist den Prozesstheorien der Motivation zuzuordnen. Im Kern geht sie davon aus, dass die Leistung von Individuen durch dessen bewusste Ziele determiniert ist. Folglich bedingen sie das Leistungsverhalten, da Individuen anstreben, ihre eigenen Wünsche zu befriedigen. *Locke* stellt folglich einen direkten Zusammenhang zwischen Zielen und Leistungen von Individuen respektive der Leistungsbereitschaft von Individuen her.

Die Theorie postuliert, dass sich Ziele positiv auf die Leistung einer Person auswirken können, wenn sie schwierig und spezifisch formuliert sind. Mitarbeiter strengen sich demnach für eine Zielerreichung an, wenn sie einem anspruchsvollen Ziel gegenüberstehen. Spezifisch formulierte Ziele haben eine große Motivationswirkung. Weiterhin geht die Theorie davon aus, dass die individuellen Aktivitäten der Mitarbeiter verstärkt werden, wenn sich Mitarbeiter mit Zielen identifizieren können sowie diese als nachvollziehbar empfinden und akzeptieren. Die Identifikation und die Akzeptanz der Ziele können durch finanzielle Anreize oder Partizipation bei der Zielformulierung gefördert werden. *Locke* unterscheidet dabei die individuellen Aktivitäten der Mitarbeiter, welche durch Ziele bedingt sind, in ihrer Richtung, Intensität und Ausdauer sowie der verfolgten Zielerreichungsstrategie. Mitarbeiter mit gut ausgebildeten Fähigkeiten können demnach eine höhere Leistung bei gleicher Motivation aufbringen. Letztlich ist eine Rückmeldung an die Mitarbeiter hinsichtlich der Zielerreichung unerlässlich, da sich diese motivations- und leistungssteigernd auswirken kann.[297]

Aus Perspektive der Zielsetzungstheorie können also sowohl die Motivation als auch die Handlung von Mitarbeitern über das Setzen von spezifischen Zielen beeinflusst werden. Als Arbeitshypothese lässt sich daraus ableiten, dass sowohl der Einsatz von Zielen als Lerntransferunterstützungsmaßnahme für Mitarbeiter in die Weiterbildung integriert werden kann als auch ein Lerntransfermanagement über das Setzen von Zielen beeinflusst werden kann.

Für die Befragung ergeben sich hieraus die Fragebereiche, inwieweit und auf welche Art und Weise Ziele im Rahmen des Lerntransfermanagements eingesetzt werden.

3.4.3.6 Agenturkostentheorie

Die **Agenturkostentheorie**[298] ist der Neuen Institutionenökonomischen Theorie zuzuordnen und thematisiert als Theorie der Delegationen die Innenbeziehungen von Unternehmungen. Die Agenturkostentheorie widmet sich Problemen und Sachverhalten, die durch Vertragsbeziehung zwischen einem Auftraggeber und einem Auftragnehmer entstehen. Der Auftraggeber kann in diesem Fall als Prinzipal und der Auftragnehmer als Agent bezeichnet werden. Als Agenturverhältnisse sind in diesem Fall alle asymmetrisch angelegten Formen kooperativer Handlungen zu bezeichnen. Im Rahmen dessen kommt ein Agenturverhältnis zustande, wenn eine Person eine andere Person beauftragt, Dienste in seinem Interesse zu leisten. Die Delegation von Entscheidungsbefugnissen wird dabei auf den Agenten übertragen, das Risiko von Fehlentscheidungen verbleibt aber beim Prinzipal. In Unternehmungen kommen häufig Agenten zum Einsatz, da Prinzipale beispielsweise aufgrund von Ressourcenknappheit nicht alle Aufgaben selbst erledigen können.

---

[297] Vgl. Locke (1968), Locke/Latham (1990), Stock-Homburg (2010) S. 84 ff., Berthel/Becker (2013) S. 67 f.

[298] Vgl. Jensen/Meckling (1976), Eisenhardt (1989), Elschen (1988), Laux (1990). Siehe zu weiteren bedeutenden Vertretern sowie Entwicklungen des theoretischen Ansatzes Wolf (2013) S. 363 f.

Unternehmungen werden im Rahmen dessen als Systeme von unvollständigen Verträgen verstanden. Aus Sicht der Agenturkostentheorie weichen die Ziele des Prinzipals von denen des Agenten ab. Der Agent kann im Rahmen seines Auftrags Aktivitäten durchführen, die sich sowohl auf sein als auch auf das Wohlergehen des Prinzipals auswirken. Weiterhin wird der Agent Eigenschaften aufweisen, die der Prinzipal bei Beauftragung des Agenten nicht kennt (hidden characteristics). Insgesamt besteht eine Informationsasymmetrie zwischen Prinzipal und Agenten, da der Agent über Informationen verfügt, die der Prinzipal nicht kennt (hidden information). Es ist anzunehmen, dass die Rationalität des Prinzipals und des Agenten beschränkt ist und dass beide zeitstabile und für sich konsistente Präferenzen aufweisen.

Aufgrund dieser Gegebenheiten und Annahmen kann es zu **Fehlentwicklungen** kommen, indem der Agent seine Handlungsspielräume zu seinem Nutzen gebraucht, da keine vollständige und kostenlose Informationsbeschaffung möglich ist. Die Leistungsfähigkeit der Agenten ist grundsätzlich unterschiedlich ausgeprägt und für die Prinzipale schwer einsehbar. Folglich werden Agenten durchschnittliche Löhne bezahlt, welches zu einem Austritt der leistungsstarken Agenten aus dem Markt führt (adverse selection). Weiterhin kann es zu der Tatsache kommen, dass der beauftragte Agent Handlungen durchführt, die der Prinzipal nicht vollständig überwachen kann (hidden action) oder dass der Agent die Ziele des Prinzipals unterläuft (moral hazard). Entsteht eine zeitlich begrenzte, asymmetrische Machtposition zugunsten des Agenten, so kann dieser die aktuelle Situation ausnutzen und Drohungen aussprechen (hold-up). Weiterhin kann der Agent zu Drückebergerei neigen (shrinking) oder im Rahmen seines Beauftragungsverhältnisses privat konsumieren (consumption on the job).

Aus Sicht der Agenturkostentheorie kann davon ausgegangen werden, dass beide Parteien um die geschilderten Problemkonstellationen wissen und aufgrund dessen Steuerungsmechanismen aufbauen, die den Agenten zu einem Handeln im Sinne des Prinzipals veranlassen. Dieses können Informationsmechanismen, Kontrollmechanismen oder Anreizmechanismen sein. Die Agenturkostentheorie geht davon aus, dass sogenannte **Agenturkosten** im Rahmen der Vertragsbeziehung unter asymmetrischen Informationen entstehen. Im Rahmen dessen sind *Überwachungs- und Kontrollkosten* zu nennen, welche dem Prinzipal zuzuschreiben sind für die Ausgestaltung des Vertrags, die Findung einer adäquaten Agentenvergütung sowie die Überprüfung und Bewertung des Agentenverhältnisses. Auf den Agenten fallen sogenannte *Gewährleistungskosten* an durch Garantieversprechen und damit verbundene Handlungen sowie mögliche Entschädigungskosten bei Fehlverhalten. Werden von Seiten des Prinzipals Überwachungs- und Kontrollkosten eingesetzt und von Seiten des Agenten die genannten Gewährleistungskosten, so kann trotzdem nicht von einer vollständigen Erreichung der Ziele des Prinzipals ausgegangen werden. Folglich ist als weitere Kostenart der verbleibende Residual- respektive Wohlfahrtsverlust anzuführen.[299]

Als Arbeitshypothese lässt sich aus der Agenturkostentheorie ableiten, dass Unternehmungen Anreizsysteme konstruieren, um Führungskräfte dazu anzuregen, den Lerntransfer ihrer Mitarbeiter zu fördern respektive die Aktivitäten der Lerntransferunterstützung zu überwachen und zu kontrollieren. Weiterhin lässt sich vermuten, dass Kosten entstehen, um weitergebildete Mitarbeiter dazu zu bringen, einen erfolgreichen Lerntransfer zu leisten.

Für die anstehende empirische Befragung ergibt sich der Fragenbereich, inwieweit ein Anreizsystem innerhalb der Unternehmung für das Lerntransfermanagement besteht sowie wie dieses ausgestaltet ist und ob und auf welche Art und Weise eine Kontrolle des Lerntransfers sowie des Lerntransfermanagements damit verbunden ist.

3.4.3.7 Neoinstitutionalistischer Ansatz

Der **Neoinstitutionalistische Ansatz**[300] wird auch als institutionensoziologischer Ansatz oder als Institutionalismus bezeichnet und stellt eine Erweiterung des klassischen Institutionalismus[301] dar. Er stellt Institutionen respektive Institutionalisierungsprozesse in den Mittelpunkt der Betrachtung und geht davon aus, dass Verhaltensweisen in Unternehmungen durch Erwartungen und Anforderungen ihres sozialen Umfeldes bedingt sind. Auf diese Weise versuchen sich Unternehmungen Legitimität zu verschaffen. Technisch-ökonomische Bedingungen rücken somit in den Hintergrund, und der sozialen Akzeptanz organisationalen Verhalten kommt eine große Bedeutung zu.

---

[299] Vgl. Wolf (2013) S. 363 ff., Kieser/Walgenbach (2010) S. 46 ff., Zechner (1982).
[300] Vgl, zu den Hauptvertretern Wolf (2013) S. 530.
[301] Vgl. Selznick (1949 und 1957).

Der Neoinstitutionalistische Ansatz lässt sich anhand der folgenden Merkmale beschreiben: Im Zentrum der Betrachtung steht der institutionale Aspekt von Unternehmungen. Dabei ist der Institutionenbegriff nicht lediglich auf explizite Form zwischenmenschlicher Interaktion beschränkt; auch implizite, informelle Interaktionsmuster schließt er mit ein. Weiterhin ist davon auszugehen, dass Unternehmungen in ein institutionelles Umfeld eingebettet sind. Das soziale Kapital spielt, aus Sicht des Neoinstitutionalistischen Ansatzes, eine große Rolle als Ressource, welche sich aus der Mitgliedschaft einer Person in einem sozialen Netzwerk ergibt. Weiterhin gehen Vertreter des Ansatzes davon aus, dass die Mitarbeiter von Unternehmungen ihre Verhaltensweisen nicht stringent auf technische und ökonomische Effizienzkriterien hin ausrichten können, da vielfach sowohl Erwartungen an Mitarbeiter unklar definiert sind als auch Ursache-Wirkung-Ketten nicht offen vorliegen. Als Rationalitätsmythos kann bezeichnet werden, wenn innerhalb einer Unternehmung falsche Geschichten über Ursache-Wirkung-Zusammenhänge vorliegen. Aus Sicht des Neoinstitutionalistischen Ansatzes liegen diese Rationalitätsmythen in Unternehmungen vor. Dieses bedeutet, dass sowohl intern als auch extern in der Unternehmung nicht die gleichen Vorstellungen darüber existieren, welche Aufgaben zu erfüllen sind und wie diese aufgebaut sein sollen. Weiterhin werden die innerhalb und außerhalb der Unternehmung bestehenden vorherrschenden Erwartungen als wesentliche Bedingung zur Bestimmung von Verhaltensweisen bezeichnet. Innerhalb einer Unternehmung herrschen diejenigen Verhaltensweisen vor, die die Unternehmung als akzeptabel erachtet. Weiterhin werden Verhaltensweisen durch Normen und Symbole sichtbar gemacht. Diejenigen Verhaltensweisen, die auf Normen und Symbole einwirken können, werden als besonders stark erachtet. Die Ordnung innerhalb von Unternehmungen wird unter Bezugnahme von Regeln hergestellt und diesen wird eine hohe Bedeutung zugewiesen. Der Neoinstitutionalistische Ansatz geht weiterhin davon aus, dass Unternehmungen mit anderen Unternehmungen in gemeinsam geteilten Kontexten respektive Feldern agieren. Somit lassen sich Unternehmungen in Gruppen einteilen, deren Mitglieder ähnlichen Bedingungen unterliegen. Innerhalb eines Feldes kann es sein, dass sich Unternehmungen im Ablauf ähnlicher werden. Weiterhin kann auch aus Sicht dieses Ansatzes davon ausgegangen werden, dass sich Unternehmungen pfadabhängig entwickeln können.[302]

[302] Vgl. Wolf (2013) S. 529 ff., Walgenbach (2014), Kieser/Walgenbach (2010) S. 43 ff., Hasse/Krücken (2005).

Da es die Kernthese von Vertretern des Neoinstitutionalistischen Ansatzes ist, dass Unternehmungen ihre Strukturen entsprechend den Anforderungen und Erwartungen ihrer institutionellen Umwelt gestalten, um sich auf diese Weise Legitimität zu verschaffen, spielt die soziale Akzeptanz bei der Bildung von Verhaltensweisen eine große Rolle. Daraus kann die Arbeitshypothese abgeleitet werden, dass in Unternehmungen ein Lerntransfermanagement nicht zum Einsatz kommt, weil die Umwelt es nicht vorlebt, dass es wichtig ist, dieses zu tun. Umgekehrt kann auch vermutet werden, dass Unternehmungen damit werben, dass sie ein Lerntransfermanagement einsetzen, weil es in der Unternehmungsumwelt angesagt ist, den Lerntransfer der Mitarbeiter zu unterstützen. Dieses sagt noch nichts über die inhaltliche Qualität der Lerntransferunterstützung aus.

Für die anstehende empirische Erhebung ergibt sich der Fragenbereich zu inhaltlichen Aussagen der Verbindungen und Bedingungen der Unternehmungsumwelt über die Ausgestaltung und den Einsatz des Lerntransfermanagements.

3.4.3.8 Ressourcenbasierter Ansatz

Der **Ressourcenbasierte Ansatz**[303] geht davon aus, dass Wettbewerbsvorteile einer Unternehmung nicht ausschließlich auf das Wettbewerbsumfeld zurückzuführen sind, sondern vielmehr auf der Unternehmung selbst und den dort vorhandenen **Ressourcen** und **Kompetenzen** basieren. Aus ressourcenorientierter Perspektive sollte folglich das Unternehmungsinnere detailliert betrachtet werden, da das Management respektive die Unternehmungsführung als verantwortlich angesehen wird für die Entwicklung und den Erhalt unternehmungsspezifischer Ressourcen materieller und immaterieller Art. Organisation, Management und Unternehmungsführung bestehen durch die Einzigartigkeit der eigenen Unternehmung und ihrer Teile.

Im Rahmen dessen ist der Ressourcenbegriff in der Literatur nicht einheitlich definiert. Begriffsannäherungen umschreiben eine Ressource als das, was in die Wertschöpfung einer Unternehmung eingeht. Ressourcen werden weiterhin als wertvoll beschrieben und können eine Stärke oder eine Schwäche einer Unternehmung darstellen. Weiterhin können diese Wettbewerbsvorteile für die Unternehmung leisten. Aus Perspektive des Ressourcen-

303 Siehe zu den Hauptvertretern dieser Denkrichtung Wolf (2013) S. 566.

basierten Ansatzes ist anzunehmen, dass die in der Wirtschaftswelt verfügbaren Ressourcen als heterogen anzusehen sind und folglich die Ausstattung an Ressourcen den Erfolg von Unternehmungen bedingen kann. So weisen erfolgreiche Unternehmungen einzigartige Ressourcenstrukturen auf. Weiterhin werden Ressourcen als knapp bezeichnet, da diese in bestimmten Unternehmungen gebündelt vorliegen können und nicht frei am Markt in unbegrenzter Höhe verfügbar sind.

Sogenannte ‚gewinnstiftende Ressourcen', welche einen starken Einfluss auf die Bildung und den Erhalt von Wettbewerbsvorteilen von Unternehmungen haben, werden mit den folgenden Merkmalen beschrieben: Diese Art der Ressourcen sind wertvoll und für die Unternehmung strategisch relevant sowie nachhaltig. Gewinnstiftend wirken sich außerdem eine begrenzte Mobilität sowie eine nicht durchzuführende Imitierbarkeit der vorhandenen Ressourcen aus. Geprägt ist diese Art der Ressourcen auch durch eine Nicht-Substituierbarkeit sowie dadurch, dass sie mehrfach verwertbar sind und somit Zugang zu einem breiten Spektrum an Märkten ermöglichen. Eine als gewinnstiftend zu bezeichnende Ressource kann dabei eines oder mehrere der genannten Merkmale aufweisen.[304]

Aus der Perspektive des Ressourcenbasierten Ansatzes sind Wettbewerbsvorteile einer Unternehmung auf die Unternehmung selbst und die dort vorhandenen Ressourcen zurückzuführen. Die Verantwortung, unternehmungsspezifische Ressourcen materieller und immaterieller Art zu entwickeln und zu erhalten, obliegt dem Management. Dabei kann menschliches Know-how ebenfalls als Ressource angesehen werden. Als <u>Arbeitshypothese</u> lässt sich hieraus ableiten, dass das Management einer Unternehmung den Einsatz eines Lerntransfermanagements bedingt.

Für die empirische Erhebung ergibt sich der Fragenbereich, wie wichtig respektive welchen Stellenwert Lerntransfer in der Unternehmung und den Unternehmungsbereichen hat und damit verbunden auch, welchen Stellenwert der Weiterbildung zuzurechnen ist. Es gilt zu erfragen, ob eine Verantwortlichkeit für ein Lerntransfermanagement von den Unternehmungsvertretern gesehen wird und wie verantwortliche Rollen innerhalb der Unternehmung zugeteilt werden.

---

[304] Vgl. Wolf (2013) S. 565 ff. sowie Hieke (2011).

3.4.3.9 Pfadabhängigkeitstheorie

Der Ursprung der **Pfadabhängigkeitstheorie** ist auf die wirtschaftshistorischen Untersuchungen von *David* zurückzuführen.[305] Der Begriff der Pfadabhängigkeit ist in der Literatur nicht einheitlich definiert. *Schreyögg/Sydow/Koch* beschreiben Pfadabhängigkeit als einen Sachverhalt, in dem sich ökonomische Prozesse nicht frei und ohne Voraussetzungen entwickeln, sondern von früher getroffenen Entscheidungen sowie eingebürgerten Denkweisen und Routinen geprägt sind.[306] Folglich wird, auf Basis dieser Theorie, eine Mitgeprägtheit von Entscheidungsergebnissen und Gestaltung durch die Vorwelt unterstellt. Dadurch können aktuelle Entscheidungen und Gestaltungen zustande kommen, welche zum aktuellen Unternehmungs- und Umweltkontext nur bedingt passen.

In der Literatur wird die Pfadabhängigkeit von Entscheidungen und Gestaltungen durch die folgenden **Teilphänomene** gekennzeichnet: Es kann davon ausgegangen werden, dass es im Rahmen der Pfadabhängigkeit zu **positiven Rückkopplungen** kommen kann. Dies bedeutet, dass die Zunahme einer Variablen zu einer weiteren Zunahme der gleichen Variablen führt. Folglich existieren im ökonomischen Kontext Prozesse der Selbstverstärkung. Diese positiven Rückkopplungen können auf implizite Regeln und Routinen zurückzuführen sein. Weiterhin sind pfadabhängige Prozesse als **nonergodisch** zu bezeichnen, da sie die Möglichkeit multipler Gleichgewichte aufweisen. Folglich kann eine Unternehmung Zustände annehmen, die über die Zeit relativ stabil sind. Im Rahmen dessen toleriert der handlungsrelevante Kontext mehrere Ausprägungen der Unternehmung. Dieses ist darauf zurückzuführen, dass das Ergebnis von dem Pfad abhängig ist, der zuvor von der Unternehmung eingeschlagen wurde. Weiterhin ist das Teilphänomen der **Verlaufsabhängigkeit** im Rahmen der Pfadabhängigkeitstheorie anzuführen, welches den Tatbestand umschreibt, dass eine zurückliegende zeitliche Prozessentwicklung das sich einstellende Ergebnis beeinflusst. Damit bestimmt der zeitliche und inhaltliche Verlauf des Prozesses den zu verfolgenden Pfad der Unternehmung in der Zukunft.

Ein typisches Merkmal für pfadabhängige Prozesse innerhalb von Unternehmungen ist die steigende Wahrscheinlichkeit für die Verfolgung eines bestimmten Pfades, bedingt durch jeden Schritt entlang dieses Pfades, den die Unternehmung beschreitet. Ein Austritt aus

---

[305] Vgl. David (1975 und 1985).

[306] Vgl. Schreyögg/Sydow/Koch (2003).

einem bestehenden Pfad ist für Unternehmungen grundsätzlich jederzeit möglich, aber mit zunehmender Pfadentwicklung mit hohen Barrieren verbunden. Somit steigen auch die Kosten für einen möglichen Austritt aus dem bestehenden Pfad mit zunehmender Pfadentwicklung. Aus der Perspektive der Pfadabhängigkeitstheorie wird eine vergangenheitsbezogene, zeitliche Komponente als Betrachtungsdimension für Entwicklungslinien von Unternehmungen mit einbezogen. Somit lässt sich vermuten, dass Entwicklungstrends aus der Vergangenheit sich ebenfalls in der Zukunft fortsetzen und darauf aufbauend Unternehmungen mit unterschiedlichen Historien auch unterschiedliche zukünftige Entwicklungsbahnen einschlagen.

Aus den genannten Phänomenen und Merkmalen zeitabhängiger Prozesse lassen sich die im Folgenden ausgeführten Folgen ableiten: Zu Beginn eines Prozesses kann, durch die **Nichtvorhersehbarkeit** von pfadabhängigen Prozessen, nicht vorausgesagt werden, welchen Verlauf ein pfadabhängiger Prozess annehmen wird und welches Ergebnis daraus resultieren wird. Weiterhin werden pfadabhängige Prozesse als **inflexibel** bezeichnet, da sie ein einmal erreichtes Gleichgewicht nicht oder nur schwer von alleine verlassen können. Die Richtung des Prozessverlaufs kann nicht mehr wesentlich verändert werden. Dieses ist zurückzuführen auf einen schwach ausgeprägten Kontext-Gestaltung-Zusammenhang, welchem pfadabhängigen Prozesse gegenüberstehen. Weiterhin bringen pfadabhängige Prozesse eine potenzielle **Ineffizienz** mit sich, da die im Prozessablauf gebildeten Systemzustände im aktuellen Kontext nicht unbedingt zu positiven Ergebnissen führen. Diese basieren lediglich auf vergangenheitsorientierten Pfaden, welche unter Umständen nicht zu den aktuell herrschenden Rahmenbedingungen der Unternehmung passen.

Um die Facetten der Pfadabhängigkeitstheorie in Gänze verstehen zu können, werden nachfolgend zwei weitere Kernaspekte angeführt: Der Verlauf pfadabhängiger Prozesse kann bildlich gesehen einen Gabelungspunkt enthalten, welcher auf einer Veränderung basiert. Diese Veränderung ist bedingt durch strategische grundlegende Entscheidungen von entsprechenden Entscheidungsträgern. Unter Umständen ist den Entscheidungsträgern die Tragweite ihrer Entscheidung für den nachfolgenden Pfad nicht bewusst, sodass die Entscheidung als unerheblich oder auch die Entwicklung als Zufall angesehen wird. Dieses Phänomen wird auch als ‚**small historic events**‘ bezeichnet. Weiterhin ist es möglich, dass die Unternehmung innerhalb eines Pfades gefangen ist und einer totalen Inflexibilität gegenübersteht. Dieses Phänomen ist als ‚**lok-in**' zu bezeichnen und resultiert aus sich selbst verstärkenden Effekten wie beispielsweise zwanghaften Gruppendenkens oder auch Unternehmungsgeldern, die in traditionellen Geschäftsbereichen von Unternehmungen festgesetzt sind.[307]

Es können verschiedene Gründe zu einer Pfadabhängigkeit führen. Als Ursachen werden **Skalenerträge** angeführt, die zu einem sich selbst verstärkenden Wettbewerbsvorteil führen können, wenn eine Technologie oder eine Gestaltungsform beibehalten wird, weil die positiven Kosteneffekte immer größer werden. Als weitere Ursache werden **Netzwerkexternalitäten** genannt, wenn das Beibehalten eines bestimmten Verfahrens innerhalb einer Organisation dadurch attraktiv wird, dass dieses Verfahren weit verbreitet und immer mehr genutzt wird. Des Weiteren kann es innerhalb einer Unternehmung der Fall sein, dass Personen mit einem verwendeten Verfahren im Verlauf der Anwendung immer besser zurechtkommen. Dieses wird als **Lerneffekt** bezeichnet und kann dazu führen, dass es zunehmend schwerer wird, sich auf ein anderes Verfahren mit anderen Gegebenheiten umzustellen (**Quasi-Irreversibilität**). Entgegen dem geschilderten Sachverhalt fällt es Personen, die keine Erfahrung mit einer bestimmten Anwendung haben, leicht, diese neue Anwendung zu erlernen. Aus der Perspektive der Pfadabhängigkeit lässt sich festhalten, dass die zurückliegende Ablaufsequenz den Lernaufwand für bestimmte Anwendungen bedingt. Personen neigen dazu, bei ursprünglich erlernten Anwendungen zu verharren respektive diese beizubehalten. Eine weitere Ursache für eine Pfadabhängigkeit können **Komplementaritäts- und Koordinationseffekte** sein. Komplementaritätseffekte werden aus Sicht der Pfadabhängigkeitstheorie in erster Linie auf die zunehmende Ausbreitung von Technologien am Markt bezogen. In diesem Fall ist es für Unternehmungen interessant, komplementäre und kompatible Produkte herzustellen, die die Technologie noch anziehender macht, wodurch Kostenvorteile und zusätzliche Marktpotenziale entstehen. Je stärker Technologien sich aufeinander beziehen, desto höher ist die Wahrscheinlichkeit, dass sich diese fest etablieren. Aus Organisationssicht bestehen innerhalb von Unternehmungen üblicherweise vielfältige Interdependenzen zwischen vorherrschenden etablierten Regeln. Aus Sicht von Entscheidungsträgern könnte folglich die Änderung einzelner Regeln ungeahnte Auswirkungen auf andere Regeln haben, welches Koordinationseffekte beinhaltet. Weiterhin kann eine Pfadabhängigkeit von Technologien und Gestaltung auch auf **Macht,**

[307] Vgl. Burger (2013) S. 66 ff.

Normen und Traditionen basieren. Demnach erfolgt eine Beibehaltung von bestehenden Technologien, weil diese den vorherrschenden Interessen, Normen und tradierten Aktionen entspricht. Dieses Beibehalten der aktuell vorherrschenden Situation kann wiederum die Machtpositionen der Entscheidungsträger stärken und ist folglich politisch geprägt. Letztlich werden als Ursache für eine Pfadabhängigkeit **adaptive Erwartungen** angeführt, indem Unternehmungsmitglieder eine Erwartung haben, dass sich eine bestehende Technologie weiter ausbreitet und dies mit einer weiteren Nutzensteigerung einhergeht.[308]

Eine Betrachtung des Lerntransfermanagements aus der Perspektive der Pfadtheorie lässt als formulierte Arbeitshypothese einen Zusammenhang zwischen vergangenheitsbezogenen Aktivitäten einer Unternehmung und dem aktuellen Umgang mit der Thematik Lerntransfer sowie der Gestaltung des Lerntransfermanagements vermuten. So können vergangene Verhaltensweisen und Erfahrungen innerhalb der Unternehmung den Einsatz und die Ausgestaltung des Lerntransfermanagements beeinflussen und prägen.

Im Rahmen der Ursachenschilderungen für Pfadabhängigkeit lässt sich aus den beschriebenen **Lerneffekten sowie der Quasi-Irreversibilität** die folgende Arbeitshypothese zu einer möglichen Nichtanwendung der Lerntransferunterstützung herstellen: Haben Mitarbeiter wenig Erfahrung mit der Gestaltung und dem Einsatz von lerntransferunterstützenden Maßnahmen, so sind sie mit dieser Anwendung nicht vertraut und neigen eher dazu, ihre ursprünglich erlernten Verhaltensweisen beizubehalten, da ihr eigener Lernaufwand für die Einführung von neuen, lerntransferunterstützenden Maßnahmen als hoch einzuschätzen ist.

Für die Vermutung von Erklärungen für die Nichtanwendung eines Lerntransfermanagements lässt sich aus den beschriebenen **Komplementaritäts- und Koordinationseffekten** als Arbeitshypothese übertragen, dass ein für Unternehmungsmitglieder neues Lerntransfermanagement nicht implementiert wird, da Aktivitäten lieber für die Erweiterung und den komplementären Ausbau bestehender Themenfelder eingesetzt werden, weil vielleicht eine Ungewissheit über die Folgen möglicher Regeländerungen besteht, sodass diese nicht durchgesetzt werden. Es scheint folglich für Unternehmungsmitglieder attraktiver zu sein,

[308] Vgl. Schreyögg/Sydow/Koch (2003) sowie David (1985), Wolf (2013) S. 601 ff., Ackermann (2001), Schäcke (2006).

bestehende Anwendungen auszubauen, um diese noch anziehender zu machen, wodurch ein Verharren in bestehenden Themenfeldern im Sinne eines Pfades entsteht.

Weiterhin kann aus den Ursachen für eine Pfadabhängigkeit einer Unternehmung als Arbeitshypothese abgeleitet werden, dass das Verhalten von Unternehmungsleitung, Vorgesetzten oder weiteren an der Lerntransferunterstützung beteiligten Personen geprägt ist von in der Unternehmung vorherrschenden **Normen und Traditionen**. Ein Festhalten an bestehenden Vorgehensweisen, ohne das Einführen einer Lerntransferunterstützung, kann für verantwortliche Personen der Unternehmungen **politisch** bedingt sein, sodass die Machtpositionen dieser Personen eine Abhängigkeit zur Vorgehensweise aufweist.

Für die anstehende empirische Erhebung ergibt sich der Fragenbereich, inwieweit Aktivitäten der Unternehmungen, die in der Vergangenheit stattfanden, sowie gewisse auslösende Ereignisse den Umgang mit der Thematik und die Ausgestaltung eines Lerntransfermanagements beeinflussen. Weiterhin gilt es, die Entwicklung sowie mögliche Gründe für und gegen die Entwicklung eines Lerntransfermanagements bei den zu befragenden Unternehmungen im Zeitablauf zu erfassen.

3.4.4 Weitere Plausibilitätsüberlegungen

Die systematische, aktive Förderung des Lerntransfers passiert in der betrieblichen Praxis nur selten.[309] Detaillierte Begründungen für diesen Nichteinsatz des Lerntransfermanagements liefert die Literatur nicht. Dennoch können in der Literatur beschriebene Sachverhalte und Verhaltensweisen herangezogen werden, um Vermutungen über mögliche Gründe für die Verhaltensweisen der Unternehmungen herzuleiten.[310]

Broad/Newstrom zeigen durch ihre Untersuchung, dass sich Führungskräfte häufig nicht der mit dem Lerntransfer eingehenden Verantwortung dem Mitarbeiter gegenüber bewusst sind.[311] *Solga* betont ebenfalls, dass der Handlungsbedarf der Führungskräfte im Rahmen

---

[309] Vgl. Solga (2006) S. 1.

[310] Das Anführen von Plausibilitätsüberlegungen ist eine mögliche Vorgehensweise im Rahmen der explorativen Forschung, um weitere Erkenntnisse über den Untersuchungsgegenstand zu gewinnen und die Erhebungsphase systematisch vorzubereiten.

[311] Vgl. Broad/Newstrom (1992).

von unterstützenden Maßnahmen, die den Lerntransfer positiv beeinflussen, einfach nicht gesehen wird, da aus ihrer Sicht die Umsetzung des Gelernten im Arbeitsalltag als unproblematischer Vorgang eingeschätzt wird.[312] Ebenso kann es sein, dass der Vorgesetzte aus verschiedenen Gründen kein Interesse an der Umsetzung des Gelernten im Funktionsfeld aufweist.[313] Weiterhin ist es wichtig, dass die Führungskräfte die Bedeutung des Lerntransfers erkennen und diesen als wichtig erachten. Dieser Erkenntnisprozess ist umso höher, je enger die im Rahmen der Weiterbildung erworbenen Kompetenzen mit dem Erreichen der jeweiligen Bereichsziele verknüpft sind.[314] Folglich kann die **nicht erkannte Verantwortung der Führungskräfte** als Grund für die Nichtanwendung eines Lerntransfermanagements identifiziert werden. Es ist weiterhin zu schlussfolgern, dass die Unterstützung des Lerntransfers von Seiten der Führungskraft steigt, wenn die innerhalb der Weiterbildung zu erwerbenden Kompetenzen elementar dem Bereichserfolg dienen, unter der Voraussetzung, dass diese für die Führungskraft als transparent und machbar eingeschätzt werden können.

In der IW-Weiterbildungserhebung 2014 wurden Unternehmungen zu Gründen für eine Weiterbildungsabstinenz von Unternehmungen befragt. 42,6% der befragten Unternehmungen gaben an, dass intern keine Kapazitäten für die Organisation und Planung der Weiterbildung vorhanden seien. Die Studie bringt zum Ausdruck, dass der Faktor **Zeit** eine große Restriktion für die Qualifizierung darstellt. Dieses kann auf die Thematik der Lerntransferunterstützung und des Lerntransfermanagements übertragen werden. Bestehen zeitliche oder organisatorische Restriktionen für die Durchführung einer Weiterbildung, so können diese ebenfalls ein Hemmnis sein für die Konzeption und den Einsatz eines Lerntransfermanagements.[315] Ein erfolgreicher Lerntransfer kann bereits durch fehlende Rückmeldungen des Vorgesetzten negativ beeinflusst werden, indem der Mitarbeiter keine Einschätzung zu der Qualität seiner Lerntransferbemühungen erhält. Vorgesetzte äußern sich häufig im Rahmen dessen nicht, weil sie unter einer hohen **Arbeitsbelastung** stehen.[316] Das laufende Tagesgeschäft, welchem die Führungskräfte unterliegen, verhindert unter Umständen die Interaktion von weitergebildetem Mitarbeiter und direktem Vorgesetzten, im Funktionsfeld im Anschluss an eine durchgeführte Weiterbildung, so dass der Lern-

[312] Vgl. Solga (2006) S. 2.
[313] Vgl. Solga (2006) S. 14.
[314] Vgl. Solga/Ryschka/Mattenklott (2011) S. 29.
[315] Vgl. Seyda/Werner (2014) S. 8 f. 30.000 Unternehmungen wurden befragt, 1.845 Unternehmungen nahmen im Rahmen der Studie teil und trafen somit Aussagen für 1,54 Millionen Beschäftigte.
[316] Vgl. Solga (2006) S. 14.

transfer nicht thematisiert wird und nicht im Fokus steht. Demnach werden auch keine aktiven, lerntransferunterstützenden Maßnahmen eingesetzt.

Weiterhin kann ein Weiterbildungsprozess einer **Zertifizierung** unterzogen werden, um Qualitätsstandards für die Weiterbildung setzen zu können. Eine häufig verwendete Zertifizierungsform ist im Rahmen dessen die DIN EN ISO 9001[317]. Die Anwendung internationaler Normen kann dazu beitragen, den Weiterbildungsprozess zu überwachen und zu verbessern – beispielsweise durch den Einsatz von Bögen, welche die weitergebildeten Mitarbeiter oder Führungskräfte ausfüllen, um eine Rückmeldung über das Gelernte und die Anwendung des Gelernten zu geben. Unterzieht sich eine Unternehmung der Zertifizierung des gesamten Weiterbildungsprozesses, so ist anzunehmen, dass auch der Lerntransfer thematisiert wird, um die Qualität der Weiterbildung zu sichern. Folglich kann die Zertifizierung ausschlaggebend für die Ausgestaltung der Lerntransferunterstützungsaktivitäten sein.

3.4.5 Implikationen für das Lerntransfermanagement

Tab. 5 beinhaltet die gewonnenen Erkenntnisse zu möglichen Einsatzgründen des Lerntransfermanagements auf Basis der betrachteten theoretischen Ansätze.

Ergänzend wurden auf Basis von Plausibilitätsüberlegungen die in der Tab. 6 dargestellten Vermutungen für das Lerntransfermanagement sowie die darauf aufbauenden Implikationen für die empirische Befragung hergeleitet. Diese wurden bereits im Abschnitt 3.4.4 erläutert.

[317] Vgl. Deutsches Institut für Normierung e. V. (2015 und 2009) sowie Gumpp/Wallisch (1995) S. 47 ff.

Tab. 5: Übersicht über gebildete Arbeitshypothesen für das LTM auf Basis theoretischer Ansätze und Implikationen für die empirische Befragung
(LTM = Lerntransfermanagement).

Theoretischer Ansatz	Arbeitshypothesen	Implikationen für die empirische Befragung
Systemtheorie	• Zielbündel beeinflusst LTM • Unternehmungskultur beeinflusst LTM	• Vorhandensein der Beeinflussung von LTM • Art und Weise der Beeinflussung des LTM • Verankerung der Wichtigkeit des LTM (und der Weiterbildung) in Unternehmungskultur
Barnards Funktionen von Führungskräften	• Führungskraft obliegt die Steuerung der Kommunikation im Rahmen eines LTM	• Häufigkeit der initiierten Kommunikation zwischen Führungskraft und Mitarbeiter vor, während oder nach einer Weiterbildung
Situationstheoretische Ansätze	• Eine Veränderung des Führungsstils der Führungskräfte kann die Situation günstig beeinflussen	• Variationen der Lerntransferunterstützungsmaßnahmen sowie des Verhaltens der Vorgesetzten(unter Bezugnahme vorliegender Situation, beteiligter Mitarbeiter sowie Zeitvariablen)
Interaktionstheorie	• Verhalten von Kollegen kann Lerntransferumsetzung und Lerntransferunterstützung beeinflussen	• Einfluss von Kollegen des weitergebildeten Mitarbeiters auf Lerntransferumsetzung und Lerntransferunterstützungsmaßnahmen
Strukturationstheorie	• Vorliegende Strukturen beeinflussen LTM und LTM beeinflusst Strukturen	• Zusammenhang zwischen bestehenden Strukturen und Aktivitäten des LTM
Hawthorne-Experimente	• Betriebsklima hat Einfluss auf den Einsatz und die Ausgestaltung eines LTM	• Einfluss des Betriebsklimas/des Klimas beteiligter Arbeitsgruppen auf Einsatz und Ausgestaltung eines LTM
Anreiz-Beitrags-Theorie	• Von Unternehmungsseite sind Anreize in einer entsprechenden Höhe erforderlich, damit Mitarbeiter den Lerntransfer unterstützen • Ausgestaltung der Anreize kann Einsatz und Ausgestaltung von lerntransferunterstützenden Maßnahmen beeinflussen	• Einfluss der Anreizgestaltung auf Lerntransferunterstützung • Einsatz von Anreizen, um einen positiven Lerntransfer oder Aktivitäten der Lerntransferunterstützung zu generieren • Ausgestaltung bestehender Anreize
Zieltheorie	• Einsatz von Zielen als Lerntransferunterstützungsmaßnahme • LTM über das Setzen von Zielen beeinflussbar	• Inwieweit und auf welche Art und Weise erfolgt der Einsatz von Zielen im Rahmen des LTM
Agenturkostentheorie	• Unternehmungen konstruieren Anreizsysteme, um Führungskräfte dazu anzuregen, den Lerntransfer ihrer Mitarbeiter zu fördern und die Aktivitäten der Lerntransferunterstützung zu kontrollieren • Es entstehen Kosten, um Mitarbeiter zu einem erfolgreichen Lerntransfer zu veranlassen	• Vorhandensein und Ausgestaltung von Anreizsystem für LTM sowie Zusammenhang zur Kontrolle des LTM und des Lerntransfers
Neoinstituionalistischer Ansatz	• LTM wird nicht eingesetzt, weil die Umwelt es nicht vorlebt, dass es wichtig ist, dieses zu tun • LTM wird eingesetzt, weil es in Unternehmungsumwelt angesagt ist, den Lerntransfer der Mitarbeiter zu unterstützen	• Verbindungen und Bedingungen der Unternehmungsumwelt zu Ausgestaltung und Einsatz des LTM
Ressourcenbasierter Ansatz	• Management bedingt den Einsatz und die Ausgestaltung des LTM	• Wichtigkeit/Stellenwert von Lerntransferunterstützung sowie Weiterbildung • Erfasste und zugewiesene Verantwortlichkeit von LTM/Rollen der Verantwortlichkeit des LTM
Pfadabhängigkeitstheorie	• Zusammenhang zwischen vergangenheitsbezogenen Aktivitäten einer Unternehmung und aktuellen Umgang mit LTM • Kein Einsatz von LTM, weil Lernaufwand zu hoch, wenig Erfahrung mit Thematik, Rückfall in vergangene Verhaltensweisen • Kein Einsatz von LTM, da Aktivitäten lediglich für Erweiterung und komplementären Ausbau von bestehenden Themenfeldern, Ungewissheit über Folgen möglicher Regeländerungen • Verhalten von Unternehmungsleitung/Vorgesetz-ten/am LTM beteiligten Personen, geprägt durch Normen/Traditionen/politische Verhaltensweisen	• Einfluss von vergangenen Unternehmungsaktivitäten auf LTM • Zeitliche Entwicklung von LTM und damit verbundene Aktivitäten

Tab. 6: Übersicht über gebildete Arbeitshypothesen für das LTM auf Basis von Plausibilitätsüberlegungen und Implikationen für die empirische Befragung (LTM = Lerntransfermanagement).

Arbeitshypothesen	Implikationen für die empirische Befragung
• Verantwortung der Führungskräfte für Umsetzung des LTMs wird nicht wahrgenommen	• Rolle der Führungskräfte im Rahmen des LTMs
• Arbeitsbelastung und Zeitressourcen bedingen den Einsatz und die Ausgestaltung des LTMs	• Wechselwirkungen zwischen Tagesgeschäft und damit verbundener Arbeitsbelastung und LTM
• Zertifizierungsprozesse beeinflussen das LTM	• Zusammenhang zwischen Zertifizierung der Weiterbildung und Lerntransferunterstützung

3.5 GESAMTBETRACHTUNG

Aus den Ausführungen des Forschungsrahmens wird ersichtlich, dass kein einheitlich vorliegendes Konzept existiert, welches die Versiertheit respektive Ausgereiftheit des Umgangs mit der Thematik des Lerntransfermanagements und die Umsetzung eines Lerntransfermanagements umfasst.

Eine genauere Betrachtung der vorliegenden Modelle zum Lerntransfer liefert Indizien für die Ausgestaltung eines Lerntransfermanagements. So leisten die identifizierten Einflussfaktoren des Lerntransfers Hinweise, auf welche Bereiche sich ein Lerntransfermanagement beziehen kann. An dieser Stelle sind sowohl der Teilnehmer, der Trainer und die Arbeitsumgebung als auch der Einbezug von organisationalen und situativen Merkmalen anzuführen sowie eine weitere Spezifikation der genannten Determinanten. Die Modelle führen ebenfalls zu der Annahme, dass ein Lerntransfermanagement ein aktives Gestaltungsmerkmal in Form von der Unternehmung initiierten Interventionen aufweisen sollte.[318]

Die Ausführungen zu den in der Literatur dargestellten Lerntransfersicherungsmaßnahmen leisten keine konzeptionelle Vorlage für die Verifizierung unterschiedlicher Lerntransfersicherungsmaßnahmen, welche zu unterschiedlichen Zeitpunkten, und für unterschiedliche Weiterbildungsmaßnahmen eingesetzt werden können.[319] Es handelt sich in erster Linie um die Schilderung von einzelnen Maßnahmen zur Lerntransferunterstützung sowie die Betonung der Wichtigkeit der Unterstützung des Lerntransfers. Auch eine managementorientierte Ausgestaltung ist aus der Maßnahmendarstellung in der Literatur allein nicht ab-

[318] Vgl. hierzu Tab. 2.
[319] Vgl. hierzu Tab. 4.

leitbar. Dennoch geben die Ausführungen einen Überblick über unterschiedliche Möglichkeiten des Umgangs im Rahmen der Unterstützung des Lerntransfers.

Zudem gibt es derzeit keine theoretischen Erklärungsversuche, welcher sich mit den Begründungen für den Einsatz oder den Nichteinsatz des Lerntransfermanagements beschäftigt. Dennoch leisten die dargestellten Theorien aus den Bereichen Organisation Management und Unternehmungsführung sowie die zusätzlich durchgeführten allgemeinen Plausibilitätsüberlegungen eine Bandbreite an möglichen Indizien und Vermutungen zu Erklärungsansätzen dieser fehlenden Begründungen.[320]

Diese generierten Erkenntnisse sollen die Basis für die empirische Untersuchung darstellen[321], um zu erfassen, welche lerntransferunterstützenden Maßnahmen Unternehmungen in welcher Art und Weise einsetzen, warum diese eingesetzt werden und darauf aufbauend, wie ein Lerntransfermanagement von den zu befragenden Unternehmungen gestaltet wird und warum dieses eingesetzt oder aber nicht eingesetzt wird.

[320] Vgl. hierzu Tab. 5 und Tab. 6.

[321] Vgl. hinsichtlich der weiteren Überführung der Erkenntnisse auch Tab. 7 zur schematischen Darstellung des Interviewleitfadens im Abschnitt 4.1.4.2.

4. FORSCHUNGSMETHODIK

4.1 FORSCHUNGSDESIGN

4.1.1 Aufbau der Untersuchung

Sozialwissenschaftliche Methoden können auf Basis der verschiedenen Forschungsphilosophien in quantitativ-standardisierte und **qualitativ-offene Verfahren** unterteilt werden. Standardisierte Verfahren fokussieren einen Vergleich zwischen Untersuchungsobjekten auf Basis der Vereinheitlichung, wie beispielsweise des Instruments, der Forschungssituation sowie der Auswahl der Forschungsgegenstände. Das Auswertungsziel besteht darin, über Häufigkeitsverteilung oder Häufigkeitsvergleiche Hypothesen, auf Basis der Gütekriterien quantitativer Forschung wie Objektivität, Reliabilität und Validität,[322] zu prüfen. Offene Verfahren haben das Ziel, ein tieferes Verstehen und Verständnis über den Forschungsgegenstand zu generieren. Die Auswahl der befragten Zielpersonen kann bewusst und in Abhängigkeit von der theoretischen Fragestellung durchgeführt werden. Hier steht nicht die Repräsentativität im Vordergrund, sondern die **Erfassung von Variation und Heterogenität** unter Berücksichtigung der forschungsrelevanten Merkmale. Qualitativ-offene Verfahren korrespondieren mit einer eher induktiven Vorgehensweise. Im Gegensatz zu standardisierten Befragungen, wo viele anonyme Daten theoriegeleitet und ad hoc interpretiert werden,[323] steht bei den qualitativ-offenen Verfahren die Deutung der Sachverhalte im Vordergrund.

Für das vorliegende Untersuchungsziel eignet sich ein qualitativ-offenes Verfahren, da derzeit noch wenige Erkenntnisse über den Untersuchungsgegenstand vorliegen. Mit der angestrebten empirischen Untersuchung soll ein tieferes Verständnis für die Ausgestaltung des Lerntransfermanagements bei den befragten Unternehmungen sowie insbesondere die Begründungen für und gegen den Einsatz eines Lerntransfermanagements generiert werden. Dabei steht insbesondere die Erfassung der heterogenen Ausprägungen des Umgangs mit der Thematik des Lerntransfermanagements im Vordergrund.

---

[322] Objektivität beinhaltet die Stabilität des Messinstruments, welche unabhängig von der Situation, der Erhebung sowie der Person, welche die Erhebung durchführt, sein sollte. Unterschiedliche Interviewer sollten folglich beim gleichen Befragten und der gleichen Frageformulierung identische Antworten erzielen. Die Reliabilität respektive Reproduzierbarkeit ist gegeben, wenn wiederholt eine Messung mit dem gleichen Instrument ein gleiches Ergebnis aufweist. Validität umfasst die inhaltlich sachlogische Gültigkeit und stellt eine Beziehung zwischen dem theoretischen Konstrukt und der empirisch vorgenommenen Messung her. Quantitativ-standardisierte Verfahren fokussieren eher eine deduktive Vorgehensweise. Vgl. zu weiteren Ausführungen Scholl (2015) S. 24 f.

[323] Quantitativ-standardisierte Verfahren fokussieren eher eine deduktive Vorgehensweise.

Aus den Ausführungen des Forschungsrahmens wird ersichtlich, dass kein einheitlich vorliegendes Konzept existiert, welches die Versiertheit respektive Ausgereiftheit des Umgangs mit der Thematik des Lerntransfermanagements und die Umsetzung eines Lerntransfermanagements umfasst. Es handelt sich in erster Linie um die Schilderung einzelner Maßnahmen zur Lerntransferunterstützung sowie die Betonung der Wichtigkeit der Unterstützung des Lerntransfers. Hinsichtlich der Gründe für oder gegen die Einführung und die Umsetzung eines Lerntransfermanagements lassen sich Aussagen lediglich aus allgemeinen Theorien oder Plausibilitätsüberlegungen als Vermutungen ableiten.

Um auf Basis dieses in der Literatur schlecht durchdrungenen Forschungsfeldes, eine dennoch fundierte Datenbasis inklusive der Erfassung heterogener Vorgehensweisen zu generieren, wird die vorliegende empirische Untersuchung **zweistufig**[324] aufgebaut. In der **ersten Stufe** sollen im Rahmen einer großzahligen Untersuchung Erkenntnisse über den Umgang mit der Thematik ‚Lerntransfer‘ generiert werden. Hier steht insbesondere die Beschreibung von vorliegenden lerntransferunterstützenden Maßnahmen und Zusammenhängen zu unterschiedlichen Weiterbildungsveranstaltungen sowie beteiligten Personen im Vordergrund. Das Erfassen von Begründungen für und gegen den Einsatz eines Lerntransfermanagements wird im Rahmen dieser ersten Stufe ebenfalls angerissen. Die erste Untersuchung leistet dann einen Überblick über die Bandbreite des Umgangs mit der Thematik des Lerntransfermanagements. Da die Erfassung der Heterogenität im Vordergrund steht, werden die Unternehmungen der ersten Befragungsreihe in Gruppen zusammengefasst, welche definiert sind durch die vorliegende Ausgereiftheit des Lerntransfermanagements.

Aufbauend auf diese Gruppenbildung kann die **zweite Stufe** der Untersuchung ansetzen. Durch die Auswahl von zu untersuchenden Unternehmungen aus den zuvor gebildeten Gruppen ist gewährleistet, dass eine hohe Variation, von einer wenig vorliegenden Ausgereiftheit des Umgangs mit der Thematik des Lerntransfermanagements bis hin zu einem

[324] Die Kombination unterschiedlicher Methoden innerhalb einer empirischen Untersuchung kann als Triangulation bezeichnet werden. Diese Vorgehensweise kann Untersuchungsergebnisse konkretisieren und die empirische Absicherung von Ergebnissen vergrößern. Im Rahmen dessen sind laut Gläser/Laudel Vorstudien anzuführen als begrenzte empirische Untersuchungen, die für die eigentliche Untersuchung notwendiges Wissen über den Untersuchungsgegenstand beschaffen. Vgl. Gläser/Laudel (2010) S. 105 ff., anders beispielsweise Hussy/Schreier/Echterhoff (2010) sowie Flick (2015a) S. 309 ff. Diese Autoren verdeutlichen die ursprüngliche Perspektive der Triangulation, welche davon ausgeht, dass über einen Forschungsgegenstand durch den Einsatz zweier verschiedener Methoden vergleichbare Ergebnisse gewonnen werden können. Diese Ansicht kommt im Rahmen dieser Arbeit nicht zum Tragen.

sehr versierten Umsetzen der Thematik, erfasst wird. Durch den Einsatz einer kleinzahlig angelegten Erhebungsmethode im Rahmen der zweiten Stufe der Erhebung sollen Erklärungen für und gegen den Einsatz eines Lerntransfermanagements erhoben werden und somit ein vertieftes Verständnis der Thematik des Lerntransfermanagements generiert werden.

4.1.2 Auswahl der Untersuchungsmethoden

Empirische **Methoden** haben die nachvollziehbare Ermittlung und Erhebung von Daten zum Ziel, beispielsweise durch Befragung, Beobachtung, Inhaltsanalyse oder Soziometrie.[325] Die **Befragung** gehört zu den sozialwissenschaftlichen Methoden und bezieht sich im sozialwissenschaftlichen Kontext auf die Ermittlung von Fakten, Wissen, Meinungen, Einstellungen oder Bewertungen.[326] Sie bedient sich als empirische Methode der Sammlung und Systematisierung von Erfahrungen über die soziale Realität. Die Kommunikation dient dabei als Grundlage für die Gewinnung von Informationen über das Forschungsobjekt.[327]

Die Durchführungsform einer Befragung kann schriftlich und in diesem Kontext auch internetgestützt oder online, mündlich/persönlich (face to face) oder telefonisch erfolgen.[328] Bei einer **schriftlichen Befragung** wird durch das Verschicken von Fragebögen organisatorisch, zeitlich und finanziell ein deutlich geringerer Aufwand als bei anderen Befragungsformen generiert. Weiterhin können Zielpersonen durch Fragebögen zeitlich simultan erreicht werden, und der einzelne Befragte ist zeitlich flexibel im Rahmen der Beantwortung der Fragen und kann das Tempo seines Antwortprozesses selbst bestimmen.[329]

Eine Form der schriftlichen Befragung ist die **Online-Befragung**, welche computergestützt abläuft. Im Rahmen dessen kann ein Fragebogen per E-Mail an die Befragten versendet werden oder direkt im World Wide Web[330] ausgefüllt werden. Durch die Online-Befragung

[325] Strauss (1989) S. 118.
[326] Vgl. Schnell/Hill/Esser (2013) S. 314.
[327] Vgl. Scholl (2015) S. 20 ff.
[328] Vgl. Scholl (2015) S. 29, Schnell/Hill/Esser (2013) S. 314.
[329] Vgl. Scholl (2015) S. 43 ff. Vgl. zu kritischen Aspekten schriftlicher Befragungen Scholl (2015) S. 45 ff.
[330] In diesem Fall ist der mit einer Befragungssoftware erstellte Fragebogen auf einem Webserver hinterlegt, sodass der Befragte die Internetadresse aufrufen kann und seine eingegebenen Antworten ebenfalls auf dem Webserver gespeichert und mit der Befragungssoftware zu Auswertungszwecken heruntergeladen

reduziert sich der Aufwand für den Forscher insbesondere bei großzahligen Untersuchungen, da die Durchführung der Befragung sowie die Datenerfassung automatisiert ablaufen. Die Komplexität des Befragungsablaufs kann für den Befragten durch sogenannte Filterfragen wesentlich reduziert werden. Weiterhin können Online-Befragungen zu einer tendenziell höheren Offenheit seitens der Befragten führen und die soziale Erwünschtheit, womit verzerrten Antworten einhergehen, durch den höheren Grad der subjektiv empfundenen Anonymität, reduzieren.[331]

Eine Befragung kann weiterhin persönlich in Form eines **Interviews** durchgeführt werden. Interviews sind zu unterscheiden hinsichtlich des **Ausmaßes der Regulation**, beispielsweise bei einer ganz offenen Befragung, wo der Interviewte nur das Thema und wenige Fragen vorgelegt bekommt, über leitfadengestützte Befragungen, in dessen Rahmen Fragen vorformuliert aber die Antworten der Befragten offen bleiben, hin zu standardisierten Befragungen, in dessen Rahmen sowohl Fragen als auch Antwortmöglichkeiten vorab vom Interviewer festgelegt werden.[332]

Das sogenannte **Leitfadeninterview** läuft zu einem großen Teil strukturiert ab.[333] Basis für das Gespräch ist ein generierter Interviewleitfaden, der sowohl die zu behandelnden Themen als auch damit verbundene Aspekte und Vorschläge für Frageformulierungen beinhaltet. Der Leitfaden kann je nach Befragungsthema sowohl im Umfang als auch im Standardisierungsgrad variieren. So hat der Interviewer die Möglichkeit, die Fragenreihenfolge innerhalb des Interviews an die Gesprächssituationen anzupassen, um den Gesprächsablauf zu fördern. Der generierte Interviewleitfaden fungiert sowohl als Gedächtnisstütze für den Interviewer als auch zur Gesprächsstrukturierung und Vergleichbarkeit zwischen den verschiedenen Interviews.[334] Der persönliche Kontakt zwischen Interviewer und Befragten im Rahmen des Leitfadeninterviews kann sich positiv auf unmotivierte befragte Personen auswirken. Der Aufbau eines möglichen Vertrauensverhältnisses reduziert wiederum die Abbruchwahrscheinlichkeit. Der Interviewer hat die Funktion, bei unverständlichen Fragen

werden können.

[331] Vgl. Scholl (2015) S. 43 ff., S. 53 f. Vgl. zu kritischen Aspekten der Online-Befragung Scholl (2015) S. 58.

[332] Vgl. Scholl (2015) S. 61.

[333] Vgl. Scholl (2015) S. 61.

[334] Vgl. ebenfalls Gläser/Laudel (2010) S. 42 f., S. 111 ff.

Hilfestellung zu geben sowie zur Vervollständigung der Antworten des Befragten in geeigneter Weise im Rahmen des Interviews nachzuhaken.[335]

Ein Leitfadeninterview kann ebenfalls fernmündlich durch ein **telefonisches Interview** erfolgen. Auch dieses basiert auf einer persönlichen Beziehung zwischen einem Interviewer und dem Befragten. Im Rahmen dessen ist die Befragungsform geographisch unabhängig, was zu reduzierten Kosten und reduziertem Aufwand für Interviewer und auch den Befragten führt sowie die Datenerhebungsphase verkürzen kann. Die Wahrscheinlichkeit, dass ein Befragter nicht offen antwortet, ist durch den Ausschluss Dritter ebenfalls gewährleistet.

Ein leitfadengestütztes Interview kann mit sogenannten Experten durchgeführt werden, wenn die Untersuchung das Ziel hat, bereichsspezifische und objektbezogene Aussagen zu generieren. Ein **Experte** ist definiert durch seine Position sowie seine Funktion innerhalb einer Organisation und die damit verbundene Verantwortlichkeit für bestimmte Aufgaben sowie seine privilegierten Zugänge zu bestimmten Informationen. Auf diesen sogenannten Wissensvorsprung zielt ein Experteninterview ab.[336] Dabei kann der Experte selbst die Zielgruppe sein, wenn er Aussagen zu seinem eigenen Handlungsfeld innerhalb seiner Organisation macht. Weiterhin kann er in seinem Expertenstatus auch Aussagen über andere Zielgruppen sowie die damit verbundenen organisationalen Strukturen geben. Um Validität im Rahmen eines Experteninterviews sicherzustellen, sollte der Experte zum Sachverhalt Auskunft geben können und wollen. Dies beinhaltet, dass er keine Informationen geheim hält sowie keine irrelevanten Interna im Rahmen des Interviews einfließen lässt und sein Expertenwissen verständlich für den Interviewer erläutert. Weiterhin sollte der Experte die Interviewsituation nicht für eine strategische Selbstdarstellung des eigenen Wissens missbrauchen.[337] Der Experte ist folglich Interviewpartner für zu rekonstruierende soziale Prozesse und wird vom Interviewer nach Informationen über diese Prozesse befragt. Experteninterviews werden in der Regel zweckmäßigerweise in Form von leitfadengestützten Inter-

[335] Vgl. Scholl (2015) S. 38 f. Vgl. zu den Nachteilen der persönlichen Interviews Scholl (2015) S. 38 f.

[336] Vgl. Meuser/Nagel (2009) S. 37 ff. Das Experteninterview ist eines der am häufigsten eingesetzten Verfahren im Rahmen der empirischen Sozialforschung sowie im Kontext der Methodologie der qualitativen Sozialforschung zu verorten. Vgl. hierzu Meuser/Nagel (2009) S. 35 ff. sowie Mayring (2015) S. 33. Vgl. zu weiteren Ausführungen Bogner/Littig/Menz (2014) sowie Kruse (2014) S. 168 ff.

[337] Vgl. Scholl (2015) S. 68 f.

views geführt, um gegenüber dem Experten unterschiedliche Themen behandeln zu können.[338]

Die erste Stufe der Untersuchung hat einen **Vorstufencharakter**, um weitere Erkenntnisse über das Forschungsobjekt zu generieren, auf dessen Basis die zweite Stufe der Untersuchung konzipiert werden kann. Folglich eignet sich als großzahlige Methode die **Online-Befragung**, um eine große Anzahl von unterschiedlichen Vorgehensweisen des Umgangs mit der Thematik des Lerntransfers zu erfassen und diese anschließend gruppieren zu können. Durch den Einsatz von Filterfragen im Rahmen dieser Methode ist eine gruppenspezifische Anpassung des Fragenverlaufs möglich. Mithilfe dieser Methode kann ein Überblick über die Vorgehensweisen der Unternehmungen mit dem Lerntransfermanagement generiert werden, worauf aufbauend die zweite Stufe der Erhebung ein vertiefendes Verständnis mit zusammenhängenden Erklärungen generieren kann. Dieses kann idealerweise über **leitfadengestützte Interviews** erfolgen. Durch den persönlichen Kontakt von Interviewer und Befragten ist zu erwarten, dass differenzierte Aussagen zum Umgang mit der Thematik des Lerntransfers getroffen werden und auch Aussagen, insbesondere zu schwierigen Themenbereichen wie beispielsweise dem Nichteinsatz von lerntransferunterstützenden Maßnahmen und deren Begründung generiert werden können. Weiterhin ist für ein vertieftes Verständnis der Thematik eine detaillierte Beschreibung der Vorgehensweisen möglich, wie es nur in einer nicht vollständig strukturierten Interviewsituation der Fall sein kann. Ebenfalls kann das Nachfragen des Interviewers in der Interviewsituation zu einem vertiefenden Verständnis über das Erkenntnisobjekt beitragen.

Durchgeführt werden sowohl die Online-Befragung als auch die leitfadengestützten Interviews mit **Experten aus den Unternehmungsbereichen Personal und Personalentwicklung**, um die privilegierten Zugänge zum Wissen über die Thematik des Lerntransfermanagements zu nutzen sowie die unternehmungsinternen Vorgehensweisen im Rahmen der Lerntransferunterstützung zu erfassen. Von den Experten ist zu erwarten, dass sie sowohl über ihren Bereich als auch über angrenzende Unternehmungsbereiche verlässliche und inhaltlich umfassende Aussagen generieren können. Diese Annahme kann insbesondere bei dem Erfragen von Begründungen für und gegen den Einsatz eines Lerntransfermanagements zum Tragen kommen.

[338] Vgl. Gläser/Laudel (2010) S. 105.

4.1.3 Auswahl der Untersuchungseinheiten

Im Rahmen der Durchführung einer empirischen Studie bedarf es der Präzisierung des sogenannten Objektbereiches sowie einer geeigneten Art der Auswahl zu untersuchender Objekte, um im Rahmen des Forschungsvorhabens eingrenzen zu können, für welche Menge von Objekten die erforschten Aussagen gültig sind.[339] Insgesamt stellen **Stichprobenuntersuchungen** im Rahmen der empirischen Sozialforschung den Regelfall dar,[340] wobei nur eine Teilmenge der Grundgesamtheit respektive des Objektbereiches untersucht wird. Dabei grenzt das Untersuchungsziel die Grundgesamtheit wesentlich ein und ab. Bei der qualitativen Forschung leistet häufig die vollständige Untersuchung der Grundgesamtheit keine neuen qualitativen Erkenntnisse und ist darüber hinaus aus zeit- und kostentechnischen Gründen vielfach nicht durchführbar.[341]

Die Auswahl der zu untersuchenden Elemente[342] der Grundgesamtheit kann durch einen Zufallsprozess[343] oder im Rahmen der nicht-zufallsgesteuerten Auswahlverfahren durch eine bewusste Auswahl erfolgen. Die ‚**bewusste Auswahl**'[344] erfolgt auf Basis angebbarer und intersubjektiv nachvollziehbarer Kriterien. Dieses Verfahren kommt in der Regel im Rahmen von nichtstandardisierten Befragungen oder nicht eindeutig definierbaren Grundgesamtheiten zum Einsatz, da keine quantitative Auswertung angestrebt wird.[345] Wenn im Rahmen des Forschungsvorhabens die Elemente der Grundgesamtheit zu ‚Klumpen' oder synonym verwendet ‚Clustern' zusammengefasst werden und auf dieser Basis eine Zufallsstrichprobe gezogen wird, wird dieses Vorgehen als ‚**Klumpenstichprobe**' bezeichnet. Somit bezieht sich die Datenerhebung auf die jeweiligen Elemente der vorhandenen Cluster. Der Einsatz einer Klumpenstichprobe leistet gegenüber der einfachen Zufallsstichprobe differenziertere Aussagen über die Elemente der Cluster, wenn sich die Elemente der Cluster ähnlich sind, aber die Cluster sich insgesamt stark voneinander unterscheiden.[346]

---

339 Vgl. Schnell/Hill/Esser (2013) S. 255 ff.
340 Vgl. Schnell/Hill/Esser (2013) S. 257 ff.
341 Vgl. Kaplitza (1975) S. 136 ff.
342 „Als „Element" (oder Untersuchungseinheit) bezeichnet man ein Objekt, an dem Messungen vorgenommen werden können." Schnell/Hill/Esser (2013) S. 261.
343 Vgl. hierzu Kromrey (2009) S. 276 ff.
344 Diese kann auch als ‚gezielte Auswahl' oder ‚Auswahl nach Gutdünken' bezeichnet werden.
345 Vgl. Kromrey (2009) S. 265 ff. sowie Schnell/Hill/Esser (2013) S. 290 ff.
346 Vgl. Schnell/Hill/Esser (2013) S. 270 ff., ebenso Scholl (2015) S. 36, Kaplitza (1975) S. 151 ff.

Entschieden werden muss weiterhin über die **Größe der Stichprobe** respektive die Anzahl Personen, die im Rahmen der Stichprobe befragt werden sollen. Diese kann durch den Forscher eingegrenzt werden, wenn es Ziel der Untersuchung ist, eine angestrebte Variation zu erreichen. Weiterhin sind forschungspraktische Gründe zu nennen, welche die Stichprobe eingrenzen. Der Aufwand im Rahmen einer Erhebung sowie die Auswertung der erhobenen Daten steigt proportional mit der Anzahl der befragten Personen innerhalb der Stichprobe. Damit eine Untersuchung in der zur Verfügung stehenden relevanten Zeit erfolgreich abgeschlossen werden kann, wird die Zahl der Personen ebenfalls durch zeitspezifische Aspekte bestimmt.[347] Ein notwendiger **Grad der empirischen Absicherung** kann im Rahmen der qualitativen Vorgehensweise nicht eindeutig bestimmt werden. Hier existieren keine eindeutigen methodologischen Regeln, dennoch können empirische Ergebnisse deutlich besser abgesichert werden, je höher die Anzahl der befragten Personen zum gleichen Sachverhalt ist. Mit der Häufigkeit der Beschreibung von Ergebnissen wächst auch die Sicherheit der Rekonstruktion, wenngleich aus beobachteten Häufigkeiten im Rahmen dieser forschungsspezifischen Vorgehensweise keine direkten inhaltlichen Schlussfolgerungen gezogen werden können; lediglich Tendenzaussagen sind möglich.[348]

Die **Grundgesamtheit** für die erste Stufe der Erhebung, welche als Online-Befragung durchgeführt wird, lässt sich folglich durch Unternehmungen beschreiben, die ein irgendwie geartetes Lerntransfermanagement einsetzen. Dieses kann auf einen sehr hohen oder auch auf einem sehr niedrigen Niveau ausgeprägt sein. Ebenfalls können Unternehmungen mit einbezogen werden, welche kein Lerntransfermanagement einsetzen, um Erkenntnisse über den Nichteinsatz zu gewinnen. Diese Merkmale tragen wenig zu einer eindeutigen Eingrenzung der Grundgesamtheit bei, basieren aber auf den wenigen Erkenntnissen, die in diesem Forschungsfeld bislang vorliegen. Folglich ist die Grundgesamtheit nicht eindeutig definiert.

Um dennoch eine Kriterien geleitete Auswahl zu untersuchender Elemente zu treffen, wird der folgende, auf empirischen Studien basierende Sachverhalt zur Argumentation herangezogen: Grundsätzlich ist davon auszugehen, dass die **Weiterbildungsaktivität einer Unternehmung positiv mit dessen Unternehmungsgröße respektive der Anzahl beschäf-**

347 Vgl. Gläser/Laudel (2010) S. 100 f.
348 Vgl. Gläser/Laudel (2010) S. 104 f.

tigter Mitarbeiter korreliert ist.[349] Auch die Verankerung der Weiterbildung im Rahmen einer strategischen Personalentwicklung und -planung mit einer systematischen Erfassung des zukünftigen Weiterbildungsbedarfs sowie der Ableitung von konkreten Qualifizierungsmaßnahmen findet eher bei mittleren und großen Unternehmungen statt.[350] Weiterhin sind laut einer Studie die Branchen der Banken und Versicherungen als weiterbildungsaktiv zu bezeichnen und weisen ebenfalls häufig strategische Elemente der Personalentwicklung auf.[351]

Auf Basis von Plausibilitätsüberlegungen wird geschlussfolgert, dass **Unternehmungen, die ein Lerntransfermanagement anwenden** oder sich in irgendeiner Art und Weise mit der Thematik des Lerntransfermanagements beschäftigen, die **Grundvoraussetzung der Weiterbildungsaktivität besitzen** müssen. Es kann davon ausgegangen werden, dass Unternehmungen, die nur sehr wenig oder keine Weiterbildungsaktivitäten betreiben, auch keine inhaltlichen Aussagen zum Umgang mit der Thematik des Lerntransfermanagements leisten können. Weiterhin kann als Argument angeführt werden, dass im Rahmen der Arbeit die innerbetriebliche Weiterbildung betrachtet wird, welche außerhalb des Arbeitsplatzes stattfindet und Einzelmaßnahmen für Anpassung und Erweiterungsqualifizierung beinhaltet. Es ist anzunehmen, dass Unternehmungen eine gewisse Größe aufweisen müssen, um Kapazitäten für die Durchführung einer innerbetrieblichen Weiterbildung aufweisen zu können. Entscheidend ist folglich eine große Unternehmungsgröße, gemessen an der **Mitarbeiteranzahl**, welche als Kriterium die Stichprobe im Rahmen einer bewussten Auswahl für die Online-Befragung eingrenzt.

Weiterhin steht im Vordergrund der empirischen Erhebung, eine **Bandbreite und Variabilität an Ausprägungen** des Lerntransfermanagements der zu befragenden Unterneh-

[349] Vgl. Seyda/Werner (2014) S. 3: Demnach nimmt die Weiterbildungsbeteiligung mit der Unternehmungsgröße zu, weiterbildungsaktiv sind alle befragten Unternehmungen mit 250 und mehr Mitarbeitern; Unternehmungen mit bis zu 49 Mitarbeitern beteiligen sich nur zu 85,6% an Weiterbildungsaktivitäten. Siehe auch Lenske/Werner (2009) S. 3: Demnach bilden laut IW Weiterbildungserhebung 2008 96,1% der Unternehmungen mit mehr als 250 Beschäftigten ihre Mitarbeiter weiter (eigene Lehrveranstaltungen haben 96,1% der Unternehmungen), Unternehmungen mit weniger als 49 Mitarbeitern hingegen nur 83,4% (eigene Lehrveranstaltungen haben hier nur 69,7%). Siehe ebenso Autorengruppe Bildungsberichterstattung (2010) S. 304 ff. Demnach liegt der Anteil weiterbildungsaktiver Unternehmungen mit mehr als 250 Beschäftigten bei 78%, bei Unternehmungen mit 10-49 Mitarbeitern bilden nur 50% ihre Mitarbeiter weiter. Vgl. ebenfalls Olesch (2008) S. 70, welcher kleinen Unternehmungen wenig Aktivität im Rahmen der Bildungsarbeit zurechnet.

[350] Vgl. Seyda/Werner (2014) S. 12.

[351] Kienbaum (2008) S. 10 ff.

mungen zu erfassen. Dies bedeutet einerseits, dass weitere Eingrenzungsmerkmale für die Stichprobe, wie beispielsweise eine regionale oder branchenspezifische Eingrenzung, nicht zielführend wären und andererseits, dass die Online-Befragung eine gewisse Anzahl an befragten Personen aufweisen muss, um verschiedene Fälle zu vergleichen, die in wichtigen Merkmalen variieren und Kausalmechanismen identifizieren zu können.

Für die Online-Befragung wird deshalb ein Befragungsumfang von **175 Unternehmungen** als angemessen erachtet, um adäquate Aussagen für die Untersuchung generieren zu können. Diese setzen sich zusammen aus 143 Unternehmungen, welche die größten deutschen Unternehmungen, gemessen an der Mitarbeiterzahl, abbilden[352] und weiteren 32 Unternehmungen mit einer entsprechenden Mitarbeiteranzahl, die größer als 250 ist und die entsprechend weiterbildungsaktiv sind. Als **Zielpersonen** werden für die Online-Befragung Personalverantwortliche und Personalentwickler als Experten definiert, die im täglichen Arbeitsablauf mit der Thematik der Weiterbildung und/oder mit dem Lerntransfermanagement vertraut sind. Im Rahmen dessen kommen auch der Personalvorstand und Personalleiter für die Befragung in Betracht.[353]

Die Grundgesamtheit für die **zweite Stufe der Erhebung**, im Rahmen dessen die leitfadengestützten Experteninterviews durchgeführt werden, ist eindeutig definiert durch alle erfolgreich teilnehmenden Unternehmungen der Online-Befragung. Da es Ziel, insbesondere der zweiten Stufe der Erhebung ist, eine Variabilität an Begründungen für und gegen den Einsatz eines Lerntransfermanagements zu erfassen, werden die Unternehmungen der ersten Stufe der Erhebung auf Basis der generierten Aussagen in Cluster zusammengefasst.

Diese **Cluster** reichen von Unternehmungen, die kein Lerntransfermanagement aufweisen bis hin zu Unternehmungen, die sehr versiert ein Lerntransfermanagement in der Unternehmung umsetzen. Dieses bietet sich an, da im Rahmen der qualitativen Interviews diffe-

---

[352] Diese wurden der Hoppenstedt-Datenbank entnommen. Sie bildet eine Rangliste deutscher Unternehmungen, sortiert anhand der Mitarbeiteranzahl. Insgesamt beinhaltet die Hoppenstedt-Datenbank 850.000 Unternehmungsprofile.

[353] Die Hoppenstedt-Datenbank liefert lediglich personifizierte Daten für die erste oder zweite Managementebene aus dem Bereich ‚Personal‘ und dies auch nicht bei allen 143 Unternehmungen. Deshalb wurden die verantwortlichen Ansprechpartner einzeln online und telefonisch recherchiert, um eine personifizierte und zielpersonenadäquate Ansprache durchführen zu können. Im Rahmen dieser Recherchearbeiten konnte auch sichergestellt werden, dass alle Ansprechpartner und Adressen auf dem aktuellen Stand sind.

renziertere Fragen gestellt und Aussagen generiert werden können zu der jeweiligen Ausprägungsformen des Lerntransfermanagements, um diese detailliert beschreiben zu können. Weiterhin kann somit individuell auf die Unternehmungssituation im Rahmen der Interviewführung eingegangen werden.

Die zu befragenden Unternehmungen werden innerhalb der Cluster **per Zufall ausgewählt**. Weiterhin sollen nach dem **Satuierungsprinzip**[354] so viele Unternehmungen innerhalb eines Clusters interviewt werden, bis sich keine neuen Daten ergeben. Diese Erweiterung der Stichprobe, auf Basis des erreichten Erkenntnisstandes, ist eine etablierte Vorgehensweise im Rahmen qualitativer Untersuchungen[355] und ist weiterhin mit dem Ziel der Erfassung einer Variabilität an Begründungen für und gegen den Einsatz eines Lerntransfermanagements zu begründen.

4.1.4 Konzeption der Befragungsinhalte

4.1.4.1 Online-Expertenbefragung

Im Rahmen der Konzeption der Befragungsinhalte wird ein **theoriegeleitetes Vorgehen**[356] angewendet. Dieses beinhaltet die Ableitung der Fragen sowohl der Online-Befragung als auch des Interviewleitfadens aus dem Erkenntnisziel sowie der theoretischen Vorüberlegungen, welche im Forschungsrahmen zusammengetragen wurden.

Zu unterscheiden sind einerseits die aus dem Untersuchungsziel abgeleiteten Untersuchungsfragen, welche mit der Untersuchung selbst, deren Durchführung, Auswertung und Interpretation beantwortet werden sollen. Andererseits sind hiervon die Fragen abzugrenzen, die innerhalb der Befragung verwendet werden respektive von dem Interviewer konkret an den Befragten gerichtet werden. Diese müssen auf den Befragten inhaltlich und sprachlich abgestimmt werden, welches eine Anpassung der Inhalte an den jeweiligen Experten erfordert. Dazu ist eine Übersetzung theoretischer Konzepte in das empirische Instrument erforderlich. Dieses kann als **Operationalisierung** bezeichnet werden.[357]

---

[354] Vgl. Helfferich (2011), S. 174 f., Bertaux (1981) S. 37 f., Rosenthal (2005) S. 87.
[355] Vgl. Merkens (2015) S. 292.
[356] Vgl. hierzu Gläser/Laudel (2010) S. 115 f.
[357] Vgl. Scholl (2015) S. 144.

Hinsichtlich der Frageformulierung sind **offene Fragen**, welche durch eine exakte Übernahme der frei formulierten Antworten der Befragten gekennzeichnet sind, von standardisierten respektive **geschlossenen Fragen**, die Antwortvorgaben beinhalten, in die der Befragte seine Antwort selbst einordnet, zu unterscheiden.[358] Die Auswahl von geschlossenen und offenen Fragen wird durch den Forschungsgegenstand bestimmt. Offene Frageformulierungen müssen insbesondere bei Forschungsgegenständen gewählt werden, über die der Forscher wenig weiß, da in diesem Fall nicht alle Antwortkategorien und -inhalte bekannt sind.[359] Der Inhalt jeder einzelnen formulierten Frage sollte für das Forschungsziel relevant sein, um überflüssige Fragen zu vermeiden. Weiterhin ist auf eine präzise Formulierung und konsistente Abfolge der Fragen zu achten.[360]

Im Rahmen der Online-Expertenbefragung soll erhoben werden, welche unterschiedlichen Ausprägungen, hinsichtlich der Ausgereiftheit des Lerntransfermanagements, bei den zu befragenden Unternehmungen vorliegen, um diese anschließend in Gruppen für die Experteninterviews zusammenfassen zu können. Es wird die Annahme getroffen, dass innerhalb der zu befragenden Unternehmungen unterschiedlich ausgereifte Konzepte des Lerntransfermanagements wie auch Einzelmaßnahmen zur Lerntransferunterstützung existieren; denn ein allgemeingültiges Konzept zur Einstufung eines Managements in unterschiedliche Entwicklungsstufen oder Ausprägungen hinsichtlich der Ausgereiftheit liegt in der Literatur nicht vor.[361] Innerhalb der Online-Befragung wird sich zum Zweck der Gruppierung weit gefasster Kategorien, im Folgenden auch als Stufen bezeichnet, bedient. Das Lerntransfermanagement befindet sich folglich – bildlich dargestellt – auf einem Kontinuum von wenig bis stark ausgereift. Vergleiche hierzu Abb. 11.

Grundsätzlich kann aus Plausibilitätsgründen geschlussfolgert werden, dass Unternehmungen, die sich nicht mit der Thematik des Lerntransfers beschäftigen und folglich der Stufe 0 zuzuordnen sind und auch keine der folgenden Stufen 1 bis 4 bedienen, kein Lerntransfermanagement aufweisen.

---

[358] Vgl. Scholl (2015) S. 160 f.

[359] Vgl. Holm (1975) S. 54 ff., Gläser/Laudel (2010) S. 120 ff., von Kirschhofer-Bozenhardt (1975) S. 98 ff., vgl. zur Konstruktion von Interviewleitfäden auch Kruse (2014) S. 213 ff.

[360] Vgl. Scholl (2015) S. 152 ff.

[361] Weiterhin ist in der Literatur auch in anderen Themenbereichen kein derartiges Stufenkonzept vorzufinden, welches auf die Thematik des Lerntransfers gut übertragbar ist. Folglich wurde auf Plausibilitätsüberlegungen zurückgegriffen.

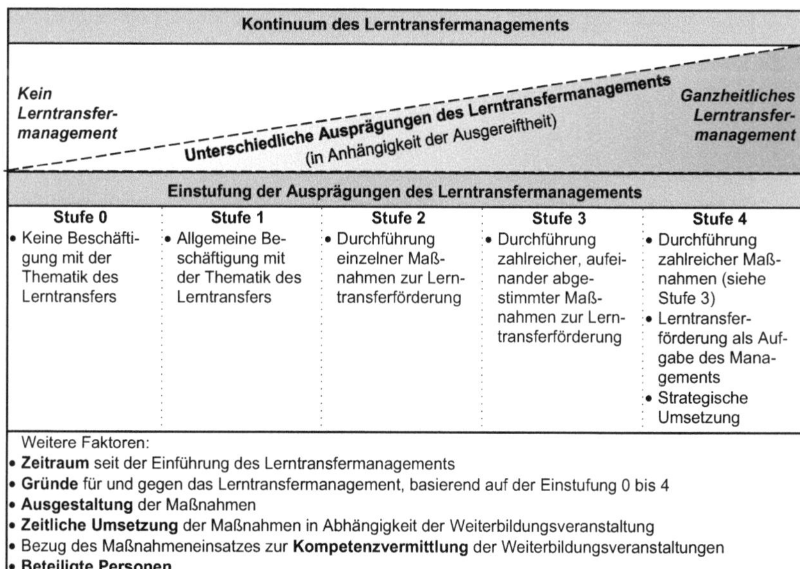

Abb. 11: Zusammenhang des Kontinuums des Lerntransfermanagements zur Einstufung der Ausprägung des Lerntransfermanagements und der damit verbundenen Lerntransfermanagementaktivitäten im Rahmen der Konzeption der Online-Befragung.

Innerhalb der Stufen 1 bis 3 finden sich dann unterschiedliche Ausprägungen hinsichtlich des Lerntransfermanagements wieder. Eine Zuordnung zur ersten Stufe bedeutet, dass bei den Unternehmungen eine allgemeine Beschäftigung mit der Thematik des Lerntransfermanagements vorliegt. Ab einer Zuordnung zu der zweiten definierten Stufe werden von den Unternehmungen einzelne Maßnahmen zur Lerntransferunterstützung ihrer Mitarbeiter benannt. Diese sind, innerhalb einer Zuordnung zur dritten Stufe, zahlreich in der Unternehmung vorhanden und aufeinander abgestimmt. Die darauf aufbauende vierte Stufe beinhaltet ebenfalls die Durchführung zahlreicher, aufeinander abgestimmter Maßnahmen zur Lerntransferunterstützung und zudem eine strategische Ausgestaltung des Lerntransfermanagements. Dieses wird als Aufgabe des Managements definiert. Der rechte Teil des Kontinuums der Abb. 11 ist mit dem sogenannten ‚ganzheitlichen Lerntransfermanagement' belegt. Mit diesem Terminus soll das Optimum des Lerntransfermanagements bezeichnet werden. Es bleibt die Frage bestehen, ob die definierte Stufe 4 ein ganzheitliches Lerntransfermanagement beschreibt oder ob die Ausgereiftheit sowie die Ausgestaltung des Lerntransfermanagements im sogenannten Optimum von den Unternehmungen anders beschrieben und durchgeführt werden. Folglich gilt es, innerhalb der zweiten Stufe der empirischen Erhebung der Arbeit – im Rahmen der Durchführung der qualitativen Interviews –, Ergebnisse zu den Begriffsinhalten des ganzheitlichen Lerntransfermanagements zu erzielen. Die erläuterte Gruppenzuordnung der befragten Unternehmungen wird ergänzt um weitere inhaltliche Fragen, welche sowohl Abb. 11 als auch der nachfolgenden inhaltlichen Beschreibung des Fragebogens zu entnehmen sind.

Der Aufbau des Online-Fragebogens gestaltet sich wie folgt: Der **Online-Fragebogen**[362] startet im Rahmen der Einführung der Befragung mit einer kurzen Erläuterung des Dissertationsvorhabens. Weiterhin werden den Teilnehmern Angaben zur Dauer der Befragung mitgeteilt, der Dank ausgesprochen sowie ihre Anonymität zugesichert. Im folgenden Abschnitt werden die Teilnehmer gebeten, Unternehmungsdaten zu der Anzahl der Beschäftigten sowie der Branche, in dem die Unternehmung tätig ist, anzugeben. Es wird darauf hingewiesen, dass sich die folgenden Fragen auf Weiterbildungsveranstaltung beziehen, die innerbetrieblich organisiert und gesteuert werden sowie außerhalb des Arbeitsplatzes der Mitarbeiter durchgeführt werden. Weiterhin wird der Terminus des Lerntransfers eingeführt, und die Teilnehmer werden gebeten, lerntransferhemmende Faktoren zu benennen.

Im folgenden Abschnitt wird der Status quo des Lerntransfermanagements der befragten Unternehmungen abgefragt, indem von den Teilnehmern eine Einstufung erfragt wird, bezüglich dessen Vorgehensweisen, Ausprägungen und Erfahrungen mit dem aktuellen Umgang der Thematik des Lerntransfermanagements. Basierend auf dieser Selbsteinschätzung der Ausgereiftheit des vorliegenden Lerntransfermanagements[363] werden anschließend Fragen gestellt, zu Gründen für den vorliegenden Umgang mit der Thematik ‚Lerntransfermanagement' sowie damit verbundenen Aktivitäten auf Basis der Selbsteinschätzung sowie der Dauer der Zugehörigkeit der genannten Einstufung. Weiterhin werden ebenfalls Gründe für die Nichtdurchführung weiterer Lerntransfermanagementaktivitäten erfragt. Im folgenden Abschnitt der Online-Befragung werden die Teilnehmer, die angegeben haben, lerntransferunterstützende Maßnahmen durchzuführen, gebeten anzugeben, in welchem zeitlichen Zusammenhang diese Maßnahmen zu der Weiterbildungsveranstaltung stehen sowie bei der Vermittlung welcher Kompetenzarten diese eingesetzt werden. Weiterhin wird die Ausgestaltung der Maßnahmen erfragt. Im letzten inhaltlichen Abschnitt der Online-Befragung wird erfragt, welche Mitarbeiter(-gruppen) an der Konzeption der Lern-

[362] Vgl. hierzu Anhang A.1.1.
[363] Siehe hierzu die im vorherigen Abschnitt erläuterte Stufenzuordnung.

transferförderung und der Umsetzung damit verbundener Maßnahmen beteiligt sind und wie stark diese Beteiligung ausgeprägt ist. Die Befragung endet mit einem Dank an die Teilnehmer sowie einer Zusicherung der anonymen Auswertung und vertraulichen Behandlung der Daten.

Der Entwurf eines Fragebogens oder eines Interviewleitfadens ist zu Beginn der Erhebungsphase immer einer praktischen Erprobung im Rahmen eines **Pretests** zu unterziehen, um mögliche Schwächen sowohl des Ablaufs als auch der Fragenformulierung zu erkennen. Anschließend sollten die Erkenntnisse in die Korrektur des Fragebogens respektive des Interviewleitfadens einfließen, um diesen klar, verständlich und übersichtlich zu gestalten.[364]

Der Online-Fragebogen wurde im Oktober 2013, vorab der Durchführung der empirischen Erhebung, einem ausführlichen Pretest unterzogen. Zuerst wurde er von Experten aus dem Forschungsfeld ‚Personal' auf Verständlichkeit, Inkonsistenzen und mögliche Probleme hin untersucht. Auf Basis dessen fanden an verschiedenen Stellen Umformulierungen statt, und an einer Stelle wurde eine Frage hinzugefügt. Darauf aufbauend wurde der überarbeitete Fragebogen an zwei Unternehmungen aus den Branchen Baugewerbe und Energieversorgung versendet. Diese Testgruppe des Fragebogens nahm Stellung bezüglich der Dauer der Befragung, möglicher Inkonsistenzen und Verständlichkeitsprobleme sowie dem Aufbau und der Formulierung der einzelnen Fragen. Hieraus konnte abgeleitet werden, dass die geschätzte benötigte Zeit zur Beantwortung der Fragen, welche den Teilnehmern eingangs der Befragung genannt wird, als realistisch einzustufen ist.[365] Weiterhin konnte der Aufbau des Fragebogens so beibehalten werden. An einer Stelle fand eine Umformulierung der Frage statt, indem die Schilderung einer Beispielsituation eingefügt wurde.

4.1.4.2 Leitfadengestützte Experteninterviews

Die innerhalb eines Interviewleitfadens generierten Fragen können in Schlüsselfragen, welche von zentraler Bedeutung sind, und Eventualfragen, welche einen ergänzenden Charakter haben, unterschieden werden.[366] Dabei können Fragen direkt oder indirekt formuliert

[364] Vgl. v. Kischhofer-Bozenhardt/Kaplitza (1975) S. 126.
[365] Vgl. zur Interviewdauer auch Lamnek/Krell (2016) S. 335.
[366] Vgl. zu weiteren Ausführungen auch Scholl (2015) S. 69 ff.

sein, sodass Sachverhalte sowohl direkt abgefragt als auch indirekt, beispielsweise durch eine Frage nach der Auffassung anderer Personen, ermittelt werden können. Es bedarf eines Interviewers, der sowohl Experte für das Fachthema ist als auch sich in zwischenmenschlicher Interaktion auskennt, um einfühlsam, offen – aber auch kritisch – Nachfragen stellen zu können.[367] Eine kompetente Informationsgrundlage und Präsentation des Interviewers ist, insbesondere im Rahmen der Befragung von **Experten**, unerlässlich, damit diese bereit sind, ihr Wissen offenzulegen.[368] Die Basis dafür leisten in dieser Arbeit die Inhalte und Erkenntnisse des Forschungsrahmens.

Durch eine gezielte Fragenformulierung kann der Interviewer deutlich machen, dass er beim **Experten** auf die Generierung von **überpersönlichen, institutionenbezogenen Wissen** abzielt. Der Interviewer sollte die offizielle, institutionalisierte Wirklichkeit von der Handlung des Experten, im Spannungsfeld seiner Wahrnehmung institutioneller Vorgaben und eigener Regelinterpretation, unterscheiden und gezielte Nachfragen in das Interview einbinden. Die mit dem Interview angestrebte zu erhebende **Rekonstruktion der Entscheidungs- bzw. Verfahrenslogik**, welche durch die Forschungsfragen dieser Arbeit angestrebt wird, wird unterstützt durch die Verwendung von Fragen nach vollzogenen Entscheidungen oder stattgefundenen Prozessen. Weiterhin können Nachfragen des Interviewers Berichte über konkrete Ereignisse oder Erzählungen generieren, woraus sich allgemeine Verhaltensmuster ableiten lassen.[369]

Der auf den vorangegangenen theoretischen Schilderungen zu den Gestaltungsmöglichkeiten von Fragen und Fragenkombinationen sowie den Erkenntnissen des Forschungsrahmens und insbesondere den im Abschnitt 3.4 hergeleiteten Einsatzbedingungen des Lerntransfermanagements basierende Interviewleitfaden[370] wird im Folgenden inhaltlich näher erläutert. Tab. 7 gibt einen Überblick über den Aufbau und die Leitfragen des Interviewleitfadens sowie deren Herkunft und Ableitung aus den im Forschungsrahmen geschilderten theoretischen Ansätzen und Plausibilitätsüberlegungen.

---

[367] Vgl. Scholl (2015) S. 70 f.
[368] Vgl. Meuser/Nagel (2009) S. 52.
[369] Vgl. Meuser/Nagel (2009) S. 54.
[370] Vgl. hierzu Anhang A.2.1.

Der Beginn des **Interviewleitfadens** beinhaltet eine Einführung, im Rahmen dessen die Teilnehmer begrüßt werden, Dank ausgesprochen wird sowie ein kurzer Überblick über den Projektstand der Dissertation und Hinweise für den Interviewaufbau und für das Verständnis der innerbetrieblichen Weiterbildung gegeben werden. Des Weiteren wird die Definition des Lerntransfers für die interviewten Personen eingeführt. Der zweite Teil des Interviewleitfadens beinhaltet allgemeine Fragen zu dem übergeordneten Themenbereich ‚Weiterbildung'. An dieser Stelle wird nach der Anzahl der zu betreuenden Mitarbeiter sowie nach dem Aufbau und der Funktion der Weiterbildungsabteilung gefragt.

Der eigentliche Hauptteil des Interviewleitfadens beginnt mit den im dritten Abschnitt folgenden, aufbauenden Fragen zu dem Ergebnis der bereits durchgeführten Online-Befragung. In diesem Teil steht unter anderem eine Maßnahmenbeschreibung im Vordergrund. Es wird Bezug genommen auf die unternehmerische Entscheidung, lerntransferunterstützende Maßnahmen einzuführen sowie auf die angegebene Dauer des Einsatzes von lerntransferunterstützenden Maßnahmen. Weiterhin werden eine genauere Beschreibung der Maßnahmen und Zusammenhänge sowie die zeitliche Durchführung, an den Maßnahmen beteiligte und verantwortliche Personen und der Einbezug der unterschiedlichen Kompetenzarten im Kontext des Maßnahmeneinsatzes erfragt.

Im Folgenden vierten Fragenkomplex beziehen sich die formulierten Fragen im Wesentlichen auf Begründungen für und gegen den Einsatz eines Lerntransfermanagements. Den Einstieg leistet die Frage, warum ein oder auch kein aktives Lerntransfermanagements eingesetzt wird.[371] Des Weiteren werden Probleme erfragt, die eine Lerntransferunterstützung unmöglich machen, sowie der Umgang damit im Rahmen einer Situationsschilderung erfragt. Es schließt die direkte Frage an, wann kein Einsatz eines Lerntransfermanagements erfolgt.

---

[371] Mit den nachfolgend beschriebenen Fragen wird innerhalb der durchgeführten Interviews unter anderem der Frage nachgegangen, ob und auf welche Art und Weise Unternehmungen sich ‚unbewusst' mit der Thematik des Lerntransfers auseinandersetzen bzw. Maßnahmen einsetzen, die indirekt den Lerntransfer der innerbetrieblichen Weiterbildung unterstützen, diese aber nicht explizit der Lerntransferunterstützung zurechnen. Dieses dient dem Zweck der möglichst ganzheitlichen Erfassung der unterschiedlichen, vorliegenden Ausprägungen des Lerntransfermanagements in Abhängigkeit von deren Ausgereiftheit.

Tab. 7: Visualisierung der Herleitung der Interviewleitfragen.

INTERVIEWLEITFRAGEN

Einführung

Allgemeine Fragen zur Weiterbildung

- Anzahl zu betreuende Mitarbeiter im Rahmen der Weiterbildung
- Aufbau/Funktion der Weiterbildungsabteilung

Aufbauende Fragen zu den Ergebnissen der Online-Befragung: Maßnahmenbeschreibung (►OB◄)

Sie haben im Online-Fragebogen die **Gesamteinstufung** … (seit …) angegeben.

- Wie und warum kam es zu der Entscheidung, **lerntransferunterstützende Maßnahmen** einzuführen?
- Warum keine Änderung der Vorgehensweise unter Bezugnahme der **Dauer seit Einführung**?

Sie haben in der ersten Befragung folgende **Maßnahmen** zur Lerntransferunterstützung angegeben: (►F◄)

- **Beschreibung** der Maßnahmen/Zusammenhänge
- Beschreibung der **zeitlichen** Durchführung
- Beschreibung der beteiligten/verantwortlichen **Personen** (►2◄)
- Einbezug von **Fach-/Methoden-/Sozialkompetenzen**

Fragen nach Begründungen für und gegen den Einsatz eines Lerntransfermanagements

- **Warum** betreiben Sie **(k)ein aktives Lerntransfermanagement?** (►F◄)
- Hatten Sie schon mal **Probleme, sodass kein Lerntransfer geleistet** worden ist? **Umgang** damit? Situationsschilderung? (►F◄)
- **Wann** erfolgt **kein Einsatz** lerntransferunterstützender Maßnahmen? (►F◄)
- Gab es **Auslöser** für Einführung/Einsatz eines Lerntransfermanagements (►12◄)? Wie wird Lerntransfermanagement **über die Zeit entwickelt/ausgebaut** (►12◄) (►OB◄)? (►10◄)
- Besteht ein Zusammenhang mit Ihrer/m **Unternehmenskultur/Leitbild** (Vision oder Mission)? (►1◄) (►OB◄)
- Welche Rolle spielen **Führungskräfte** sowie deren Führungsstil (►3◄)? (►2◄) (►11◄) (►OB◄) (►P◄)
- Welche Rollen spielen **Kollegen** (►4◄) und das **Arbeitsumfeld** (►4◄) (►5◄) (►6◄) der weitergebildeten Personen? (►OB◄)
- Inwieweit versuchen Sie mit **Anreizen** (►7◄) (►9◄) **und Zielen** (►8◄)einen Lerntransfer aktiv zu unterstützen?
- Was für ein **Stellenwert** wird in Ihrem Unternehmen der Weiterbildung/der Lerntransferunterstützung beigemessen? (►1◄) (►11◄) (►OB◄)
- Welche Rollen spielen **Arbeitsbelastung** (►P◄) (Wettbewerb) oder **politische Prozesse** (►1◄) (►12◄) als Einflussfaktoren für die Umsetzung/Einführung eines Lerntransfermanagements?
- Wie hängt die **Zertifizierung** mit dem Lerntransfermanagement zusammen (►P◄)?
- Wird Lerntransfermanagement **evaluiert** (►F◄)?
- Transfer ist **schwer zu unterstützen. Warum?**

Fragen zum Managementbezug der Lerntransferunterstützungsaktivitäten

Theoretisch können im Rahmen des Lerntransfermanagements zwei Komponenten unterschieden werden: **funktional** die Managementaktivitäten (Information, Planung, Organisation, Personal, Kontrolle), die aktiv im Rahmen des Lerntransfermanagements umgesetzt werden und **institutionell** die verantwortlichen Instanzen/Personen, die für Konzeption, Umsetzung und Evaluation des Lerntransfermanagements zuständig sind.

- **Unterscheiden** Sie diese Komponenten in Ihrem Unternehmen und wenn ja, wie genau und warum bzw. warum nicht? (►F◄)

Schlussfragen

- Wie sehen Sie Ihre **zukünftige Entwicklung** des Lerntransfermanagements in zum Beispiel fünf Jahren?
- Was ist wichtig, was ein Unternehmen aufweisen muss, um den Lerntransfer zu unterstützen? Wünsche? **Idealzustand**?

Dank für die Interviewteilnahme

Legende der Herleitung:

(►1◄)	*Systemtheorie*	(►P◄)	*Plausibilitätsüberlegungen*
(►2◄)	*Barnards Funktionen von Führungskräften*	(►F◄)	*Ableitungen aus weiteren Erkenntnissen des Forschungsrahmens*
(►3◄)	*Situationstheoretische Ansätze*		
(►4◄)	*Interaktionstheorie*	(►OB◄)	*Ableitung aus Erkenntnissen der Online-Befragung*
(►5◄)	*Strukturationstheorie*		
(►6◄)	*Hawthorne-Experimente*		
(►7◄)	*Anreiz-Beitrags-Theorie*		
(►8◄)	*Zielsetzungstheorie*		
(►9◄)	*Agenturkostentheorie*		
(►10◄)	*Neoinstitutionalistischer Ansatz*		
(►11◄)	*Ressourcenbasierter Ansatz*		
(►12◄)	*Pfadabhängigkeitstheorie*		

Die anschließenden Fragen beziehen sich im Wesentlichen auf Einflussfaktoren der Lerntransferunterstützung. Diese umfassen Fragen nach auslösenden Ereignissen, Unternehmungskultur, Führungskräften und vorliegenden Führungsstilen, Kollegen, dem Arbeitsumfeld, Anreizen und Zielen, dem Stellenwert der Lerntransferunterstützung, der vorliegenden Arbeitsbelastung sowie nach politischen Prozessen, dem Zertifizierungsprozess sowie vorgesehenen Evaluationsmaßnahmen, da davon ausgegangen werden kann, dass alle diese Bereiche Auswirkungen auf ein Lerntransfermanagements haben können. Dieser Abschnitt wird abgeschlossen mit der Frage, warum Lerntransfer schwer zu unterstützen ist.

Der fünfte Abschnitt des Interviewleitfadens bezieht sich auf die vorliegenden Managementaktivitäten und deren Bezug zur Lerntransferunterstützung. Vorab werden im Rahmen des Lerntransfermanagements zwei Komponenten, welche sich auf funktionale und institutionelle Managementaktivitäten beziehen, erläutert. Anschließend wird nach der Unterscheidung dieser Komponenten bei den befragten Experten im Rahmen des Lerntransfermanagements gefragt. Den letzten Teil des Interviewleitfadens bilden die Schlussfragen. Diese beziehen sich auf zukünftig einzuschätzende Entwicklungen des Lerntransfermanagements sowie auf die Schilderungen eines möglichen Idealzustands der Lerntransferunterstützung.

Ein **Pretest**[372] des beschriebenen Interviewleitfadens wurde im Januar 2014 mit einer Unternehmung aus dem Baugewerbe sowie einer weiteren Unternehmung aus der Branche der Energieversorgung durchgeführt. Ansprechpartner waren hier jeweils Gesamtverantwortliche aus dem Bereich Personalentwicklung. Auf Basis der Auswertung dieser zwei durchgeführten Interviews wurden an zwei Stellen Fragen des Interviewleitfadens konkretisiert sowie die Verwendung von passenden Termini an zwei Stellen verbessert. Weiterhin ging aus dem Pretest hervor, dass die Länge des Interviewleitfadens zur eingeschätzten Dauer des Interviews von einer Stunde passt. Auch der Verzicht von Tonbandaufnahmen und der stattdessen direkten inhaltlichen Protokollierung sowohl während als auch im Anschluss an das durchgeführte Interview leistet aus Sicht der Pretests eine gute Datenbasis, um im Rahmen der folgenden Experteninterviews auf Tonbandaufnahmen zu verzichten.

[372] Zu den Funktionen sowie den Informationen, die ein Pretest leiten kann vgl. die Ausführungen von Scholl (2015) S. 203 ff.

4.2 DURCHFÜHRUNG DER UNTERSUCHUNG

4.2.1 Online-Expertenbefragung

Am 29.10.2013 wurden von der Verfasserin der Arbeit im Namen des Instituts für Unternehmungsführung an der Universität Bielefeld e. V. insgesamt **143 große deutsche Unternehmungen** angeschrieben mit der Bitte um Teilnahme an der kurzen Online-Befragung.[373] Das Anschreiben wurde postalisch und persönlich unterschrieben sowie personalisiert zu Händen des entsprechend vorab recherchierten Personalverantwortlichen respektive des Weiterbildungsverantwortlichen gesendet. Weiterhin wurden der Forschungsanlass sowie der unternehmerische Nutzen für eine Teilnahme dargestellt. Dem Schreiben lag ein Antwortschreiben mit der Bitte um Rücksendung bis zum 29.11.2013 bei, worin die Teilnahme bejaht oder abgelehnt werden konnte, sowie eine personalisierte E-Mail-Adresse vom genannten oder auch eines abweichenden Ansprechpartners angegeben werden konnte. Auf Basis der erhaltenen E-Mail-Adressen wurde dann der Link zur Online-Befragung, ebenfalls personalisiert, versendet. Auf Basis dieser 143 Anschreiben gaben 16 Unternehmungen eine Zusage zur Teilnahme sowie sechs eine Absage. Davon führten sechs Unternehmungen eine Teilnahme durch und beantworteten die Online-Befragung bis zum Ende.

In den Zeitraum vom 22.11.2013 bis 16.12.2013 wurden von der Verfasserin der Arbeit die Ansprechpartner der verbleibenden **121 Unternehmungen telefonisch kontaktiert**. Im Rahmen dessen gelang es, in 34 Fällen mit den direkt verantwortlichen Personen ins Gespräch zu kommen und diese erneut zu bitten, an der Befragung teilzunehmen oder herauszustellen, dass eine Teilnahme an der Befragung nicht erfolgt. Am 27.11.2013 wurde an insgesamt **87 verbleibende Unternehmungen** ein personalisiertes, postalisch versendetes **Erinnerungsschreiben** versendet.[374] Um dieses individuell zu gestalten und damit die Rücklaufquote zu erhöhen, wurde es vom Institutsinhaber sowohl persönlich unterschrieben als auch die entsprechende Anrede des Ansprechpartners von diesem handschriftlich ergänzt. Daraus ergaben sich am 11.12.2013 insgesamt 26 Zusagen und 16 erfolgreiche Teilnahmen an der Online-Befragung.

373 Vgl. zum Anschreiben Anhang A.1.2.
374 Vgl. zum Erinnerungsschreiben Anhang A.1.3.

Am 12.12.2013 wurden deshalb weitere **32 Unternehmungen**[375], ausgewählt durch persönliche Kontakte des Institutsinhabers, auf welche die Kriterien als befragte Unternehmungen zutrafen, angeschrieben mit der Bitte um Teilnahme an der kurzen Online-Befragung.[376] Das Anschreiben wurde ebenfalls postalisch, personalisiert zu Händen des entsprechend vorab recherchierten Personalverantwortlichen respektive des Weiterbildungsverantwortlichen sowie persönlich unterschrieben und die Anrede handschriftlich vom Institutsinhaber eingetragen, versendet. In Summe wurden somit **insgesamt 175 Unternehmungen** gebeten, an der Online-Befragung teilzunehmen.

Bis zum 18.12.2013 erfolgten 45 Zusagen von Unternehmungen, wovon 24 erfolgreich an der Online-Befragung teilnahmen. Bis zum 08.01.2014 konnten insgesamt, bei 67 Zusagen, 48 erfolgreiche Teilnahmen an der Online-Befragung verzeichnet werden.[377] Am 08.01.2014 wurde erneut an zehn Unternehmungen eine Erinnerung per E-Mail versendet, da diese Unternehmungen zwar der Teilnahme an der Online-Befragung schriftlich zugestimmt hatten, die Teilnahme aber dennoch nicht erfolgte.[378] Schlussendlich konnten bis zum 03.02.2014 **insgesamt 60** von insgesamt 175 angeschriebenen Unternehmungen verzeichnet werden, **welche an der Online-Befragung teilnahmen**. Dies entspricht einer Rücklaufquote von 34,3%. Die teilnehmenden Unternehmungen sind laut Angabe der Unternehmungen zu einem hohen Anteil der Erbringung von Finanz- und Versicherungsdienstleistungen sowie dem verarbeitenden Gewerbe zuzuordnen. Weiterhin ergibt sich eine hohe Heterogenität der teilnehmenden Unternehmungen durch 17 Nennungen der Branche ‚Sonstige' sowie weitere 25 Nennungen von zwölf unterschiedlichen Branchen.[379]

[375] Von den 32 Unternehmungen sind 14 Unternehmungen der Versicherungsbranche zuzuordnen sowie 18 Unternehmungen diversen anderen Branchen. Diese Vorgehensweise erscheint gerechtfertigt, da wie bereits eingangs geschildert, insbesondere im Versicherungsbereich die Ausgaben für Personalentwicklung relativ hoch im Vergleich zu anderen Branchen sind. Damit steigt auch die grundsätzliche Einsatzmöglichkeit einer Lerntransferunterstützung im Kontext der Personalentwicklung.

[376] Vgl. zum Anschreiben der Unternehmungen Anhang A.1.4.

[377] Diese vielfachen zusätzlichen Teilnahmen, insbesondere Anfang des Jahres, sind sowohl auf die ursprünglich 143 angeschrieben Unternehmung als auch auf die 32 zusätzlichen Unternehmungen zurückzuführen, die durch persönliche Kontakte der Stichprobe hinzugefügt wurden. Eine relevante Änderung der Stichprobenverteilung durch das Hinzunehmen der 32 Unternehmungen ergab sich hierdurch folglich nicht.

[378] Des Weiteren wurde auf Wunsch von zwei weiteren Unternehmungen der Fragebogen für diese auf Englisch übersetzt und zur Verfügung gestellt, eine Teilnahme erfolgte aber dennoch leider nicht.

[379] Vergleiche hierzu Tab. 8. Für die durchgeführte Untersuchung wurde, wie bereits eingangs erläutert, eine Branchenspezifität nicht angestrebt, um eine Heterogenität der inhaltlichen Aussagen zum Lerntransfermanagement und damit für die Erfassung von unterschiedlichen Gründen für und gegen den Einsatz eines Lerntransfermanagements, insbesondere im Rahmen der leitfadengestützten Interviews, zu erreichen, da dieses Forschungsfeld noch wenig erforscht ist und in der Literatur bislang kaum Gründe vorliegen. Dennoch ist ein hoher Anteil von Unternehmungen zu verzeichnen, die der Branche der Erbringung von Fi-

Tab. 8: Branchenzuordnung der 60 teilnehmenden Unternehmungen der Online-Befragung (Mehrfachnennungen waren möglich).

Branchenzuordnung (Selbsteinschätzung der befragten Unternehmungen)	**Anzahl Nennungen**
Sonstige	17
Erbringung von Finanz- und Versicherungsdienstleistungen	15
Verarbeitendes Gewerbe	11
Energieversorgung	3
Erbringung von sonstigen Dienstleistungen	3
Handel, Instandsetzung und Reparatur von Kraftfahrzeugen	3
Öffentliche Verwaltung, Verteidigung, Sozialversicherung	3
Baugewerbe	2
Erbringung von freiberuflichen, wissenschaftlichen und technischen Dienstleistungen	2
Erbringung von sonstigen wirtschaftlichen Dienstleistungen	2
Gesundheits- und Sozialwesen	2
Bergbau und Gewinnung von Steinen und Erden	1
Information und Kommunikation	1
Kunst, Unterhaltung und Erholung	1
Verkehr und Lagerei	1

Hinsichtlich der Mitarbeiteranzahl handelt es sich, wie mit der empirischen Studie beabsichtigt, um Unternehmungen mit einer großen Mitarbeiteranzahl von in der Regel mehr als 10.000 Mitarbeitern.[380] Die Teilnahme von 20 Unternehmungen, welche nach eigenen Angaben weniger als 5.000 Mitarbeiter beschäftigen, ist unter anderem damit zu erklären, dass die Organisationsstruktur der Unternehmungen teilweise als Konzernstruktur vorliegt. Dieser sind unterschiedliche, kleinere, eigenständige Tochtergesellschaften (mit weniger als 5.000 Mitarbeitern) zuzuordnen.

Tab. 9: Mitarbeiteranzahl der teilnehmenden 60 Unternehmungen der Online-Befragung.

Mitarbeiteranzahl (Selbsteinschätzung der befragten Unternehmungen)	**Anzahl Unternehmungen**
Mehr als 500.000	2
200.000 - 500.000	1
100.000 - 200.000	1
50.000 - 100.000	11
20.000 - 50.000	12
10.000 - 20.000	11
5.000 - 10.000	2
1.000 - 5.000	14
unter - 1.000	6

nanz- und Versicherungsdienstleistungen zuzuordnen sind. Dieses ist bedingt durch die Auswahl der Unternehmungsgröße der 175 eingangs angeschriebenen Unternehmungen und für die empirische Studie als positiv zu bewerten, da, wie eingangs empirisch belegt, die Branche der Finanz-und Versicherungsdienstleistung im Verhältnis zu anderen Branchen hohe Ausgaben und viele Aktivitäten im Bereich der Weiterbildung aufweisen. Vgl. hierzu Statistisches Bundesamt (2016) S. 11 f.

380 Vergleiche hierzu Tab. 9.

4.2.2 Leitfadengestützte Experteninterviews

Die leitfadengestützten Experteninterviews wurden in dem Zeitraum vom 10.01.2014 bis 06.06.2014 mit insgesamt **22 Unternehmungen** durchgeführt. Die Interviews wurden persönlich in den jeweiligen zur Verfügung gestellten Räumlichkeiten der Unternehmungen geführt.[381] Anwesend waren die Verfasserin der Arbeit in der Funktion der Interviewerin sowie die Befragten in der Funktion der Experten für die jeweilige Unternehmung. Nach Rücksprache mit den Experten wurde auf die Aufzeichnung der Interviews per Tonband verzichtet, um eine vielzahlige Teilnahme auch von Experten des höheren Managements sowie ein offenes Antwortverhalten, insbesondere bei Fragen zu den Begründungen des Nichteinsatzes des Lerntransfermanagements, zu gewährleisten.[382]

Die befragten Experten teilen sich wie folgt auf: Sieben Experten obliegt die Leitung der Personalentwicklung im jeweiligen Haus, sechs Experten halten zudem die Verantwortung für den gesamten Bereich ‚Personal' inne. Weitere sechs sind der Personalentwicklung ohne Managementebene zuzuordnen. Des Weiteren wurde zweimal die Geschäftsführung direkt, welche mit dem Weiterbildungsbereich vertraut war, sowie ein Vorstandsmitglied aus dem entsprechenden Ressort befragt. Die Dauer der Interviews betrug ungefähr eine Stunde, wenngleich sich in vielen Fällen ein ungeplantes, längeres Anschlussgespräch über die Thematik an das Interview anschloss auf Grund von hohem Interesse der Interviewpartner an der Thematik.

---

[381] Drei der 22 durchgeführten Interviews wurden telefonisch auf Wunsch der Unternehmungen durchgeführt. Begründet wurde dies von Seiten der Interviewpartner mit Zeitrestriktionen sowie unvorhergesehener Aufenthaltsorte derselben. Die drei Interviewpartner sind im täglichen Arbeitsablauf mit Telefonkonferenzen und auch Videotelefonie vertraut, sodass eine Verzerrung der Ergebnisse in diesem Fall minimiert werden konnte. Weiterhin wurden diese drauf hingewiesen, die persönliche Interviewsituation möglichst real nachzustellen, sodas weitere Störungsquellen ausgeschlossen werden konnten.

[382] Die Antworten der Befragten innerhalb des Interviews können für die Auswertung direkt protokolliert oder auf Band aufgenommen werden. Für eine qualitative Auswertung ist es nicht zwingend erforderlich, Aufnahmen zu transkribieren, da die Informationen und Inhalte der Antworten im Vordergrund stehen. Es kommt weniger auf die Erzählweise und die Sprache an. Vgl. Scholl (2015) S. 71 f. Vgl. weiterhin Gläser/Laudel (2010) S. 157, welche die Argumente des Herstellens einer natürlichen Gesprächssituation sowie das Unterbinden der Tendenz der Generierung von sozial erwünschten Antworten im Rahmen des Verzichts auf Tonbandaufnahmen anführen. Da für die vorliegende empirische Untersuchung unter Bezugnahme der formulierten Zielstellung die Argumente der vielzahligen Expertenteilnahme sowie die Generierung eines offenen Antwortverhaltens, bedingt durch das Herstellen einer natürlichen Gesprächssituation, gewichtiger einzustufen sind als der Mehrwert eines detailliert angefertigten Transkripts im Rahmen der inhaltlichen Auswertung, wurden die geführten Antworten der Experten von der Interviewerin protokolliert und direkt im Anschluss an das Interview in ein umfassendes inhaltliches Gedächtnisprotokoll überführt. Vgl. zu den Zielen der Transkription von Gesprächen auch Kowal/O'Connell (2009) S. 438 sowie zu weiteren Problemen des Einsatzes von Transkripten Kowal/O'Donnell (2009) S. 443 ff.

Tab. 10 gibt einen Überblick über die Branchenzuordnung der 22 interviewten Experten. Diese verteilen sich auf unterschiedlichste Branchen. Eine Häufung ist sowohl im verarbeitenden Gewerbe als auch in der Erbringung von Finanz-und Versicherungsdienstleistungen zu verzeichnen. Die weiteren Branchen sind als sehr unterschiedlich einzuordnen. Dieses ist für das Erheben der Bandbreite an Begründung für den Einsatz eines Lerntransfermanagements als förderlich zu beurteilen.

Tab. 10: Branchenzuordnung der 22 teilnehmenden Unternehmungen der Experteninterviews.

Branchenzuordnung	Anzahl Unternehmungen
Verarbeitendes Gewerbe	6
Erbringung von Finanz- und Versicherungsdienstleistungen	5
Baugewerbe	2
Gesundheits- und Sozialwesen	2
Energieversorgung	1
Handel, Instandsetzung und Reparatur von Kraftfahrzeugen	1
Öffentliche Verwaltung, Verteidigung, Sozialversicherung	1
Erbringung von freiberuflichen, wissenschaftlichen und technischen Dienstleistungen	1
Sonstige	3

Die Verteilung der Mitarbeiteranzahl der 22 interviewten Unternehmungen ist der Tab. 11 zu entnehmen. Die Aussagen basieren auf der Selbsteinschätzung der Experten. Bei Unternehmungen, die sich in einer Konzernstruktur befinden, sind die Aussagen der Experten teilweise auf Konzern-Teilbereiche oder Verantwortungsbereiche zu beziehen, sodass die auf der Selbsteinschätzung basierende Mitarbeiteranzahl teilweise geringer ausfällt als die Mitarbeiteranzahl des gesamten Konzernes.

Tab. 11: Mitarbeiteranzahl der 22 teilnehmenden Unternehmungen der Experteninterviews.

Mitarbeiteranzahl Selbsteinschätzung der befragten Unternehmungen	**Anzahl Unternehmungen**
50.000 - 100.000	3
20.000 - 50.000	3
10.000 - 20.000	5
5.000 - 10.000	1
1.000 - 5.000	8
unter - 1.000	2

Hinsichtlich der Anzahl zu befragender Experten wurde, wie bereits beschrieben, nach dem **Satuierungsprinzip** vorgegangen, um eine Variabilität an in der Praxis vorliegenden Begründungen des Lerntransfermanagements zu erfassen. Die Vorgehensweise bezog sich dabei auf die eingangs erfolgte Stufenzuordnung der online-befragten Unternehmungen hinsichtlich der Selbsteinschätzung der Ausgereiftheit des Lerntransfermanagements.[383] So wurde versucht, innerhalb der Stufen 0 und 1 alle zwölf Unternehmungen für ein Interview zu gewinnen, um möglichst differenzierte Erkenntnisse über den Nichteinsatz des Lerntransfermanagements zu generieren. Eine äquivalente Vorgehensweise ergibt sich für die Unternehmungen, die durch die Online-Befragung der Stufe 4 zuzuordnen sind. Bei den Unternehmungen, die den Stufen 2 und 3 zuzuordnen sind, wurde das Satuierungsprinzip explizit angewendet und folglich so viele Unternehmungen befragt, bis sich aus den Interviewinhalten keine neuen Erkenntnisse mehr gewinnen ließen.

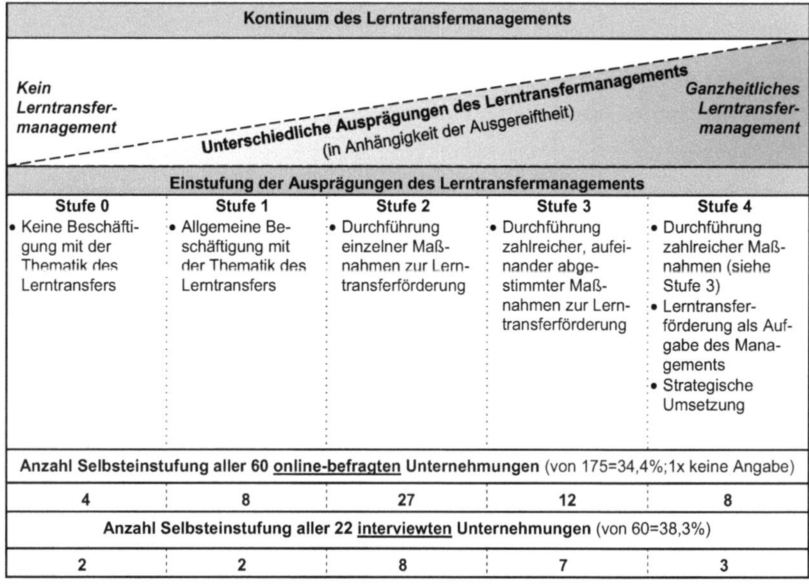

Abb. 12: Übersicht über interviewte Experten unter Bezugnahme der Ausgereiftheit des Lerntransfermanagements auf Basis deren Selbsteinschätzung.

Unter Bezugnahme zu den aus der Online-Befragung resultierenden Stufenzuordnungen der befragten Unternehmungen ergibt sich eine Befragung von zwei Unternehmungen, die angeben, sich nicht mit der Thematik des Lerntransfermanagements zu befassen, sowie von zwei weiteren Unternehmungen, die sich allgemein mit der Thematik beschäftigen. Von den 27 eingestuften Unternehmungen, welche einzelne Maßnahmen der Lerntransfer-

383 Vgl. hierzu Abb. 12.

förderung einsetzen, wurden acht interviewt. Weitere sieben Unternehmungen wurden befragt, welche eine höhere Ausgereiftheit hinsichtlich des Lerntransfermanagements aufweisen und laut ihrer Selbsteinschätzung innerhalb der Online-Befragung angaben, zahlreiche Maßnahmen der Lerntransferunterstützung einzusetzen, die ebenfalls aufeinander abgestimmt sind. Weitere drei Unternehmungen mit einer sehr hohen Ausgereiftheit des Lerntransfermanagements, die neben einem versierten Maßnahmeneinsatz das Lerntransfermanagement laut eigenen Angaben strategisch umsetzen und es als Aufgabe des Managements definieren, wurden befragt.[384]

4.3 AUSWERTUNGSMETHODIK UND UMSETZUNG

Die Vorgehensweise im Rahmen der Auswertung sollte sich sowohl an dem Ziel des Forschungsvorhabens als auch an der verwendeten Methodik orientieren.[385] Die Durchführung einer **qualitativen Inhaltsanalyse** eignet sich zur Entnahme von sozialen Sachverhalten aus vorhandenen Texten. Dieses betrifft Texte, die im Rahmen von rekonstruierenden Untersuchungen generiert werden und speziell die Auswertung von Experteninterviews.[386] Dabei bietet das Verfahren der qualitativen Inhaltsanalyse eine streng methodisch kontrollierte, schrittweise Analyse des vorliegenden Datenmaterials.[387] Durch die Analyse können Aussagen über Zusammenhänge und Entstehung der Inhalte, über Absichten des Befragten sowie über Wirkungen auf soziale Situationen und letztlich die umgebende soziale Wirklichkeit abgeleitet werden. Die explorative Aufgabe der qualitativen inhaltsanalytischen Auswertung besteht in der Bildung von Analysekategorien, welche formal eindeutig, vollständig und voneinander unabhängig definiert sein sollten, um alle generierten Inhalte respektive Texteinheiten innerhalb eines Kategorienschemas zu ordnen.[388] In diesem Kontext zielt die Technik der inhaltsanalytischen Zusammenfassung darauf ab, durch eine systematische Ableitung induktive Kategorien aus dem Material zu bilden.[389]

---

384 Vgl. zu den Ausführungen Abb. 12.

385 Vgl. Mayring/Brunner (2010) S. 323 sowie S. 328.

386 Vgl. Gläser/Laudel (2010) S. 46 f., S. 197 ff.

387 Vgl. Mayring (2002) S. 114 sowie Mayring (2000) Absatz 5. Es können in diesem Kontext drei inhaltsanalytische Techniken unterschieden werden: Die Zusammenfassung, welche im Folgenden näher ausgeführt wird, die Explikation, deren Analyseziel es ist, fragliche Textbestandteile durch das Hinzunehmen von zusätzlichem Material zu erklären und zu erweitern sowie die Strukturierung, welche auf eine Filterung bestimmter Aspekte des Materials auf Basis festgelegter Ordnungskriterien abzielt. Vgl. hierzu auch Mayring (2015) S. 65 ff. sowie Mayring (2002) S. 115 ff.

388 Vgl. Scholl (2015) S. 27.

389 Vgl. Mayring (2002) S. 115. Vgl. zu einer umfassenden Betrachtung der qualitativen Inhaltsanalyse nach Mayring und insbesondere der induktiven Kategorienbildung Steigleder (2008) S. 38 ff.

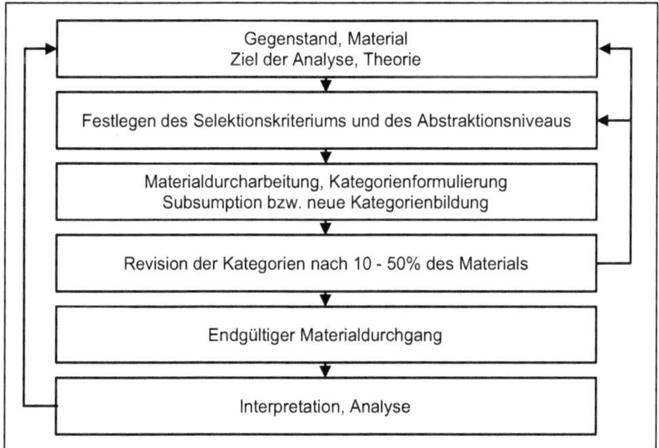

Abb. 13: Prozessmodell induktiver Kategorienbildung nach Mayring.[390]

Hinsichtlich des Ablaufs einer **inhaltsanalytischen Zusammenfassung** auf Basis der **induktiven Kategorienbildung** nach *Mayring* müssen in einem ersten Schritt das Ziel der Analyse sowie das zu analysierende Material festgelegt werden. Weiterhein erfolgt die theoriegeleitete Bestimmung des Themas der Kategorienbildung, welches als **Selektionskriterium** für die Kategorienbildung fungiert. Dieses ist als deduktives Element zu verstehen, da es auf den theoretischen Überlegungen zum Forschungsgegenstand basiert. Begründet werden sollte das Selektionskriterium mit den Ziel der anstehenden Analyse. Das Selektionskriterium bestimmt, welches Material als Ausgangspunkt für die Kategoriendefinition dient.[391] Überlegungen hinsichtlich des **Abstraktionsniveaus** dienen dazu festzulegen, wie konkret oder abstrakt die Kategorien gebildet werden sollen.

Im Anschluss daran wird das zu analysierende Material gesichtet und bei Vorliegen einer zur Kategoriendefinition passenden Textstelle für diese eine Kategorie konstruiert. Weitere passende, im Verlauf der Analyse identifizierte Textstellen können der gebildeten Kategorie zugeordnet werden (**Subsumtion**).[392] Ebenfalls können für nicht passende Textstellen induktiv neue Kategorien aus dem Material heraus gebildet werden. Wenn ein Teil des Materials zugeordnet worden ist und sich der Sachverhalt einstellt, dass sich so gut wie

[390] Quelle: Mayring (2015) S. 86, ähnlich Mayring (2002) S. 116 sowie Mayring (2000) Absatz 11. Vgl. zu weiteren Ausführungen Mayring/Brunner (2010) S. 329.
[391] Vgl. Mayring (2000) Absatz 12, Mayring (2015) S. 86 ff.
[392] Vgl. zur Subsumtion auch Reichertz (2015) S. 279.

keine neuen Kategorien mehr bilden lassen, kann das gesamte Kategoriensystem **überarbeitet** werden. Dieses erfolgt durch eine Prüfung von möglichen Kategorienüberschneidungen sowie des bestehenden Abstraktionsgrades unter Einbezug des Forschungsgegenstands sowie der Zielstellung der Untersuchung. Demnach entsteht ein Kategoriensystem, welchem spezifische Textstellen zugeordnet sind.[393]

Im Anschluss daran kann das gesamte Kategoriensystem unter Bezugnahme der Zielstellung sowie vorliegender Theorien **interpretiert** werden. Ebenfalls kann eine Auswertung der **Häufigkeiten** innerhalb einer bestehenden Kategorie Erkenntnisse liefern.[394] Vergleiche zum Prozessmodell induktiver Kategorienbildung Abb. 13.

In der Literatur werden neben der weit verbreiteten Beschreibung nach *Mayring* **weitere Vorgehensweisen** der qualitativen Inhaltsanalyse angeführt.[395] *Gläser/Laudel* grenzen ihre Vorgehensweise im Rahmen der qualitativen Inhaltsanalyse von der von *Mayring* ab, indem sie mittels eines deduktiv gebildeten Analyserasters den Text auf relevante Informationen durchsuchen und diese entsprechend ex ante gebildeten Analysekategorien zuordnen. Das gebildete Kategoriensystem ist dennoch als offen und veränderbar zu betrachten.[396] *Gläser/Laudel* orientieren sich bei ihrem beschriebenen Vorgehen der qualitativen Inhaltsanalyse stark an dem methodologischen Grundsatzprinzip der Offenheit. Dieses bedeutet, im Vergleich zu *Mayring*, im Rahmen der Kategorienerstellung, dass im Verlauf des Auswertungsprozesses keine grundsätzlichen Änderungen am Kategoriensystem vorgenommen werden sollen in Form von Streichungen. Existierende Kategorien sollen über eine Veränderung oder Ergänzung dem Kategoriensystem zugeführt werden. Dadurch soll sichergestellt werden, dass theoretische Vorüberlegungen nicht aus der Auswertung entfernt werden.[397]

Im Rahmen der explorativen Studie konnten im Vorfeld der empirischen Erhebung nur wenige Erkenntnisse über die Ausgestaltung und lediglich Vermutungen über den Einsatz und den Nichteinsatz des Lerntransfermanagements aus der Literatur gewonnen werden.

---

393 Vgl. Mayring (2002) S. 115 ff.
394 Vgl. Mayring (2002) S. 117 sowie Mayring (2015) S. 87.
395 Vgl. beispielsweise die Vorgehensweisen von Meuser/Nagel (2009) S. 56 sowie Scholl (2015) S. 72 f., Kuckartz (2016) S. 48 ff.
396 Vgl. Gläser/Laudel (2010) S. 46 f., S. 197 ff., Bogner/Littig/Menz (2014) S. 72 ff.
397 Vgl. Steigleder (2008) S. 53 f.

Demnach ist das Kategoriensystem vorab der Auswertung nicht eindeutig formulierbar.[398] Dieses rechtfertigt eine **Orientierung an der induktiven Vorgehensweise** nach *Mayring*, da es als durchaus zulässig erscheint, nicht zutreffende Arbeitshypothesen, die im Forschungsrahmen aufgestellt wurden, nicht direkt in eine Kategorie hinsichtlich der Strukturierung des vorliegenden Materials zu überführen. Im Vordergrund der Durchführung der Auswertung steht eine induktive Kategoriengenerierung aus dem vorliegenden empirischen Material, welches durch die theoretischen Vorüberlegungen gestützt und strukturiert werden soll. *Mayring* stellt eine Form der qualitativen Inhaltsanalyse vor, die sich differenziert der Verwendung einer induktiven Vorgehensweise bedient.[399] Diese bezieht ebenfalls theoretische Vorüberlegungen mit ein, da der Analyseschritt der Festlegung des Selektionskriteriums deduktiv erfolgt.[400] Diese Vorgehensweise ist für die Auswertung der durchgeführten Expertenbefragungen als zweckdienlich einzustufen.[401] Folglich werden die durchgeführten Experteninterviews auf Basis der Methode der inhaltsanalytischen Zusammenfassung mit Hilfe der induktiven Kategorienbildung nach *Mayring* ausgewertet.

Ebenso eignet sich die Verwendung der Methode für die Auswertung der Expertenantworten auf die offenen Fragen im Rahmen der **Online-Befragung**.[402] Die induktive Kategorienbildung wird folglich zur Analyse der Antworten auf die Fragen zu den Themenbereichen der Begründungen der Ausgestaltung (insbesondere hinsichtlich der Ausgereiftheit) und des Nichteinsatzes des Lerntransfermanagements eingesetzt. Da sich die vorliegenden Antworten textlich weniger umfassend als die der Experteninterviews darstellen, konnte die Auswertung unter Zuhilfenahme der Computersoftware ‚Microsoft Excel' erfolgen. Die Verwendung dieses Programms liegt nahe, da die mit der Befragungssoftware ‚Unipark' erstellten Datensätze der Online-Befragung in einen Excel-Datensatz überführt werden können und dieser Datensatz für die Auswertung der geschlossenen Fragen im Rahmen der Analyse der Häufigkeiten der Antworten verwendet wurde.

---

398 Vgl. Mayring/Brunner (2010) S. 357, welche in diesem Fall für eine induktive Kategorienbildung plädieren.

399 Die induktive Vorgehensweise wird im Rahmen der Ausführungen von Gläser/Laudel nicht in der Form differenziert. Vgl. Gläser/Laudel (2010) S. 197 ff.

400 Vgl. Mayring (2002) S. 116.

401 Nach Chmielewicz eignen sich Verfahren der Induktion zur Verwendung von Forschungen, die sich in einem Entdeckungszusammenhang befinden. Vgl. Chmielewicz (1979) S. 90.

402 Die durch die Antworten generierten Texte sind ähnlich die der Interviews und wie bereits oben beschrieben ist die Methode grundsätzlich für Expertenbefragungen im Rahmen der gewählten Studienart einsetzbar.

Die Auswertung der **Experteninterviews** auf Basis der qualitativen Inhaltsanalyse und induktiver Vorgehensweise nach *Mayring* wird unterstützt durch die Computersoftware ‚MaxQDA' für qualitative Datenanalyse. Mit Hilfe dieser Software können Textsequenzen eigens definierten Kategorien zugeordnet werden.[403] Gegenstand der Analyse sind die 22 angefertigten Interviewprotokolle, welche als Analysematerial fungieren. Das Ziel der Analyse orientiert sich an dem Ziel der Arbeit. Für die Analyse wird ein Selektionskriterium eingesetzt, welches sich an den Erkenntnissen des Forschungsrahmens anlehnt. Demnach werden vorab die folgenden Kategorien im Rahmen des Selektionskriteriums gebildet, nach denen das zu analysierende Material untersucht wird. Folglich wird das zu analysierende Material durchgegangen und untersucht, ob es Aussagen zu

- der Ausgestaltung des Lerntransfermanagements,
- Begründungen der Ausgestaltung des Lerntransfermanagements,
- Begründungen des Einsatzes des Lerntransfermanagements sowie zu
- Begründungen des Nichteinsatzes des Lerntransfermanagements leistet.

Insofern korrespondiert das Selektionskriterium mit dem Ziel der Analyse. Hinsichtlich des Abstraktionsniveaus wurde vorerst ein hoher Detaillierungsgrad der zu bildenden Kategorien zugelassen, um alle relevanten Aussagen exakt zuordnen zu können und nicht einer vorschnellen Verallgemeinerung im Rahmen der Kategorienbildung zu unterliegen.

In einem ersten Materialdurchgang wurden aus den inhaltlichen Interviewprotokollen insgesamt **706 Textsequenzen** extrahiert, welche mit dem Selektionskriterium identifiziert werden konnten. Aus diesen Textsequenzen konnten insgesamt **113 Kategorien** gebildet und die Sequenzen auf diese verteilt werden. Anschließend erfolgte eine Überarbeitung des Kategoriensystems durch teilweise Verfeinerung aber auch Verdichtung der gebildeten Kategorien des ersten Materialdurchgangs auf Basis erneuter Materialdurchgänge. Kategorienüberschneidungen wurden überprüft und der Abstraktionsgrad der Kategorienbenennung wurde vereinheitlicht. Somit entstand ein Kategoriensystem, welches anschließend einer Interpretation sowie einer Betrachtung von Häufigkeitsverteilungen unterzogen werden konnte. Dieses liefern die Ergebnisse des Abschnitts 5.3.

---

[403] Vgl. zur computergestützten Auswertung auch Mayring (2000) Absatz 18, Mayring (2015) S. 116 ff. sowie Bogner/Littig/Menz (2014) S. 83 ff.

An dieser Stelle ist anzumerken, dass sowohl die Formulierung des Erkenntnisziels sowie auch die Ableitung der Untersuchungsfragen und die damit einhergehende Konstruktion des Interviewleitfadens, die anschließende Durchführung der Online-Befragung sowie der Experteninterviews als auch die Interpretation der Forschungsdaten im Rahmen der Auswertung durch die Verfasserin der Arbeit stattfindet.[404] Einem möglichen Vorwurf der eingeschränkten Objektivität und Validität im Rahmen dieses Forschungsprozesses steht das Argument der Forschungspraktikabilität gegenüber. Eine absolute Objektivität wäre dann gewährleistet, wenn beispielsweise eine zweite unabhängige Person mit gleicher Wissensbasis im Rahmen der Interpretation der Daten zu den genau gleichen Erkenntnissen käme. Dieses umzusetzen und zu verifizieren ist aber aus praktischen und zeitlichen Gründen im Forschungsprozess unmöglich.

An dieser Stelle ist auf die wissenschaftstheoretische Diskussion um **Werturteile** in der empirischen Forschung zu verweisen.[405] Das Postulat der Werturteilsfreiheit wurde ursprünglich von *Max Weber* formuliert und impliziert, dass Forscher subjektiven Wertungen unterliegen, welche ihre Entscheidungen innerhalb des Forschungsprozesses nicht beeinflussen dürfen.[406] Diese Werturteile sind unvermeidbar im Entdeckungszusammenhang, welcher den Basisbereich einer Forschung darstellt, vorhanden. Aussagen, welche sich im Begründungs- oder Aussagenzusammenhang befinden, sollten werturteilsfrei hergeleitet werden.[407] Folglich sind Entscheidungen hinsichtlich methodischer Vorgehensweisen auf Basis bestehender Normen der empirischen Forschung oder unter Rückgriff auf bestätigtes empirisches Wissen zu begründen.[408] Aus praktikablen oder auch Existenz-Gründen ist es nicht immer möglich, für alle Entscheidungen eine methodologische oder empirische Informationsbasis zu schaffen. Sollte eine vollkommene Information über den Untersuchungsgegenstand vorliegen, würde sich die Forschung erübrigen. Daraus ist abzuleiten,

[404] Dies ist im Rahmen einer qualitativen Untersuchung als übliche Vorgehensweise einzustufen. Vgl. Kuß (2010) S. 118, Flick (2014) S. 29.

[405] Vgl. zur ausführlichen Betrachtung der Diskussion Albert/Topitsch (1971), Kastening (1978).

[406] Vgl. Weber (1904). Grundsätzlich ist davon auszugehen, dass jeder Forschungsprozess durch Werturteile beeinflusst wird, da beispielsweise im Rahmen der Erfassung der Realität eines Forschungsprozesses die Wahrnehmung des Forschers auch immer durch dessen Ziele beeinflusst wird. Ein Forschungsprozess soll dazu beitragen, über die vorliegende Realität zu informieren, diese beschreiben und erklären. Dieses erfolgt durch einen Forscher und dieser generiert Wertungen über das Forschungsobjekt aus seiner subjektiven Sicht, da wertende Aussagen nicht allein aus Tatsachenaussagen abgeleitet werden können. Zudem ist es unmöglich, im Rahmen des Forschungsprozesses die soziale Realität in ihrer Ganzheit zu untersuchen. Eine selektive Betrachtung, basierend auf einer bestimmten Perspektive, verbunden mit Entscheidungen, die im Forschungsprozess getroffen werden müssen, ist unvermeidbar. Vgl. hierzu Kromrey (2009) S. 74 f.

[407] Vgl. Albert (1993) S. 204.

[408] Vgl. Kromrey (2009) S. 75 f.

dass das Werturteilspostulat als orientierende Perspektive im Rahmen des vorliegenden Forschungsprozesses eingenommen wird, indem unvermeidbare Wertbezüge, wie beispielweise die oben genannten, offengelegt und gut begründet werden, um eine intersubjektive Nachvollziehbarkeit zu gewährleisten.[409]

[409] Vgl. Kromrey (2009) S. 77 f., Chmielewicz (1979) S. 209 ff.

5. EINSATZ UND AUSGESTALTUNG DES LERNTRANSFERMANAGEMENTS DER INNERBETRIEBLICHEN WEITERBILDUNG

5.1 VORBEMERKUNGEN

In den nachfolgenden Abschnitten werden zunächst die Ergebnisse der Online-Befragung dargestellt, um darauf basierend Implikationen für die leitfadengestützten Experteninterviews ableiten zu können. Die Aussagen der Online-Befragung bilden die Basis, um im Rahmen der Interviews differenzierte Begründungen für den Einsatz und den Nichteinsatz des Lerntransfermanagements erheben zu können. Folglich wird auf eine gesondert dargestellte Interpretation der Ergebnisse der Online-Befragung verzichtet, da dieses die theoretische Fundierung für die weitere Vorgehensweise bildet. Auf einzelne Aussagen, welche im Rahmen der Online-Befragung von den Experten getätigt wurden, wird innerhalb der Durchführung der Experteninterviews Bezug genommen, um Erklärungen für Verhaltensweisen der Experten zu erhalten. Diese Erklärungen könnten durch erstmalige Abfragen im Rahmen der Interviews nicht generiert werden.

Im Anschluss daran werden die Ergebnisse der Experteninterviews nach einem Überblick über die befragten 22 Unternehmungen hinsichtlich der Ausgestaltung sowie des Einsatzes des Lerntransfermanagements dargestellt. Die Ergebnisse zur Ausgestaltung differenzieren sich in eine Darstellung der von den Unternehmungen verwendeten Lerntransfersicherungsmaßnahmen sowie eine Bezugsherstellung zum vorliegenden Managementverständnis der Unternehmungen und deren Einstellung zur zukünftigen Entwicklung des Lerntransfermanagements. Weiterhin werden die Begründungen für die Ausgestaltung des Lerntransfermanagements herausgestellt. Die Ergebnisse zu dem Einsatz des Lerntransfermanagements differenzieren sich in Begründung für den Einsatz und den Nichteinsatz des Lerntransfermanagements. Da sich die Begründung für den Nichteinsatz vielfältig gestalten, werden diese in Oberkategorien zusammengefasst.

Um sowohl einzelne inhaltliche Interpretationsergebnisse zu erhalten als auch die Ergebnisse im Gesamtzusammenhang betrachten zu können, ist es erforderlich, zuerst auf die Interpretation der Ergebnisse der Lerntransfermanagementausgestaltung einzugehen. Dieses beinhaltet eine genauere Betrachtung der gezogenen Schlüsse zu den von den Unternehmungen detailliert beschriebenen Lerntransfersicherungsmaßnahmen sowie deren Einbezug von Managementperspektiven im Rahmen der Ausgestaltung des Lerntransfermanagements, um den Umgang mit der Thematik des Lerntransfermanagements zu erklären. Anschließend werden interpretative Schlüsse für die von den Unternehmungen dargestellten Begründungen für die Lerntransfermanagementausgestaltung gezogen, um weitere Erklärungen für die Verhaltensweisen der Experten zu generieren.

Weiterhin wird in diesem Abschnitt auf von den Unternehmungen beschriebene zukünftige Entwicklungen des Lerntransfermanagements innerhalb der Unternehmungen sowie eine mögliche Idealvorstellung des Lerntransfermanagements Bezug genommen. Im Anschluss daran bedarf es der Interpretation des Lerntransfermanagementeinsatzes. Diese interpretativen Schlüsse unterteilen sich auf Basis der von den Unternehmungen dargestellten Begründungen für den Einsatz und den Nichteinsatz eines Lerntransfermanagements. Diese Vorgehensweise ist erforderlich, da die geschilderten Begründungen für den Einsatz des Lerntransfermanagements wesentlich von der Begründung für den Nichteinsatz des Lerntransfermanagements abweichen.

Die darauf aufbauende, sich anschließende Gesamtinterpretation der Ergebnisse leistet die Verknüpfung der Inhalte der Lerntransfermanagementausgestaltung sowie des Lerntransfermanagementeinsatzes und beinhaltet folglich Aussagen zur begrifflichen Bestimmung des Lerntransfermanagements aus der Perspektive der befragten Unternehmungen sowie zum Aufbau und einzelnen Elementen des Lerntransfermanagements. Weiterhin werden die befragten Unternehmungen auf Basis der interpretativen Ergebnisse einer erneuten Gruppierung unterzogen, indem sie beschriebenen Clustern hinsichtlich der Ausgereiftheit des Lerntransfermanagements zugewiesen werden. Die gesamten Ergebnisse des Erklärungsrahmens werden im anschließenden Abschnitt visuell dargestellt.

5.2 ERGEBNISSE DER ONLINE-BEFRAGUNG

5.2.1 Darstellung des Lerntransfermanagements befragter Unternehmungen

Auf die Frage nach der **Selbsteinstufung der Ausgereiftheit des vorliegenden Lerntransfermanagements** geben vier der 60 befragten Unternehmungen an, sich nicht mit der Thematik des Lerntransfers zu beschäftigen. Doppelt so viele Unternehmungen ordnen sich der beschriebenen Stufe 1 zu und beschäftigen sich allgemein mit der Thematik des Lerntransfers. Knapp die Hälfte der befragten Unternehmungen führen weiterhin einzelne

Maßnahmen durch, um den Lerntransfer der Mitarbeiter zu fördern (Stufe 2). Diese Maßnahmen werden von zwölf Unternehmungen zahlreich ausgeführt und aufeinander abgestimmt angewendet (Stufe 3). Lediglich acht Unternehmungen geben an, dass die Förderung des Lerntransfers innerhalb ihrer Unternehmung Aufgabe des Managements ist und von diesem strategisch umgesetzt wird. Auch diese Unternehmungen haben zahlreiche, aufeinander abgestimmte Maßnahmen, um den Lerntransfer ihrer Mitarbeiter zu fördern und ordnen sich somit Stufe 4 zu. Eine Unternehmung trifft keine Aussage im Rahmen der Stufenzuordnung. Einen Überblick über die Selbsteinschätzungen gibt Tab. 12.

Tab. 12: Selbsteinschätzung der befragten Unternehmungen hinsichtlich der Ausgereiftheit des Lerntransfermanagements.[410]

Stufe	Beschreibung der Stufe	Anzahl Unternehmungen
0	Die Unternehmung beschäftigt sich nicht mit der Thematik des Lerntransfers.	4
1	Die Unternehmung beschäftigt sich allgemein mit der Thematik des Lerntransfers, einzelne Maßnahmen zur Förderung des Lerntransfers der Mitarbeiter werden nicht durchgeführt.	8
2	Innerhalb der Unternehmung werden einzelne Maßnahmen durchgeführt, um den Lerntransfer der Mitarbeiter zu fördern.	27
3	Innerhalb der Unternehmung werden zahlreiche, aufeinander abgestimmte Maßnahmen angewendet, um den Lerntransfer der Mitarbeiter zu fördern.	12
4	Die Förderung des Lerntransfers ist in dieser Unternehmung Aufgabe des Managements und wird von diesem strategisch umgesetzt. Es werden zudem zahlreiche, aufeinander abgestimmte Maßnahmen angewendet, um den Lerntransfer der Mitarbeiter zu fördern.	8
	Keine Aussage	1

Die befragten Unternehmungen wurden gebeten einzuschätzen, **seit wann die vorliegende Ausgestaltung des Lerntransfermanagements innerhalb der Unternehmung besteht**. Tab. 13 gibt einen Überblick über die Selbsteinschätzung der Zeiträume der Stufenzugehörigkeit der Unternehmungen. Hieraus lässt sich erkennen, dass 33 der 56 befragten Unternehmungen angeben, dass die bestehende Ausgestaltung des Lerntransfermanagements seit vier Jahren oder länger vorliegt. Weitere 14 Unternehmungen geben ebenfalls einen langen Zeitraum von 2-3 Jahren an. Hieraus lässt sich ableiten, dass eine Änderung der Ausgestaltung der Lerntransferunterstützung oder auch beispielsweise eine Erweiterung bestehender Maßnahmen um eine strategische Komponente häufig nicht kurzfristig erfolgt. Die befragten Unternehmungen befinden sich seit längerer Zeit innerhalb ihrer angegebenen Stufe und weisen somit ebenfalls seit längerer Zeit die vorliegende Ausgestaltung des Lerntrans-

[410] N = 60 befragte Unternehmungen.

fermanagements auf. Lediglich drei Unternehmungen geben an, die Lerntransferunterstützung erst seit ca. einem Jahr zu praktizieren.

Tab. 13: Zugehörigkeitsdauer der von den Unternehmungen laut Selbsteinschätzung angegebenen Stufen.[411]

Zugehörigkeitsdauer der Stufe	Anzahl Unternehmungen				
	Stufe 1	Stufe 2	Stufe 3	Stufe 4	keine Angabe
einige Wochen	0	0	0	0	
einige Monate	0	0	0	0	
ca. 1 Jahr	1	0	1	1	
2-3 Jahre	1	7	3	3	
4-5 Jahre	1	5	4	0	
mehr als 5 Jahre	4	11	4	4	
keine Angabe	1	4	0	0	
Summe	**8**	**27**	**12**	**8**	**1**

Weiterhin wurden die Unternehmungen der Stufen 1 bis 4 nach einer **Begründung für die selbst gewählte Stufenzuordnung** befragt, um Begründungen für eine Unterstützung des Lerntransfers der Mitarbeiter zu erhalten. Tab. 14 gibt einen Überblick über die Aussagen der befragten Unternehmungen.

Tab. 14: Begründungen für die Selbsteinschätzung der Stufenzuordnung der befragten Unternehmungen.[412]

Begründungen für die Selbsteinschätzung der Stufenzuordnung	Anzahl Nennungen				
	Stufe 1	Stufe 2	Stufe 3	Stufe 4	Gesamt
Effizienter und effektiver Ressourceneinsatz	2	5	5	1	**13**
Nachhaltigkeit	2	5	2	2	**11**
Mitarbeiterförderung	1	4	2	0	**7**
Weiterbildung als strategischer Erfolgsfaktor zum Erreichen der Unternehmungsziele	0	0	0	5	**5**
Weiterbildung bleibt sonst erfolglos	1	2	1	0	**4**
Strategische Kompetenzerweiterung	0	1	2	0	**3**
Erfolgsmessung der Weiterbildung	1	0	0	0	**1**
Erreichen von Entwicklungszielen	0	2	0	0	**1**
Gezielte Lerntransfersteuerung	0	0	1	0	**1**
Zertifizierungsprozess erfordert Lerntransfernachweis	0	1	0	0	**1**

411 N = 56 Unternehmungen der Stufen 1, 2, 3 sowie eine Unternehmung ohne Stufenangabe.
412 Offene Frage, N = 55 Unternehmungen der Stufen 2, 3 und 4.

Insgesamt 13 Unternehmungen, verteilt über die Stufen 1 bis 4 (fünf Unternehmungen der Stufe 3, sowie fünf Unternehmungen der Stufe 2, zwei Unternehmungen der Stufe 1 und eine Unternehmung, welche der Stufe 4 zuzuordnen ist) geben an, dass sie den Lerntransfer der Mitarbeiter mit der Absicht unterstützen, innerhalb der Unternehmung einen *effizienten und effektiven Ressourceneinsatz* zu betreiben. Elf Unternehmungen (davon fünf Unternehmungen der Stufe 2 sowie jeweils zwei Unternehmungen der Stufen 1, 3 und 4) führen die *Nachhaltigkeit* von persönlichen Veränderungsprozessen respektive nachhaltige und zukunftsfähige Verhaltensänderungen als Begründung an. Mehrfach wird ebenfalls der Mitarbeiter in den Vordergrund gestellt. So geben sieben Unternehmungen (vier Unternehmungen der Stufe 2 sowie zwei Unternehmungen der Stufe 3 und eine Unternehmung der Stufe 1) an, dass sie die *Mitarbeiter fördern und ihnen Orientierung geben wollen.* Ihnen geht es um eine Leistungsförderung sowie um eine Kompetenzerweiterung. Diese wird von drei weiteren Unternehmungen im Rahmen der Begründungen für den Einsatz von lerntransferunterstützenden Maßnahmen erweitert um eine strategische Komponente. Sie beabsichtigen mit der Lerntransferunterstützung eine aus Unternehmungssicht *strategische Kompetenzerweiterung*. Weiterhin wird als Begründung angeführt, dass es ohne eine Lerntransferunterstützung zu *keiner Umsetzung des Gelernten kommt* und die Weiterbildung keinen Erfolg hat. Vier Unternehmungen führen diese Begründung an. Neben diesen genannten Mehrfachnennungen erfolgen weiterhin einzelne Nennungen von Gründen wie beispielsweise eine Lerntransferunterstützung zur Erfolgsmessung einer Weiterbildungsmaßnahme, das Erreichen von Entwicklungszielen und eine gezielte Lerntransfersteuerung. Weiterhin wird angeführt, dass der Zertifizierungsprozess innerhalb der Unternehmung einen Lerntransfernachweis erfordert und deshalb Maßnahmen angesetzt werden. Fünf Unternehmungen der Stufe 4 geben die Einzelbegründung an, dass die Weiterbildung insgesamt als strategischer Erfolgsfaktor gesehen wird, eine Lerntransferunterstützung zum Erreichen der Unternehmensziele sowie zum Unternehmungserfolg beiträgt und eine strategische Lerntransferunterstützung eingesetzt wird, da der Mitarbeiter für die Unternehmung einen strategischen Wert aufweist.

Die meisten Nennungen von den Unternehmungen der Stufen 1 bis 4 zielen auf eine nachhaltige Verhaltenssteuerung sowie einen effizienten und effektiven Personaleinsatz und eine Kompetenzerweiterung der Mitarbeiter ab. Diese Nennungen verdeutlichen, dass ein direkter Erfolg der Lerntransferunterstützung nur schwer messbar respektive sichtbar gemacht werden kann, wenn diese Maßnahmen eher der Langfristigkeit dienen. Dieses könnte die Ausgereiftheit des Lerntransfermanagements innerhalb von Unternehmungen hemmen respektive den Nichteinsatz eines strategischen Lerntransfermanagements bedingen. Ein direkter Zusammenhang der Verteilung der Gründe mit der Stufenzuordnung der Unternehmungen ist an den Häufigkeiten nicht eindeutig abzulesen. Dies wird weiterhin erschwert durch die ungleiche Anzahl der befragten Unternehmungen der jeweiligen Stufe, da diese sich per Selbsteinschätzung einer Stufe zuordneten. Der strategische Aspekt der Lerntransferunterstützung wird insbesondere von Unternehmungen der Stufe 4 angeführt. Hier lässt sich anhand der Aussagen erkennen, dass sich die Begründungen eher auf die Gesamtunternehmung und die sich damit verbundenen strategischen Unternehmungsziele respektive Erfolgsfaktoren beziehen. Unternehmungen der Stufe 1 beziehen sich eher auf die Weiterbildungsmaßnahme und zeigen in ihren Aussagen weniger ein Denken in unternehmerischen Gesamtzusammenhängen.

Weiterhin wurde nach einer **Begründung für die Nichtbeschäftigung mit der Thematik des Lerntransfers** (bei Unternehmungen der Stufe 0) bzw. die **Nichteinführung der nächsthöheren Stufe** (bei Unternehmungen der Stufen 1, 2 und 3) gefragt. Einen Überblick über die Ergebnisse gibt Tab. 15.

Tab. 15: Begründungen für die Nichtanwendung der nächsthöheren Stufe.[413]

Begründungen für die Selbsteinschätzung der Stufenzuordnung	Anzahl Nennungen				
	Stufe 0	Stufe 1	Stufe 2	Stufe 3	Gesamt
Thematik nicht erwünscht, nicht verlangt steht nicht im Fokus	2	0	0	0	**2**
Dezentrale Struktur	0	0	11	0	**11**
Verantwortung liegt bei Führungskraft	0	4	9	4	**17**
Verantwortung liegt bei weitergebildetem Mitarbeiter	0	1	6	0	**7**
Bewusstsein des Managements	0	0	2	2	**4**
Personalentwicklungsabteilung	0	1	3	0	**4**
Budget- und Ressourcenknappheit	0	0	2	0	**2**
Umstrukturierungen	0	0	2	0	**2**
Fehlende Instrumente	0	0	1	0	**1**
Fehlendes Patentrezept für Lerntransfersicherung	0	1	0	0	**1**
Lerntransferunterstützende Maßnahmen schwer definierbar	0	1	0	0	**1**
Bürokratievermeidung	0	0	1	0	**1**

413 Offene Frage, N = 51 befragte Unternehmungen der Stufen 0, 1, 2 und 3.

Die Begründungen für die Nichtbeschäftigung mit der Thematik des Lerntransfers fällt bei den vier Unternehmungen, die der Stufe 0 zuzuordnen sind, recht knapp aus. So ist laut Angabe von zwei Unternehmungen, eine Beschäftigung mit der Thematik *nicht erwünscht, nicht verlangt und steht nicht im Fokus*. Lediglich eins der insgesamt vier Unternehmungen kommentierte seine Stufenzuordnung: Demnach ist Lerntransfer innerhalb dieser Unternehmungen bislang noch kein Thema, da der Bereich Human Resources sich im Aufbau befindet und es an zentralen und dezentralen Strukturen für diesen Bereich fehlt. Eine Unternehmung der Stufe 0 gibt an, dass die operative Verantwortung der Weiterbildung bei den Fachvorgesetzten der jeweiligen Geschäftsgruppen liegt und diese selbst entscheiden können, inwieweit eine Lerntransferunterstützung stattfindet. Auch elf Unternehmungen, welche der Stufe 2 zuzuordnen sind geben an, dass sie aufgrund ihrer *dezentralen Struktur* nicht zahlreiche, aufeinander abgestimmte lerntransferunterstützende Maßnahmen einsetzen. Hier besteht eine Heterogenität in der Mitarbeiterqualifizierung und teilweise eine dezentrale Struktur in der Weiterbildung. Diese fehlende Einheitlichkeit bedingt eine geringe Steuerung der Maßnahmen. Im Rahmen dessen wird auch die *hohe Anzahl an unterschiedlichen Weiterbildungsmaßnahmen* angeführt, um zu begründen, dass eine Einheitlichkeit von Lerntransferunterstützungsmaßnahmen nur schwer operativ umsetzbar ist. Abstimmungs- und Kommunikationsprozesse hindern den Ausbau von Maßnahmen zudem.

Ein besonderer Schwerpunkt kommt der Zuweisung von unterschiedlichen *Verantwortungen von Personengruppen* im Rahmen der Gestaltung der Lerntransferunterstützung zu. So nennen neun Unternehmungen der Stufe 2, vier Unternehmungen der Stufe 1 und vier weitere Unternehmungen der Stufe 3 in diesem Zusammenhang die *Führungskraft* des weitergebildeten Mitarbeiters. Dieser wird die Verantwortung für den Ausbau der Lerntransferunterstützung direkt zugewiesen. Fehlt der Führungskraft das Bewusstsein oder auch die Zeit für die Generierung und Umsetzung der Lerntransferunterstützung, so findet diese nicht statt. Als weitere Personengruppe wird von sechs Unternehmungen der Stufe 2 sowie einer Unternehmung der Stufe 1 der *weitergebildete Mitarbeiter* angeführt. Diesem wird die Verantwortung für einen erfolgreichen Lerntransfer zugewiesen, welches den Nichteinsatz von lerntransferunterstützenden Maßnahmen erklären soll. Eine Unternehmung führt hier an, dass Mitarbeiter beispielsweise Maßnahmen, die zusätzlich zu Follow-up-Weiterbildungsveranstaltungen eingesetzt werden, als unnötig empfunden haben und diese deshalb nicht generiert werden. Insbesondere bei der zahlreichen, aufeinander abgestimmten Anwendung von Lerntransferunterstützungsmaßnahmen sowie der strategischen Umsetzung der Lerntransferförderung führen zwei Unternehmungen der Stufe 2 und zwei weitere Unternehmungen der Stufe 3 an, dass das Bewusstsein des *Managements* für die Wichtigkeit des Themas ausschlaggebend ist und teilweise fehlt. Als letzte Gruppe werden für die Begründung des Nichtausbaus des Lerntransfermanagements von drei Unternehmungen der Stufe 2 sowie einer weiteren Unternehmung der Stufe 1 die Verantwortung und Funktionen der *Weiterbildungsabteilung* angeführt. Diese ist teilweise wenig professionell und nicht strategisch ausgerichtet. Weiterhin werden Einzelbegründungen angeführt, insbesondere bei Unternehmungen der Stufen 1 und 2, wie beispielsweise fehlende vorhandene Instrumente, die fehlende Existenz eines Patentrezepts zur Lerntransfersicherung oder auch die Schwierigkeit, dass lerntransferunterstützende Maßnahmen schwer definierbar sind. Weiterhin wird zweimal die Budget- und Ressourcenknappheit genannt sowie Umstrukturierungen innerhalb der Unternehmung und im Bereich Human Resources sowie eine beabsichtigte Bürokratievermeidung.

Um herauszufinden, ob es Zusammenhänge oder Überschneidungen zwischen Faktoren, die den Lerntransfer der Mitarbeiter hemmen, und Gründen für den Nichteinsatz von lerntransferunterstützenden Maßnahmen oder eines umfassenden Lerntransfermanagements gibt, wurden die Unternehmungen im Rahmen der Online-Befragung zusätzlich zu lerntransferhemmenden Faktoren befragt.

Tab. 16: Im Rahmen der Online-Befragung benannte lerntransferhemmende Faktoren.[414]

Benannte lerntransferhemmende Faktoren	Anzahl Nennungen
Vorgesetzte	28
Hohes Arbeitsaufkommen/Zeitproblem	25
Betriebliches Umfeld	23
Interesse/Motivation des Mitarbeiters	19
Rahmenbedingungen	17
Fehlende Kommunikation vorab der Weiterbildungsveranstaltung	11
Kollegen	9
Auswahl von Weiterbildungsveranstaltung	9
Ausgestaltung von Weiterbildungsveranstaltung	7
Rückfall der Mitarbeiter in bestehende Routinen	6
Fehlende Kontrolle des Lerntransfers	5
Fehlende Kommunikation/Nachbereitung nach der Weiterbildungsveranstaltung	4
Lernfeindliche Unternehmungskultur/Fehlende Lernkultur	3

[414] Offene Frage, N = 60 befragte Unternehmungen.

58 der 60 befragten Unternehmungen geben im Rahmen der Online-Befragung an, dass es ihres Erachtens **Faktoren gibt, die den Lerntransfer der Mitarbeiter hemmen**. Lediglich zwei der befragten Unternehmungen machen keine Angabe. Die Benennung von wesentlichen lerntransferhemmenden Faktoren ist von den Teilnehmern im Rahmen einer offenen Frage vielfach sehr ausführlich beschrieben worden. Tab. 16 gibt einen Überblick über die benannten Faktoren.

Eine wesentliche Bedeutung als lerntransferhemmender Faktor kommt dem *Vorgesetzten* des weitergebildeten Mitarbeiters zu. Er wird von 28 Unternehmungen identifiziert als Rückhalt, Unterstützer und Begleiter der Lerntransfersicherung. So kommt ein erfolgreicher Lerntransfer häufig nicht zustande, da der Vorgesetzte das Lernen nicht ermöglicht. Er zeigt häufig fehlende Akzeptanz und Offenheit, auf neue Dinge einzugehen sowie ein fehlendes Verständnis für den Lerntransfer. Als Führungskraft wird er vielfach nicht in die Lerntransfersicherung mit einbezogen. Er wird von den Unternehmungen als lerntransferhemmender Faktor beschrieben, weil er teilweise mit Trainingsinhalten nicht vertraut ist und den Unterschied zwischen der Vermittlung von Wissen im Rahmen des Trainings und seiner unterstützenden Funktionen im Rahmen der Kompetenzentwicklung seiner Mitarbeiter nicht kennt. Sein Verständnis ist unabdingbar für einen erfolgreichen Lerntransfer. Weitere fünf Unternehmungen nennen eine fehlende kontinuierliche *Kontrolle* des Lerntransfers als lerntransferhinderlich. Neben dem Vorgesetzten werden auch *Kollegen* insgesamt neunmal als lerntransferhemmender Faktor benannt. Das vorliegende Team-Klima sowie die Überschneidung von Aufgaben und das Verständnis von direkten Kollegen beeinflussen den Lerntransfer wesentlich. Auch der weitergebildete *Mitarbeiter* selbst wird von 19 Unternehmungen als Faktor dargestellt, der den Lerntransfer hemmt: beispielsweise wenn er kein Interesse, Motivation oder Kreativität aufweist und die Vorteile respektive den Sinn der Weiterbildung nicht erkennt. Hier steht das Nicht-lernen-Wollen aber genauso dem Nicht-lernen-Können gegenüber. Die Fähigkeiten der Mitarbeiter werden als ausschlaggebend für einen erfolgreichen Lerntransfer identifiziert. Der Mitarbeiter muss Bereitschaft zum Umdenken und Umlernen zeigen und darf Veränderungen nicht ablehnen. Sein persönlicher Veränderungsprozess kann als lerntransferhemmender Faktor bezeichnet werden. Weiterhin werden Hemmnisse der Wissensweitergabe wie ‚Wissen ist Macht' angeführt. Zusätzlich beschreiben sechs Unternehmungen, dass ein Rückfall in bestehende *Routinen*, langjährige Arbeitsabläufe und bestehende Verhaltensmuster und Gewohnheiten häufig einen Lerntransfer hemmen.

25 Unternehmungen beschreiben, dass ein Lerntransfer von den Mitarbeitern nicht erfolgt, da sie aufgrund eines hohen *Arbeitsaufkommens* und dem vordergründig bestehenden Tagesgeschäft einem hohen *Zeit-* und Arbeitsdruck unterliegen. Es besteht eine hohe Projektmenge und -vielfalt, sodass die Zeit zur Anwendung von neu Erlerntem im Arbeitsalltag nicht vorhanden ist. Damit einher geht auch eine häufig verzögerte erste Anwendung des Gelernten. Dieser Abstand zur Weiterbildungsmaßnahme hemmt einen erfolgreichen Lerntransfer. 23 Unternehmungen beschreiben die *Andersartigkeit des betrieblichen Umfelds* als lerntransferhemmenden Faktor. Dieses ist häufig anders, als es im Training simuliert wird, sodass die praktische Anwendung des Erlernten für die Teilnehmer sehr schwierig ist und es an Umsetzungsideen fehlt. Unterstützt wird dieses durch einen häufig wenig vorhandenen *Praxisbezug* im Rahmen der Weiterbildungsmaßnahme sowie auch eine fehlende Notwendigkeit, das Gelernte im Arbeitsalltag anzuwenden. 17 Unternehmungen benennen die *Rahmenbedingungen* als für den Lerntransfer des Mitarbeiters hinderlich. Häufig hat der Mitarbeiter keine Gelegenheit zur Anwendung neu erlernter Inhalte, da im Funktionsfeld andere Strukturen vorliegen oder auch Prozessveränderungen für eine erfolgreiche Anwendung erforderlich sind. Auch eine gelebte Fehlerkultur, eine spezifische Ausgestaltung der Arbeitskultur oder fehlende Arbeitsmittel sowie die Prioritätensetzung im Rahmen von Aufgaben können Rahmenbedingungen darstellen, die keine Gelegenheit zur erfolgreichen Anwendung bieten. Im Rahmen dessen wird von weiteren drei Unternehmungen explizit eine lernfeindliche Unternehmungskultur respektive eine nicht vorhandene Lernkultur angeführt.

Sieben Unternehmungen kritisieren die *Ausgestaltung von Weiterbildungsmaßnahmen*, da häufig der Lerntransfer dort nicht thematisiert wird, Referenten als ungeeignet erscheinen oder auch keine Wiederholung der Inhalte, beispielsweise im Rahmen von Follow-up-Veranstaltungen, stattfindet. Auch die *wenig spezifische Auswahl von Weiterbildungsmaßnahmen* wird von neun Unternehmungen als lerntransferhinderlich identifiziert. So erfolgt häufig keine Weiterbildungsbedarfsermittlung, es werden falsche Seminare durchgeführt, das Gelernte passt nicht zum Arbeitsplatz oder Mitarbeiter werden für Weiterbildungsmaßnahmen unfreiwillig benannt. Im Rahmen dessen wird auch eine Incentive-Funktion von Weiterbildungsmaßnahmen angeführt, welche nicht der Bildungsbedarfsdeckung dienen.

Vier Unternehmungen führen an, dass häufig keine Lerntransfersicherungsmaßnahmen vorliegen und wenige Gespräche über eine mögliche Zielerreichung des Lerntransfers im Nachgang der Weiterbildungsmaßnahme erfolgen. Bemängelt wird die *Nachbereitung* der Weiterbildungsmaßnahme. Dieses *Kommunikationsdefizit* wird von weiteren elf Unternehmungen vorab der Durchführung einer Weiterbildungsmaßnahme angeführt. So wird die fehlende Vereinbarung von Lern- und Entwicklungszielen als lerntransferhemmender Faktor angeführt. Häufig haben die Mitarbeiter keine Kenntnisse über die Wichtigkeit der Maßnahme, keinen Bezug zum Arbeitsalltag oder erhalten keine Vereinbarungen, was verändert werden soll. Unklare Prioritäten über die Weiterbildungsmaßnahme hindern die Anwendung des Gelernten im Arbeitsalltag.

Tab. 17 gibt einen Überblick über die von den Unternehmungen benannten **eingesetzten Maßnahmen zur Lerntransfersicherung**. Die Unternehmungen, die laut Selbsteinschätzung der Stufen 2, 3 und 4 zuzuordnen sind, gaben an, dass sie Maßnahmen anwenden, um den Lerntransfer ihrer Mitarbeiter zu fördern. Innerhalb der Stufe 2 handelt es sich dabei um einzelne Maßnahmen. Innerhalb der Stufen 3 und 4 verwenden die Unternehmungen zahlreiche, aufeinander abgestimmte Maßnahmen. Die genannten Maßnahmen können in zeitlicher Hinsicht strukturiert werden. So wurden Maßnahmen genannt, die vor Beginn der Weiterbildungsveranstaltung durchgeführt werden, Maßnahmen, die während des Trainings durchgeführt werden und Maßnahmen, die zur Anwendung kommen nach Abschluss der Weiterbildungsveranstaltung. Weiterhin existieren Maßnahmen, die zeitlich übergreifend über die Weiterbildungsveranstaltung einzustufen sind. Insgesamt wurde von den Unternehmungen im Rahmen dieser offenen Frage eine Vielzahl von Maßnahmen stichpunktartig benannt.

Hervorzuheben ist die *Führungskraft*, welche von einer Vielzahl von Unternehmungen im Rahmen von lerntransferunterstützenden Maßnahmen genannt wird. So beschreiben 17 Unternehmungen, dass bei ihnen die Besprechung von Lern- und Lerntransferzielen von dem Mitarbeiter mit der Führungskraft vor Beginn der Weiterbildungsveranstaltung zur Lerntransferförderung eingesetzt wird. Auch nach der Weiterbildungsveranstaltung geben elf Unternehmungen an, Rückmeldegespräche über das Lernen und einen möglichen Lerntransfer zwischen Mitarbeiter und Führungskraft durchzuführen.

Tab. 17: Innerhalb der Unternehmungen angewendete Maßnahmen zur Lerntransfersicherung.[415]

Lerntransfersicherungsmaßnahmen	
Vor der Weiterbildungsmaßnahme	**Anzahl Nennungen**
Besprechung von Lern- und Lerntransferzielen mit Führungskraft vor Beginn der Weiterbildung	17
Jährliche Mitarbeitergespräche mit der Festlegung von Entwicklungszielen	11
Weiterbildungsbedarfsplanung	7
Inhaltliche Vorbereitungsunterlagen	4
Online-Tool mit Fragen	3
	Summe: 42
Während der Weiterbildungsmaßnahme	**Anzahl Nennungen**
Praxisbezug/Praxisrelevante Fallbearbeitung	11
Brief an mich selbst, erhalten Teilnehmer einige Monate nach Seminar mit der Formulierung des Umsetzungsvorhabens	5
Bearbeitung von Lerntransferaufgaben	5
Erarbeitung konkreter Handlungsvorhaben	4
Einbeziehen der Führungskraft	3
E-Learning-Elemente	3
Tipps zur Umsetzung des Gelernten	2
Methodenvielfalt	1
	Summe: 34
Nach der Weiterbildungsmaßnahme	**Anzahl Nennungen**
Rückmeldegespräche zwischen Mitarbeiter und Führungskraft	11
Abfrage des Lerntransfers/Bitte um Bericht zur Veranstaltung einige Wochen bis Monate nach dem Training	11
Follow-up durch den Trainer (Seminar, Gespräche etc.)	10
Lerntransfertag gestalten/Lernraum schaffen	2
Zentrales Zurverfügungstellen von Unterlagen, z. B. durch Unternehmungswiki	2
	Summe: 36
Übergreifende Lerntransfersicherungsmaßnahmen	**Anzahl Nennungen**
Lernpartnerschaften	8
Coaching	5
Lern(transfer)tagebuch	4
Evaluation	4
Weiterbildung als Karriereschritt	4
Kollegiale Fallberatung/Supervision	3
Mentoren	3
Weiterbildung als Führungsaufgabe definiert und vermittelt	1
	Summe: 32

Eine Vielzahl von Gesprächen finden ebenfalls, so geben es elf Unternehmungen an, jährlich im Rahmen von Mitarbeitergesprächen mit Vorgesetzten statt, worin Entwicklungsziele festgelegt werden, welche den Lerntransfer unterstützen sollen. Drei Unternehmungen

[415] Offene Frage, N=47 Unternehmungen der Stufen 2, 3 und 4.

geben an, die Führungskraft während der Durchführung der Weiterbildungsmaßnahme mit einzubeziehen. Eine Unternehmung führt sogar an, dass die Weiterbildung als Führungsaufgabe definiert und vermittelt wird.

Die Verteilung der Gesamtanzahl von Nennungen auf den zeitlichen Einsatz von Lerntransfersicherungsmaßnahmen lässt erkennen, dass von den Unternehmungen die *Wichtigkeit des Beginns der Lerntransferunterstützung weit vor Beginn der Weiterbildungsmaßnahme erkannt* wird. 42 Unternehmungen führen Maßnahmen an, welche zeitlich vor Beginn der Weiterbildungsmaßnahme einzuordnen sind. Davon geben sieben Unternehmungen an, den Lerntransfer durch eine bedarfsgerechte Weiterbildungsplanung zu unterstützen. Weitere Unternehmungen führen das Zurverfügungstellen von inhaltlichen Vorbereitungsunterlagen vorab einer Weiterbildung sowie den Einsatz eines Online-Tools mit Fragen an.

Als lerntransferunterstützende Maßnahme während einer Weiterbildungsveranstaltung wird von elf Unternehmungen das Herstellen eines *Praxisbezugs* benannt. Im Vordergrund steht hier das Ermöglichen einer direkten Anwendung der erlernten Kenntnisse, beispielsweise in Form einer Fallbearbeitung. Durch diese Art der Gestaltung des Lernens versprechen sich die Unternehmungen einen größeren Nutzen der Weiterbildungsinhalte im Arbeitsalltag. Weiterhin werden methodische Elemente wie der Brief an mich selbst, E-Learning-Elemente, verschiedene Tipps sowie der Einsatz einer Methodenvielfalt angeführt. Auch Lerntransferaufgaben werden von den Unternehmungen benannt, inhaltlich aber nicht ausdifferenziert.

Im Rahmen des Maßnahmeneinsatzes nach einer Weiterbildungsveranstaltung wird insbesondere von den Unternehmungen eine *Begleitung* der weitergebildeten Mitarbeiter benannt. Elf Unternehmungen führen *Befragungen* zur Weiterbildung, den gelernten Inhalten und dem Lerntransfer der Mitarbeiter durch. Zeitlich kann dieses einige Wochen bis mehrere Monate nach dem Training stattfinden. Einerseits wird im Rahmen dessen der Stand des aktuellen Lerntransfers erhoben, andererseits der Mitarbeiter dazu veranlasst, sich mit der Lerntransferthematik zu beschäftigen. Im Rahmen dieser Maßnahme kann die Begleitung durch die Personalabteilung aber auch durch Vorgesetzte erfolgen. Des Weiteren wird von zehn Unternehmungen die Begleitung des Mitarbeiters durch den Trainer nach dem Seminar als lerntransferunterstützende Maßnahme benannt. Hier wird die *Verantwortlichkeit dem Trainer zugewiesen*, welcher tätig werden kann durch Gesprächsangebote oder auch aufbauende Vertiefungsseminare. Weiterhin werden von wenigen Unternehmungen die Lernraumgestaltung und das Zurverfügungstellen von Unterlagen angeführt.

Die Benennung von Maßnahmen, die nicht eindeutig zeitlich einer Weiterbildungsveranstaltung zuzuordnen sind, gestaltet sich sehr unterschiedlich. Acht Unternehmungen führen die Zusammenarbeit im Rahmen von Lernpartnerschaften als lerntransferunterstützend an. Aber auch das Zurseitestellen eines Coaches oder eines Mentors sowie eine kollegiale Fallberatung für den weitergebildeten Mitarbeiter wird von den Unternehmungen praktiziert. Hervorzuheben ist, dass vier Unternehmungen bereits im Rahmen der Lerntransfersicherung einen Bezug zu bestehenden *Karrieresystemen* herstellen, indem sie den Mitarbeitern vermitteln, dass eine erfolgreiche Weiterbildung inklusive einer Lerntransferleistung erforderlich ist, um einen nächsten Karriereschritt machen zu können. Als Dokumentation der Methode werden weiterhin das Anfertigen von Lern- oder Lerntransfertagebüchern und das Einsetzen einer Evaluation der Weiterbildung angeführt.

Tab. 18 zeigt einen Überblick über den **zeitlichen Einsatz von lerntransferunterstützenden Maßnahmen** in Abhängigkeit der durchgeführten Weiterbildungsveranstaltung. Insbesondere Unternehmungen, die bereits zahlreiche, aufeinander abgestimmte Maßnahmen zur Lerntransferunterstützung einsetzen und sich folglich selbst den Stufen 3 und 4 zuordnen, weisen eine Tendenz auf, lerntransferunterstützende Maßnahmen sowohl vor als auch während und nach einer Weiterbildungsveranstaltung anzuwenden. Lediglich sieben Unternehmungen, die der Stufe 2 zuzuordnen sind, gestalten den Maßnahmeneinsatz zeitlich ausschließlich vor oder ausschließlich während oder ausschließlich nach einer Weiterbildungsveranstaltung. Aber auch innerhalb dieser Stufe wenden neun Unternehmungen lerntransferunterstützende Maßnahmen an, die sich auf alle drei genannten Zeiträume beziehen. Insgesamt 20 Unternehmungen, über alle drei Stufen summiert, wenden Maßnahmen sowohl vor, als auch während, als auch nach einer Weiterbildungsveranstaltung an. Hervorzuheben ist weiterhin, dass 31 Unternehmungen vor einer Weiterbildungsveranstaltung versuchen, den Lerntransfer zu unterstützen. 34 Unternehmungen versuchen dieses während einer Weiterbildungsveranstaltung, und 42 Unternehmungen unterstützen den Lerntransfer der Mitarbeiter aktiv nach einer Weiterbildungsveranstaltung.

Tab. 18: Einsatz von lerntransferunterstützenden Maßnahmen in zeitlicher Abhängigkeit der Weiterbildungsveranstaltung.[416]

Einsatz von lerntransfer-unterstützenden Maßnahmen in zeitlicher Abhängigkeit der Weiterbildungsveranstaltung			Anzahl Unternehmungen			
			Stufe 2	Stufe 3	Stufe 4	Summe
vor	während	nach	9	7	6	22
vor		nach	5	2	1	8
	während	nach	6	2	1	9
vor			1	0	0	1
	während		3	0	0	3
		nach	3	0	0	3
	keine Angabe		0	1	0	1
	Summe		**27**	**12**	**8**	**47**

Um einen Überblick zu bekommen, ob und in welcher Weise die **Ausgereiftheit eines Lerntransfermanagements abhängig von den innerhalb der Weiterbildungsveranstaltung zu vermittelnden Kompetenzarten** ist, wurden die Unternehmungen gefragt, bei der Vermittlung welcher Kompetenzarten sie hauptsächlich Maßnahmen zur Unterstützung des Lerntransfers ihrer Mitarbeiter einsetzen. Tab. 19 gibt einen Überblick über die Aussagen der befragten Unternehmungen.

Tab. 19: Einsatz von lerntransferunterstützenden Maßnahmen unter Berücksichtigung der Kompetenzvermittlungen der Weiterbildungsveranstaltung.[417]

Einsatz von lerntransferunterstützenden Maßnahmen in Abhängigkeit einer Weiterbildungsveranstaltung			Anzahl Unternehmungen			
			Stufe 2	Stufe 3	Stufe 4	Summe
Fachkompetenz	Methodenkompetenz	Sozialkompetenz	17	8	7	32
Fachkompetenz		Sozialkompetenz	2	0	0	2
Fachkompetenz	Methodenkompetenz		4	1	0	5
	Methodenkompetenz	Sozialkompetenz	2	2	0	4
Fachkompetenz			0	0	1	1
	Methodenkompetenz		0	0	0	0
		Sozialkompetenz	1	0	0	1
	keine Angabe		1	1	0	2
	Summe		**27**	**12**	**8**	**47**

416 N = 47 befragte Unternehmungen der Stufen 2, 3 und 4.
417 N = 47 befragte Unternehmungen der Stufen 2, 3 und 4.

Hervorzuheben ist, dass 32 der 47 Unternehmungen, welche lerntransferunterstützende Maßnahmen einsetzen, dieses sowohl bei Weiterbildungsveranstaltungen zur Vermittlung von *Fach- als auch von Methoden- und Sozialkompetenzen* tun. Summiert über alle befragten Unternehmungen unterstützen insgesamt 40 Unternehmungen die Fachkompetenzvermittlung mit lerntransferunterstützenden Maßnahmen, 41 Unternehmungen tun dies im Rahmen der Methodenkompetenzvermittlung und 39 bei der Vermittlung von Sozialkompetenzen. Weiterhin geben nur zwei Unternehmungen an, lediglich eine der genannten Kompetenzarten allein zu unterstützen. Eine grundsätzlich spezifische Vorgehensweise innerhalb der jeweils zugeordneten Stufen lässt sich aus den Ergebnissen nicht ableiten.

Tab. 20 gibt einen Überblick über die **Beteiligung unterschiedlicher Personen** an der **Konzeption** der Lerntransferförderung und/oder der **Umsetzung** der damit verbundenen Maßnahmen.

Aus den Angaben der Unternehmungen ist zu erkennen, dass insbesondere die Mitarbeiter der Weiterbildung sowie die Leitung der Weiterbildung am meisten an der Lerntransferunterstützung beteiligt sind. 26 Unternehmungen weisen den Mitarbeitern der Weiterbildung eine sehr starke Beteiligung zu und weitere 13 eine starke Beteiligung. Auch die Leitung der Weiterbildung beziffern 15 Unternehmungen mit einer sehr starken Beteiligung und 17 mit einer starken Beteiligung. An zweiter Stelle werden der weitergebildete Mitarbeiter sowie dessen direkter Vorgesetzter mit der Konzeption und der Umsetzung der Lerntransferförderung betraut. 34 Unternehmungen geben an, dass der weitergebildete Mitarbeiter einen starken bis sehr starken Grad der Beteiligung aufweist. 28 Unternehmungen weisen dem direkten Vorgesetzten eine starke bis sehr starke Beteiligung zu. Weitere 17 Unternehmungen geben an, dass der direkte Vorgesetzte sowie der weitergebildete Mitarbeiter jeweils beteiligt sind. Zudem wird auch dem Trainer mit 31 Nennungen eine starke bis sehr starke Beteiligung zugewiesen. Anders gestalten sich die Aussagen im Rahmen der Beteiligung der Unternehmungsleitung bei der Konzeption der Lerntransferförderung und/oder der Umsetzung der lerntransferunterstützenden Maßnahmen. Hier geben 32 Unternehmungen an, dass die Unternehmungsleitung kaum oder gar nicht beteiligt ist, lediglich zwölf Unternehmungen stufen diese als beteiligt ein.

Tab. 20: Beteiligte Personen des Lerntransfermanagements.[418]

Grad der Beteiligung	**Akteure des Lerntransfermanagements** (Anzahl Nennungen)											
	Unternehmungsleitung		Leitung der Personalentwicklung		Mitarbeiter der Personalentwicklung		Direkter Vorgesetzter des weitergebildeten Mitarbeiters		Trainer der durchgeführten Weiterbildungsveranstaltung		Weitergebildeter Mitarbeiter	
sehr stark beteiligt	2		15		26		11		14		18	
	S0:0	S1:0	S0:0	S1:1	S0:0	S1:0	S0:0	S1:1	S0:0	S1:0	S0:0	S1:2
	S2:1	S3:0	S2:4	S3:5	S2:12	S3:7	S2:4	S3:3	S2:8	S3:4	S2:10	S3:5
	S4:1	kA:0	S4:5	kA:0	S4:7	kA:0	S4:3	kA:0	S4:2	kA:0	S4:1	kA:0
stark beteiligt	8		17		13		17		17		16	
	S0:0	S1:1	S0:1	S1:1	S0:0	S1:2	S0:0	S1:1	S0:0	S1:0	S0:0	S1:1
	S2:2	S3:2	S2:12	S3:0	S2:7	S3:3	S2:8	S3:5	S2:9	S3:2	S2:7	S3:3
	S4:3	kA:0	S4:3	kA:0	S4:1	kA:0	S4:2	kA:1	S4:6	kA:0	S4:4	kA:1
beteiligt	12		12		12		17		8		17	
	S0:0	S1:2	S0:0	S1:4	S0:1	S1:3	S0:1	S1:2	S0:1	S1:0	S0:2	S1:3
	S2:6	S3:2	S2:5	S3:3	S2:6	S3:1	S2:8	S3:3	S2:5	S3:2	S2:9	S3:2
	S4:2	kA:0	S4:0	kA:0	S4:0	kA:1	S4:3	kA:0	S4:0	kA:0	S4:1	kA:0
kaum beteiligt	14		4		1		9		9		1	
	S0:1	S1:3	S0:0	S1:0	S0:0	S1:0	S0:1	S1:3	S0:1	S1:2	S0:0	S1:0
	S2:7	S3:2	S2:3	S3:0	S2:1	S3:0	S2:5	S3:0	S2:4	S3:1	S2:0	S3:0
	S4:1	kA:0	S4:0	kA:1	S4:0	kA:0	S4:0	kA:0	S4:0	kA:1	S4:1	kA:0
nicht beteiligt	18		5		3		4		5		2	
	S0:2	S1:1	S0:2	S1:1	S0:2	S1:1	S0:1	S1:1	S0:1	S1:3	S0:1	S1:1
	S2:10	S3:4	S2:2	S3:0	S2:0	S3:0	S2:2	S3:0	S2:1	S3:0	S2:0	S3:0
	S4:0	kA:1	S4:0	kA:0	S4:0	kA:0	S4:0	kA:0	S4:0	kA:0	S4:0	kA:0
keine Aussage	6		7		5		2		7		6	
	S0:1	S1:1	S0:1	S1:1	S0:1	S1:2	S0:1	S1:0	S0:1	S1:3	So:1	S1:1
	S2:1	S3:2	S2:2	S3:3	S2:1	S3:1	S2:0	S3:1	S2:0	S3:3	S2:1	S3:2
	S4:1	kA:0	S4:0	kA:0	S4:0	kA.0	S4:0	kA:0	S4:0	kA:0	S4:1	kA:0

Legende: *S0: Anzahl Unternehmungen, die laut eigenen Angaben der Online-Befragung der Stufe 0 hinsichtlich der Ausgereiftheit des Lerntransfermanagements zuzuordnen sind – dies gilt ebenfalls für S1 = Stufe 1, S2 = Stufe 2, S3 = Stufe 3 und S4 = Stufe 4.*

kA: Eine Unternehmung, die keine Einstufung hinsichtlich der Ausgereiftheit des Lerntransfermanagements angegeben hat.

hellgrau: Werte zwischen 10 und 20; dunkelgrau: Werte >20 (Die grauen Schattierungen dienen der Übersichtlichkeit der Verteilung der Anzahlwerte.)

Eine Betrachtung der Ergebnisse unter Berücksichtigung der Stufenzuordnung der befragten Unternehmungen lässt erkennen, dass insbesondere bei Unternehmungen, die einen hohen Grad an Ausgereiftheit des Lerntransfermanagements aufweisen, die genannten Akteure fast alle in die Konzeption und Umsetzung von lerntransferunterstützenden Maßnah-

418 N = 60 befragte Unternehmungen der Stufen 0 bis 4, davon vier Unternehmungen laut Selbsteinschätzung der Stufe 0, acht der Stufe 1, 27 der Stufe 2, zwölf der Stufe 3, acht der Stufe 4 und eine Unternehmung ohne Aussage zur Stufenzuordnung.

men mit einbezogen werden. So geben *alle Unternehmungen der Stufe 4* an, dass sowohl der *Vorgesetzte stark beteiligt bis beteiligt als auch der Trainer sehr stark beteiligt bis beteiligt* sind. Auch die Unternehmungsleitung stufen sechs der acht befragten Unternehmungen, welche Stufe 4 zuzuordnen sind, als beteiligt bis stark beteiligt ein, ebenso wie die weitergebildeten Mitarbeiter. Die Tendenz des Einbezugs der Unternehmungsleitung findet sich bei Unternehmungen der Stufenzuordnungen 0, 1 und 2 so nicht wieder. Beispielsweise geben zehn Unternehmungen der Stufe 2 an, dass die Unternehmungsleitung an der Konzeption und Umsetzung von lerntransferunterstützenden Maßnahmen eindeutig nicht beteiligt wird.

Weiterhin ist den Ergebnissen zu entnehmen, dass Unternehmungen, die der Stufe 2 zuzuordnen sind, und somit einzelne, lerntransferunterstützende Maßnahmen aufweisen, die noch nicht vielfältig angewendet werden und nicht aufeinander abgestimmt sind, eine häufige *Beteiligung der Weiterbildungsleitung sowie der Mitarbeiter der Weiterbildung* angeben. Dieses ist bei Unternehmungen der Stufen 0 und 1 nicht der Fall. Diese Unternehmungen beschäftigen sich lediglich gar nicht oder allgemein mit der Thematik des Lerntransfers und verorten die Konzeption und Umsetzung folglich nicht bei der Weiterbildungsabteilung als verantwortliche Institution.

Neben den, innerhalb der Befragung vorgegebenen und zu bewertenden Akteuren des Lerntransfermanagements konnten die befragten Unternehmungen ebenfalls weitere Beteiligte Personen angeben. Im Rahmen dessen wurden zusätzlich der Geschäftsführer einer bestehenden Führungsakademie mit einer sehr starken Beteiligung, Fachabteilungen mit einer starken Beteiligung sowie regionaler Aus- und Weiterbildungsberater, Personalberater, Projektleitungen der Fachbereiche, der Betriebsrat und (von zwei Unternehmungen) Kollegen mit einer Beteiligung angeführt.

5.2.2 Implikationen für die leitfadengestützten Experteninterviews

Die dargestellten Ergebnisse der Online-Befragung zeigen, dass sich nur wenige Unternehmungen nicht mit der Thematik des Lerntransfers beschäftigen. **Hauptsächlich gehen die Unternehmungen aber nur soweit, dass sie einzelne Maßnahmen zur Lerntransferförderung der Mitarbeiter einsetzen.** Der Einsatz einer Vielzahl von Maßnahmen und die Abstimmung dieser Einzelmaßnahmen aufeinander sowie der Einbezug einer strategischen Komponente des Lerntransfermanagements erscheinen aus unterschiedlichen Gründen schwierig. Abb. 14 gibt einen Überblick über die befragten Inhalte sowie die Ausprägungen des Lerntransfermanagements der befragten Unternehmungen. Die Bandbreite von Unternehmungen, die keine Lerntransferunterstützung einsetzen, bis hin zu Unternehmungen, die im Rahmen der Lerntransferunterstützung strategische Elemente aufweisen, kann im Rahmen eines Kontinuums des Lerntransfermanagements dargestellt werden.

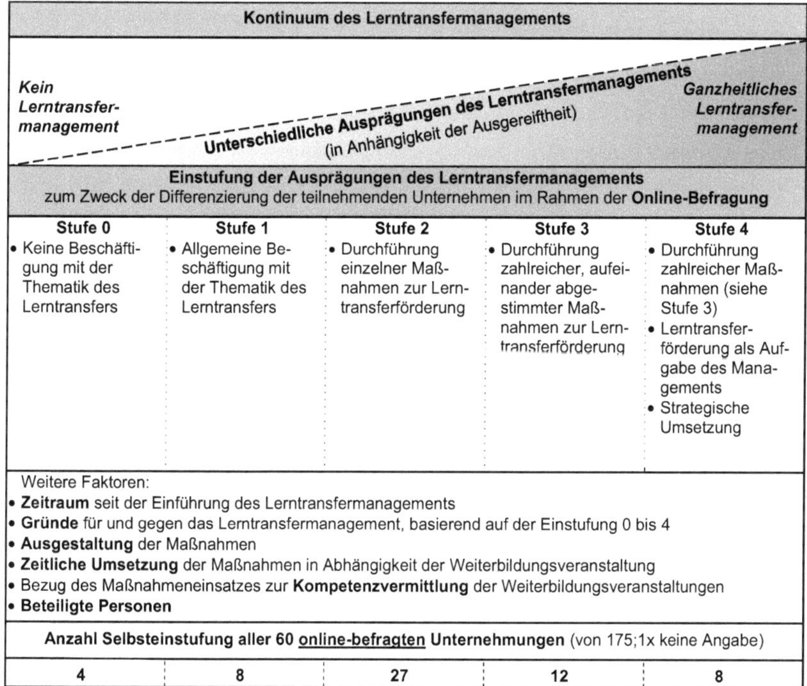

Abb. 14: Einstufung der Unternehmungen der Online-Befragung hinsichtlich der Ausprägungen des Lerntransfermanagements.

Eine vollständige Deskription des vorliegenden Lerntransfermanagements ist dabei nicht allein durch die vorliegende Stufenzuordnung zu erreichen. Die weiteren abgefragten Komponenten – der Zeitraum der Anwendung des Lerntransfermanagements, die Ausgestaltung und zeitliche Umsetzung der lerntransferunterstützenden Maßnahmen, die Berücksichtigung der Kompetenzvermittlung sowie die am Lerntransfermanagement beteiligten

Personen – definieren zudem die Einschätzung der Ausgereiftheit des Lerntransfermanagements auf dem dargestellten Kontinuum.

Ziel der durchgeführten ersten Stufe der empirischen Untersuchung zum Lerntransfermanagement ist es, die vorliegenden Unternehmungen hinsichtlich ihrer Ausgereiftheit der Lerntransferunterstützung zu klassifizieren, um im Rahmen der folgenden Interviews eine **Bandbreite an unterschiedlichen Vorgehensweisen** auf Basis der unterschiedlichen Ausgereiftheit des Lerntransfermanagements detailliert zu erfassen. Nur so können auch unterschiedlichste Begründungen für den Umgang und die Ausgestaltung des Lerntransfermanagements im Rahmen der Interviewdurchführung erhalten und anschließend erklärt werden. Diese Klassifizierung ist durch die Stufenzuordnung treffend erfolgt, da nach Prüfung keines der vorliegenden Unternehmungen im Rahmen der Befragung weiterer Faktoren wesentlich von der Selbsteinschätzung abweicht oder diese widerlegt. Die weiteren generierten Befragungsinhalte bieten Anhaltspunkte für **Verhaltenstendenzen der Unternehmungen, welche aus der Summierung der Häufigkeiten interpretiert werden können**. Auf diese Verhaltenstendenzen wird im Rahmen der Interviews Bezug genommen, um Aussagen über das Verhalten der Unternehmungen zu erhalten sowie dieses erklären zu können. Im Folgenden werden diese abgeleiteten Verhaltenstendenzen zusammengefasst sowie die noch zu erörternden Sachverhalte für die zweite Stufe der empirischen Erhebung im Rahmen der Interviewdurchführung beschrieben. Tab. 21 gibt einen stichpunktartigen Überblick über die inhaltlichen Verhaltenstendenzen, die nachfolgend beschrieben werden. Die dargestellten zu erörternden Inhalte wurden in den Interviewleitfaden[419] integriert, sodass im Rahmen der Interviews bei den Unternehmungen explizit darauf Bezug genommen werden konnte.

Hinsichtlich der Dauer der Zugehörigkeit zu der Stufeneinschätzung der befragten Unternehmungen ergibt sich eine starke Tendenz der langfristigen Zugehörigkeit einer Stufe. Veränderungen im Rahmen der Ausgereiftheit des vorliegenden Lerntransfermanagements erfolgen nicht innerhalb von Wochen oder Monaten. Die meisten der befragten Unternehmungen agieren länger als vier oder fünf Jahre gleich im Rahmen der Lerntransferunterstützung. Hier scheint es Hemmnisse zu geben, die einen kurzfristigen Ausbau des Lerntransfermanagements verhindern. Das Einführen von lerntransferunterstützenden Maß-

[419] Vgl. hierzu auch Tab. 7.

nahmen oder auch der Ausbau bestehender Maßnahmen, unter anderem um eine strategische Komponente, gestaltet sich bei den befragten Unternehmungen **langfristig**. Hier stellt sich die Frage, **sehr träge ändern und erweitern.**

Tab. 21: Aus der Online-Befragung abgeleitete Verhaltenstendenzen der befragten Unternehmungen als Basis für die Interviewdurchführung.

Verhaltenstendenz	Interpretation	Zu erörternde Inhalte
Langfristige Stufenzugehörigkeit	Träge Änderung und Ausweitung des Lerntransfermanagements	Warum liegt träges Verhalten vor?
Lerntransferunterstützende Maßnahmen finden Anwendung **vor, während und nach der Weiterbildungsmaßnahme**	Lerntransfermanagement wird nicht immer zeitlich prozessual betrachtet	Warum erfolgt Maßnahmeneinsatz zeitspezifisch? Welche Bedingungen erschweren diesen?
Lerntransferunterstützende Maßnahmen finden Anwendung bei der Vermittlung von **Fach-, Methoden- und Sozialkompetenzen**	Abstimmung der lerntransferunterstützenden Maßnahmen auf zu vermittelnde Kompetenzarten nicht belegt	Ist diese Vorgehensweise bedingt durch eine hohe Ausgereiftheit des Lerntransfermanagements oder durch nichtspezifisches Abstimmen vorliegender Lerntransferunterstützungsmaßnahmen auf zu vermittelnde Kompetenzarten der Weiterbildungsveranstaltungen? Warum erfolgt eine oder keine spezifische Abstimmung?
Führungskraft wesentlich an Lerntransfersicherungsmaßnahmen beteiligt und als lerntransferhemmender Faktor sowie als Begründung für die Nichteinführung eines Lerntransfermanagements benannt	Hohe Wichtigkeit und Verantwortung der Rolle der Führungskraft	Inwieweit und auf welche Art und Weise bedingt die Führungskraft den Einsatz und den Nichteinsatz eines Lerntransfermanagements?
Einbezug von mehreren Personengruppen und der Unternehmungsleitung im Rahmen der Konzeption und Durchführung des Lerntransfermanagements bei Unternehmungen mit vorliegender hoher Ausgereiftheit des Lerntransfermanagements	Vorliegen einer Beziehung des Lerntransfermanagements zu gesamtunternehmerischen Zielsetzungen bei Unternehmungen mit hoher Ausgereiftheit des Lerntransfermanagements	Inwieweit und auf welche Art und Weise bedingt die Unternehmungsleitung den Einsatz und den Nichteinsatz eines Lerntransfermanagements? Macht eine hohe Ausgereiftheit des Lerntransfermanagements einen Einsatz der Unternehmungsleitung obligatorisch?
Weitergebildeter **Mitarbeiter**, direkte **Kollegen**, **Rahmenbedingungen** des **Arbeitsumfelds** sowie die **Struktur von Großunternehmungen** als Einsatzbedingungen eines Lerntransfermanagements	Benannte Faktoren begründen den Einsatz und den Nichteinsatz eines Lerntransfermanagements	Wie können diese genannten Begründungen erklärt werden?

Hinsichtlich des Einsatzes von Lerntransfersicherungsmaßnahmen ist hervorzuheben, dass einige der befragten Unternehmungen sowohl einen Maßnahmeneinsatz **vor, während und nach** der Weiterbildungsmaßnahme benennen. Dieses belegt sowohl die inhaltliche Benennung der lerntransferunterstützenden Maßnahmen als auch die Angaben der befragten Unternehmungen zum zeitlichen Einsatz von lerntransferunterstützenden Maßnahmen in Abhängigkeit der Weiterbildungsveranstaltung. Eine rein summative Vorgehensweise, ausschließlich nach einer erfolgten Weiterbildungsmaßnahme, wie es beispielsweise auch vielfach bei Evaluationen in der Unternehmungspraxis der Fall ist, ist hier nicht vorzufinden. Theoretisch ist es zu einigen Unternehmungen vorgedrungen, dass eine Lerntransferunterstützung weit vor Beginn einer Weiterbildungsmaßnahme, beispielsweise durch eine adäquate Weiterbildungsbedarfsplanung, beginnen kann. Dennoch lässt sich aus der Summe der einzelnen benannten Lerntransferunterstützungsmaßnahmen, welche vor Beginn einer Weiterbildungsmaßnahme von den Unternehmungen benannt wurden, ableiten, dass einige Unternehmungen dabei sind, die das Thema ‚Lerntransferunterstützung' nicht als Prozess zeitlich vor, während und nach einer Weiterbildungsmaßnahme betrachten. Im Rahmen der Interviews gilt es genauer zu betrachten, **warum ein Maßnahmeneinsatz bei bestimmten Unternehmungen zeitspezifisch** erfolgt und welche Bedingungen diesen erschweren.

Aus den Angaben der befragten Unternehmungen zur Berücksichtigung der **Kompetenzvermittlung** der Weiterbildungsveranstaltungen bei dem Einsatz von lerntransferunterstützenden Maßnahmen lässt sich die spezifische Abstimmung der lerntransferunterstützenden Maßnahmen auf die vermittelte Kompetenzart nicht entnehmen. So differenziert die Anzahl der Aussagen der Unternehmungen bei dem Einsatz von lerntransferunterstützenden Maßnahmen bei der Vermittlung von Fach-, Methoden- oder Sozialkompetenzen nicht wesentlich. Dieses lässt einen Maßnahmeneinsatz vermutlich unabhängig von der Art der Kompetenzvermittlung einer Weiterbildungsveranstaltung vermuten. Andererseits kann aber auch eine hohe Ausgereiftheit des Lerntransfermanagements vermutet werden, da alle drei Kompetenzarten von einer Vielzahl von Unternehmungen mit einbezogen werden. Die Tatsache, dass sieben der acht Unternehmungen, welche der Stufe 4 zuzuordnen sind und im Rahmen des Lerntransfermanagements strategisch aufgestellt sind sowie eine Vielzahl von Maßnahmen aufeinander abgestimmt einsetzen, sowohl Fach- als auch Methoden- und Sozialkompetenzvermittlung mit lerntransferunterstützenden Maßnahmen begleiten, könnte ein Indiz für den letztgenannten Fall sein. Es bleibt die Frage offen, **ob der Stand des Lerntransfermanagements bei den befragten Unternehmungen als hoch einzustufen ist**, da eine Vielzahl der Unternehmungen sowohl Fach- als auch Methoden- und Sozialkompetenzen unterstützen, oder **ob die Unternehmungen eine Maßnahmenanpassung an spezifische Kompetenztrainings nicht oder unbewusst nicht durchführen und was Gründe für diese Verhaltenstendenzen sein können.**

Im Rahmen der von den Unternehmungen eingesetzten Lerntransfersicherungsmaßnahmen wird sehr prominent die **Verantwortung und Rolle der Führungskraft** bei der Lerntransferunterstützung von den befragten Unternehmungen angeführt. Hier setzen die Unternehmungen auf Gespräche vor und nach der Weiterbildungsmaßnahme mit dem direkten Vorgesetzten des weitergebildeten Mitarbeiters. Weiterhin geben die Unternehmungen den Vorgesetzten als lerntransferhemmenden Faktor an und benennen zahlreich seine Verantwortung als Begründung für die Nichteinführung einer nächsthöheren Stufe des Lerntransfermanagements. Wenn die Führungskräfte im Rahmen der Lerntransferunterstützung eine tragende Rolle spielen, so stellt sich gleichzeitig die Frage, **ob diese nicht auch Erfolgsfaktor für einen erfolgreichen Lerntransfer sein können und inwieweit und auf welche Art und Weise sie den Nichteinsatz der Lerntransferunterstützung bedingen**, beispielsweise bei keiner vorhandenen Überzeugung oder Ähnliches. Diesen Sachverhalt gilt es, im Rahmen der folgenden Interviews spezifischer zu erfassen.

Die direkten Vorgesetzten respektive die Führungskräfte, die Mitarbeiter einer Weiterbildungsmaßnahme sowie das Management innerhalb der Unternehmung werden als **zentrale Akteure der Konzeption und Durchführung des Lerntransfermanagements** von den Unternehmungen identifiziert, welche ein Lerntransfermanagement beeinflussen. Von ihnen ist es abhängig, ob lerntransferunterstützende Maßnahmen eingesetzt werden oder nicht. Einigkeit über die Zuweisung der Verantwortung für ein Lerntransfermanagement an eine bestimmte Personengruppe besteht nicht. Hieraus könnte ein Hindernis für den erfolgreichen Einsatz eines umfassenden Lerntransfermanagements abgeleitet werden. Wenn die Verantwortung innerhalb der Unternehmung nicht klar definiert ist, so gefährdet dies das erfolgreiche Umsetzen von lerntransferunterstützenden Maßnahmen. Aus den Angaben der Unternehmungen zu den beteiligten Akteuren des Lerntransfermanagements lässt sich eine Rangfolge ableiten: Am meisten beteiligt sind die Mitarbeiter der Weiterbildungsabteilung und damit verbunden die Leitung der Weiterbildung, gefolgt von dem weitergebildeten Mitarbeiter und den direkten Vorgesetzten des weitergebildeten Mitarbeiters sowie anschließend dem Trainer der durchgeführten Weiterbildungsveranstaltung. Die Unternehmungsleitung ist nur nachrangig am Lerntransfermanagement direkt beteiligt.

Bei den befragten Unternehmungen variieren die beteiligten Personen an der Konzeption und Durchführung des Lerntransfermanagements in Abhängigkeit der Ausgereiftheit des

Lerntransfermanagements. Tendenziell werden bei Unternehmungen der höheren Stufenzuordnung sowohl unterschiedliche Akteure in das Lerntransfermanagement mit einbezogen als auch insbesondere die Unternehmungsleitung involviert und eine Beziehung zu gesamtunternehmerischen Zielsetzungen hergestellt. Weiterhin führen wenige Unternehmungen als Begründung für die Nichteinführung der nächsthöheren Stufe der Ausgereiftheit des Lerntransfermanagements das Bewusstsein des Managements an. Offen bleibt die Frage, ob diese Beziehung in die Richtung zu interpretieren ist, dass eine **Überzeugung der Unternehmungsleitung, für die Wichtigkeit und den Einsatz der Lerntransferunterstützung, diesen Einsatz positiv beeinflusst und weiterentwickelt**. Andererseits kann es auch der Falls ein, dass eine **hohe Ausgereiftheit des Lerntransfermanagements den Einbezug der Unternehmungsleitung obligatorisch macht**. Im Rahmen der Interviews gilt es, die **Rolle der Unternehmungsleitung** für das Lerntransfermanagement explizit zu erfassen und herauszufinden, inwieweit und auf welche Art und Weise diese ein Lerntransfermanagement hemmen oder förderlich für dieses sein kann.

Weiterhin können die im Rahmen der Online-Befragung erfassten lerntransferhemmenden Faktoren erste Indizien für die Erklärung des Nichteinsatzes eines Lerntransfermanagements leisten, indem sie auf den Sachverhalt übertragen werden. Zudem leisten die von den Unternehmungen genannten Begründungen für den Nichteinsatz einer höheren Stufe des Lerntransfermanagements eine Basis für die Befragung der Einsatzbedingungen des Lerntransfermanagements im Rahmen der anstehenden Interviews. Hier gilt es, im Rahmen der Interviews unter anderem darauf einzugehen, inwieweit und auf welche Art und Weise der **weitergebildete Mitarbeiter**, aber auch seine **direkten Kollegen** sowie welche vorliegenden **Rahmenbedingungen im Arbeitsumfeld** die Lerntransferunterstützung bedingen.

Insbesondere die Größe der befragten Unternehmungen scheint weiterhin den Einsatz von Lerntransferunterstützung negativ zu beeinflussen. Vielfach ist es bei den vorliegenden Unternehmungsgrößen unabdingbar, dass Konzernstrukturen mit rechtlich eigenständigen Tochtergesellschaften vorliegen. Diese kann den Umgang mit einem Lerntransfermanagement sowie deren Ausgestaltung wesentlich beeinflussen und eine einheitliche Umsetzung aufgrund von unterschiedlichen Bedingungen, unterschiedlichen Strukturen und unterschiedlichen beteiligten Personengruppen oder Kulturen erschweren. Eine schwerpunktmäßige Verteilung der Begründungen gegen den Einsatz der nächsthöheren Stufe lässt sich in Abhängigkeit der Stufenzuordnung aus den Ergebnissen nicht ablesen. Deshalb gilt es, die **Struktur der befragten Großunternehmungen** als Einsatzbedingung des Lerntransfermanagements zu berücksichtigen. Die jeweils bei einer Unternehmung erfassten Einzelbegründungen für den Nichteinsatz einer höheren Stufe des Lerntransfermanagements werden diesen im Rahmen der Interwies rückgespielt, um eine explizite Erklärung der Begründung für diese Verhaltensweise zu erhalten.

5.3 Ergebnisse der Experteninterviews

5.3.1 Überblick über befragte Unternehmungen

Die befragten Experten trafen Aussagen über die Anzahl der Mitarbeiter, für die der entsprechende Expertenbereich im Rahmen der Weiterbildung zuständig ist. Einen Überblick über die Mitarbeiteranzahl leistet Abb. 15.

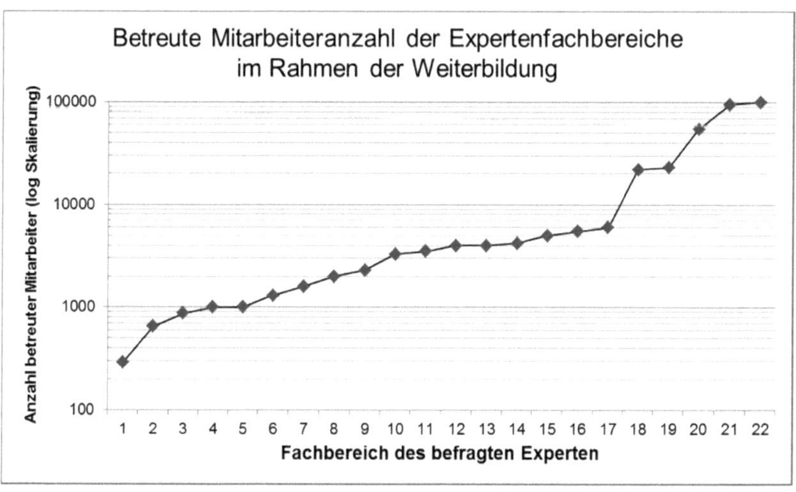

Abb. 15: Betreute Mitarbeiteranzahl der 22 befragten Experten zugeordneten Fachbereiche im Rahmen der Weiterbildung (Darstellungsform in log-Skalierung).

14 der befragten 22 Unternehmungen betreuen demnach zwischen 1.000 und 10.000 Mitarbeiter. Weitere fünf Unternehmungen betreuen über 20.000 Mitarbeiter in ihrem Zuständigkeitsbereich. Lediglich drei Experten geben an, im Rahmen der Weiterbildung für weniger als 1.000 Mitarbeiter zuständig zu sein. Daraus lässt sich ablesen, dass teilweise kleinere Einheiten der Weiterbildung gebildet werden. Dies hängt mit den Strukturen der be-

fragten Unternehmungen zusammen und ist bedingt durch die Bildung von Tochtergesellschaften oder kleinere Unternehmungseinheiten sowie eine dezentrale Aufstellung der Weiterbildungsbereiche.

In der Regel wiesen die abgebildeten Unternehmungen mit sehr großen Mitarbeiterverantwortungsbereichen zentrale Bereiche auf, welche die Weiterbildung der Mitarbeiter in einer Dienstleistungsfunktion betreuen. Diese zentralen Einheiten waren in der Regel professionell aufgestellt und strukturiert im Rahmen des Umgangs mit der Thematik des Lerntransfermanagements.

5.3.2 Ausgestaltung des Lerntransfermanagements

5.3.2.1 Lerntransfersicherungsmaßnahmen

Hinsichtlich der Ausgestaltung des Lerntransfermanagements wurden von den befragten Experten die nachfolgend beschriebenen Maßnahmen zur Lerntransferunterstützung vertiefend erläutert. Die Erläuterungen werden ausführlich dargestellt, da sie Indizien für den Umgang mit der Thematik des Lerntransfermanagements geben und die Grundlage für den Einsatz und den Nichteinsatz des Lerntransfermanagements darstellen. Bezug genommen wird hierauf im Rahmen der Interpretation der Ergebnisse. Tab. 22 gibt einen Überblick über die von den Experten beschriebenen Lerntransfersicherungsmaßnahmen. Die Experten führen im Rahmen dessen Maßnahmen an, die vor, während und nach einer Weiterbildungsmaßnahme eingesetzt werden können, sowie Maßnahmen, die zeitlich nicht zu spezifizieren sind, da sie, hinsichtlich der Weiterbildungsveranstaltung, eine übergreifende Funktion einnehmen.

Elf der befragten Unternehmungen geben an, **im Vorfeld der Durchführung einer Weiterbildungsmaßnahme** ein **Entwicklungsgespräch** als lerntransferunterstützende Maßnahme zwischen Mitarbeiter und Führungskraft durchzuführen. Diese Entwicklungsgespräche werden von den einzelnen Unternehmungen unterschiedlich ausgelegt. Teilweise erfolgen sie in Form von Jahres- oder Halbjahresgesprächen, wobei die Thematik des Lerntransfers nur am Rande oder indirekt angerissen wird. Im Vordergrund steht eher die Erhebung des Weiterbildungsbedarfs sowie der Weiterbildungswünsche.

Tab. 22: Überblick über die im Rahmen der Interviews von den Experten beschriebenen eingesetzten Maßnahmen zur Lerntransfersicherung.[420]

Von den Experten vertiefend dargestellte Lerntransfersicherungsmaßnahmen	
Vor der Weiterbildungsmaßnahme	**Anzahl Nennungen**
Entwicklungsgespräche zwischen Mitarbeiter und Führungskraft	11
Besprechung und Festlegung von Entwicklungs- und Lernzielen	6
Während der Weiterbildungsmaßnahme	**Anzahl Nennungen**
Praxisbezug	11
Beeinflussung des Trainers	11
E-Learning	2
Gemeinsame Schulung von Mitarbeitern eines Arbeitsbereichs	1
Nach der Weiterbildungsmaßnahme	**Anzahl Nennungen**
Kontrollaktivitäten/Einsatz von Wissenstests	5
Abfrage des Lerntransferstands der Mitarbeiter durch die Weiterbildungsabteilung	4
Gespräche zwischen Führungskraft und weitergebildetem Mitarbeiter	4
Folgetrainings	4
Gespräche mit der Führungskraft, initiiert durch die Weiterbildungsabteilung	2
Gruppentreffen	2
Transferreflexion	1
Übergreifende Lerntransfersicherungsmaßnahmen	**Anzahl Nennungen**
Einsatz von Anreizen und/oder Sanktionen	15
Führungskräftequalifizierung	9
Lernpartnerschaften	7
Evaluationsaktivitäten	7
Beratung der Mitarbeiter und Führungskräfte durch Weiterbildungsabteilung	6
Weiterbildungsbudgetgestaltung	5

Eine Unternehmung überträgt die Weiterbildungsverantwortung den Mitarbeitern, welche im Rahmen des Gespräches die Weiterbildung von sich aus anstoßen sollen. Eine Unternehmung gibt an, dass an dem Gespräch auch die Vertreter der Weiterbildungsabteilung sowie der Mitarbeitervertretung teilnehmen. Sechs der befragten Experten, welche Entwicklungsgespräche durchführen, gehen einen Schritt weiter und geben an, dass im Rahmen der Gespräche **Ziele** abgefragt und definiert werden. Diese sind teilweise generelle Entwicklungsziele oder aber spezifische, auf die Weiterbildungsmaßnahme passende Lernziele. Eine Unternehmung gibt an, dass im Rahmen des Gesprächs Ziele niedergeschrieben werden, die mit der Weiterbildungsmaßnahme erreicht werden sollen, sowie, dass die Wei-

[420] Innerhalb der Tabelle werden die absoluten Häufigkeiten der Nennungen der angeführten Lerntransfersicherungsmaßnahmen angeführt. Eine quantitative Betrachtung ist auf Basis der 22 qualitativen Interviews in diesem Fall nicht möglich, dennoch kann die Anzahl der Nennungen Hinweise für mögliche Aktivitäten geben, die verdichtet auftreten. Aber auch Einzelnennungen können für die qualitative Betrachtung der Ergebnisse wichtige Indizien liefern. Auf beides wird im Rahmen der Interpretation der Ergebnisse Bezug genommen.

terbildungsabteilung diese Ziele bei Führungskräften einfordert, um bei ihnen Wissen um den Weiterbildungsstand ihrer Mitarbeiter zu erreichen. Eine Unternehmung wendet für die Mitarbeiterentwicklung ein Kompetenzmodell im Rahmen der Gespräche an, um die Kompetenzverteilung der Mitarbeiter aufzeigen zu können sowie Lernbereiche einzuschätzen, in denen noch Änderungen vorgenommen werden können. Die Mitarbeiter sollen so für den Gesamtzusammenhang sensibilisiert werden.

Als lerntransferunterstützende Maßnahme **während der Durchführung einer Weiterbildungsveranstaltung** geben elf Unternehmungen an, einen hohen **Praxisbezug** innerhalb der Weiterbildungsveranstaltung herzustellen. Diese wird als Basis benannt, um einen erfolgreichen Lerntransfer generieren zu können. Dieses kann durch Simulationen, eine hohe Anwendungsorientierung oder eine starke Bezugsherstellung zum Funktionsfeld des weitergebildeten Mitarbeiters umgesetzt werden. Je realitätsnäher das Training gestaltet ist, desto eher wird es, laut Aussage der Unternehmungen, von den Mitarbeitern angenommen und folglich auch eine Verhaltensänderung durch einen erfolgreichen Lerntransfer umgesetzt. Bedingung ist dafür, so gibt es eine Unternehmung an, die direkte Möglichkeit zur Anwendung der Kenntnisse im Funktionsfeld nach der durchgeführten Weiterbildungsmaßnahme. Eine weitere Unternehmung gibt an, dass die Reduktion von Inhalten dazu beiträgt, den Lerntransfer zu unterstützen. Eine von den genannten Unternehmungen betont wörtlich die „Wichtigkeit der Ähnlichkeit von Lern- und Anwendungssituation“, um den Lerntransfer zu fördern.

Weiterhin geben zwei Unternehmungen an, dass **E-Learning** die Wirksamkeit des Lerntransfers pauschal unterstützt. Folglich werden viele E-Learning-Themen in den zwei Unternehmungen angegangen. Eine Unternehmung setzt darauf, Mitarbeiter aus ähnlichen Arbeitsbereichen gemeinsam zu schulen, damit diese im Rahmen der Lerntransferunterstützung **voneinander abschauen** können.

Die Hälfte der befragten Unternehmungen versucht auf unterschiedliche Art und Weise, **Einfluss auf den Trainer** der angebotenen Weiterbildungsmaßnahme zu nehmen, um den Lerntransfer der Mitarbeiter zu unterstützen. Dieses erfolgt beispielsweise über eine feste, langfristig ausgerichtete Zusammenarbeit mit den Trainern. Einige Unternehmungen fordern von den Trainern, dass diese die Unternehmungen vorab kennenlernen, um die Weiterbildungskonzepte an die Charakteristika der Unternehmung anpassen zu können. Dieses kann durch klassische Mitarbeit erfolgen oder auch durch intensive Gespräche zwischen der Weiterbildungsabteilung und dem Trainer zur Vermittlung der Firmenphilosophie. Die Ausübung des Einflusses auf die Trainer erfolgt in erster Linie über Gespräche sowie über die Auswahl der Trainer. Von diesen wird gefordert, dass der Lerntransfer konkret als Weiterbildungsinhalt behandelt wird sowie, dass das Weiterbildungskonzept insgesamt lerntransferfreundlich gestaltet ist. Eine Unternehmung gibt an, Mindestmaßnahmen zur Lerntransferunterstützung von dem Trainer nachweislich einzufordern.

Im Nachgang einer durchgeführten Weiterbildungsveranstaltung **fragt vielfach die Weiterbildungsabteilung bei den Mitarbeitern nach dem Stand des Lerntransfers**, um diesen zu unterstützen. Vier Unternehmungen beschreiben dies näher. Eine Unternehmung lässt die Weiterbildungsveranstaltung vorerst bewerten und ergreift die Maßnahme des persönlichen Gesprächs bei schlecht bewerteten Veranstaltungen. Eine EDV-gestützte Anwendungskontrolle wird drei Monate nach der Weiterbildungsveranstaltung durchgeführt. Eine weitere Unternehmung schildert ebenfalls, dass webbasierte Standardprozesse eingesetzt werden, um den Lerntransfer zu erheben. Diese beinhalten beispielsweise Fragen an den Teilnehmer, welcher einschätzen muss, wie viel Prozent der in der Weiterbildung erlernten Inhalte er im Arbeitsalltag verwendet sowie wie viel er seiner Einschätzung nach vor der Weiterbildung und im Verhältnis zwei Monate nach der Weiterbildungsmaßnahme zu der Thematik wusste, um eine Veränderung nachhalten zu können. Eine weitere Unternehmung gibt an, eine schriftliche Lerntransfervereinbarung durchzuführen sowie auf Basis eines existierenden Teilnehmerberichts nachhalten zu können, ob und wie die Lerntransferunterstützung im Funktionsfeld stattfindet. Im Rahmen dessen soll der Teilnehmer lerntransferhemmende Faktoren im Funktionsfeld benennen. Diese Benennung soll eine Erinnerungsfunktion haben und folglich einen positiven Lerntransfer auch weit nach der Durchführung der Weiterbildungsveranstaltung generieren. Eine weitere Unternehmung arbeitet mit Lerntransferbögen, welche drei Monate nach dem Training an die Führungskraft und den Mitarbeiter gesendet werden, um eine Beurteilung zu erhalten, was umgesetzt wurde.

Die **Weiterbildungsabteilung setzt sich ebenfalls mit der Führungskraft in Verbindung.** Auch diese ist bei einer Unternehmung in eine schriftliche Lerntransfervereinbarung mit eingebunden, welche durch die Führungskraft und den Teilnehmer ausgefüllt wird und bei diesen verbleibt. Eine Unternehmung erinnert die Führungskraft drei Monate nach der Weiterbildung, dass es ihre Aufgabe ist, den Lerntransfer durch Gespräche zu unterstützen und nimmt entsprechende Rückmeldung auf.

Weitere **Gespräche finden zwischen der Führungskraft und dem Mitarbeiter** statt. Dieses berichten vier der befragten Unternehmungen. Eine Unternehmung fordert die Führungskraft und den Mitarbeiter EDV-gestützt zu diesem Gespräch auf, um im Nachgang der Weiterbildungsmaßnahme den Lerntransfer zu thematisieren. Inhalt ist im Rahmen dessen auch die Reflexion von Lernzielen. Eine Unternehmung beschreibt das Training als Impuls für einen Lerntransfer, welches die Grundlage des Lerntransfergesprächs zwischen Mitarbeiter und Führungskraft bildet. Des Weiteren wird von einer Unternehmung die Verantwortung für den erfolgreichen Lerntransfer der Führungskraft übertragen, sodass diese den Lerntransfer im Anschluss an die durchgeführte Weiterbildungsveranstaltung bei dem Mitarbeiter erfragen soll. Diese Vorgehensweise soll den Lerntransfer weiter unterstützen. Eine weitere Unternehmung sieht es als unterstützend an, dass der Vorgesetzte bei dem Mitarbeiter erfragt, ob dieser innerhalb der Weiterbildung erfolgreich war.

Drei der befragten Unternehmungen geben an, den Lerntransfer der Mitarbeiter durch **Kontrollaktivitäten** zu unterstützen. Eine der Unternehmungen erklärt dies mit einem durch die Kontrolle generierten Wettbewerb unter den Mitarbeitern, zumindest für die Mitarbeiter, die von ihrer Persönlichkeit entsprechend geprägt sind. Zwei weitere Unternehmungen erfragen den Lerntransfer drei Monate nach der Weiterbildungsveranstaltung; eine Unternehmung davon EDV-gestützt, die andere per Fragebogen, um als Weiterbildungsabteilung einen Überblick über den erfolgten Lerntransfer zu bekommen und bei nicht erfolgtem Lerntransfer aktiv auf die Mitarbeiter und Führungskräfte eingehen zu können sowie das Gespräch zu suchen und anschließend Unterstützung leisten zu können. Der Weiterbildungsabteilung kommt im Rahmen dessen eine Beraterrolle zu, welche den Prozess der Weiterbildung und indirekt auch den Lerntransfer anstößt. Zwei weitere Unternehmungen, neben den drei benannten, geben an, dass sie Wissenstests einsetzen als lerntransferunterstützende Maßnahme. Diese müssen bestanden werden oder gegebenenfalls wiederholt werden.

Von vier Unternehmungen werden **Folgetrainings**, auch als sogenannte Follow-ups oder Refresher bezeichnet, eingesetzt, um den Teilnehmern ein Bewusstsein für den Lerntransfer zu vermitteln und die eigentliche Weiterbildungsveranstaltung in Erinnerung zu rufen. Eine Unternehmung schildert im Rahmen dessen, dass ein Folgetraining im Anschluss an die Durchführung einer Weiterbildungsveranstaltung durch die Gestaltung eines zusätzlichen Trainingstages mit dem gleichen Training durchgeführt wird. Im Rahmen dessen wird ausschließlich darauf Wert gelegt, was der Mitarbeiter bereits umsetzen konnte von dem erlernten Wissen und was im Rahmen des Lerntransfers erst noch verbessert werden kann. Folgetrainings können sich über einen Tag oder aber auch über mehrere Tage erstrecken. Teilweise werden diese verpflichtend gestaltet zur Nachbereitung der Inhalte, teilweise nur bei schlecht gelaufenen Weiterbildungsveranstaltungen eingesetzt.

Eine Unternehmung beschreibt ausführlich die von ihr durchgeführte **Lerntransferreflexion** im Nachgang einer Weiterbildungsveranstaltung. Diese basiert auf zuvor durchgeführten Persönlichkeitstests der weitergebildeten Mitarbeiter, welche von geschulten Psychologen ausgewertet werden. Diese werden angefertigt, um zu erörtern, welche Veränderung die weitergebildeten Mitarbeiter anstreben. Sechs Monate nach der Weiterbildungsveranstaltung werden die Ergebnisse der Persönlichkeitstests von dem Trainer und/oder des Psychologen gemeinsam mit den weitergebildeten Mitarbeitern angeschaut, um zu reflektieren, welche Umstände im Funktionsfeld lerntransferförderlich sind. Diese soll dazu beitragen, dass die weitergebildeten Mitarbeiter sich an Inhalte und den Lerntransfer erinnern und ihre Lerntransferaktivitäten im Idealfall erneut ausrichten. Ihnen wird reflektiert, ob ein Lerntransfer erfolgt ist oder nicht.

Als lerntransferunterstützend wird ebenfalls von zwei Unternehmungen der Einsatz von **Gruppentreffen** angeführt, welche sowohl zwischen als auch nach Seminaren eingesetzt werden können, um eine kollegiale Beratung zu fördern. Diese können von der Weiterbildungsabteilung moderiert werden und unter Umständen auch mit der Führungskraft stattfinden. Eine Unternehmung gibt im Rahmen dessen an, im Rahmen der Gruppentreffen fallbasiert mit den weitergebildeten Mitarbeitern zu arbeiten und Hypothesen zu generieren, wie es zu Situationen gekommen ist, welche wiederum durch die kollegiale Beratung unterstützt wird.

Des Weiteren gibt es lerntransferunterstützende Maßnahmen, die nicht zeitlich zur Weiterbildungsveranstaltung direkt eingeordnet werden können. Sie finden nicht ausschließlich vor, während oder nach der Weiterbildung statt, sondern haben eine **übergreifende Funktion**. Insgesamt 15 der 22 befragten Unternehmungen geben an, mit dem Einsatz von **Anreizen** oder Sanktionen den Lerntransfer zu fördern. Sechs der befragten Unternehmungen nennen die *Gestaltung der Laufbahn* der weitergebildeten Mitarbeiter als Anreiz für einen erfolgreichen Lerntransfer. Eine Unternehmung davon forciert die Besetzung von Führungspositionen aus den eigenen Reihen. Dieser Anreiz wird als indirekt bezeichnet, da Laufbahnperspektiven den Mitarbeitern aufgezeigt werden, welche mit verschiedenen Qualifizierungen erreicht werden können. Im Rahmen dessen können Entwicklungspläne unterschiedliche Möglichkeiten für den Mitarbeiter transparent aufzeigen. Wird eine Laufbahn entsprechend der erfolgten Qualifikation angepasst, so kann damit auch ein materieller Anreiz verbunden sein. Die im Rahmen dessen eingesetzten Laufbahn- oder Entwicklungspläne beinhalten Optionen für einen nächsten Karriereschritt. Eine Unternehmung begründet, dass eine Veränderung der aktuellen Arbeitssituation im Rahmen einer Laufbahn nur möglich ist, wenn ein erfolgreiches Lernen und auch ein erfolgreicher Lerntransfer erfolgt. Insofern findet eine indirekte Steuerung des Lerntransfers über Anreize statt. Zwei Unternehmungen beschreiben die *Vorbildfunktion* der Vorgesetzten als Anreiz für einen erfolgreichen Lerntransfer. Diese sollen das Verhalten der Mitarbeiter wertschätzen. Im Rahmen dessen wird auch die Veröffentlichung von Vorbildfunktion, beispielsweise in einer Mitarbeiterzeitschrift, genannt. Dieses soll einen gewissen Druck auf andere Führungskräfte ausüben, die Mitarbeiter bisher in ihrem Lerntransfer nur bedingt unterstützt haben. Weitere zwei Unternehmungen benennen das *kostenfreie Zurverfügungstellen der Weiterbildungsveranstaltung* für die Mitarbeiter als Lerntransferanreiz. Auch weisen zwei Unternehmungen der *Zielformulierung* die Anreizfunktion zu, welche im Rahmen von Entwicklungsmaßnahmen durchgeführt werden. Sie leiten daraus ab, dass der Mitarbeiter tätig werden muss und sein Verhalten im Funktionsfeld ändern muss, um die formulierten Ziele zu erreichen. Von einer Unternehmung wird der *Einbezug der Mitarbeiter in den Entwicklungsprozess* benannt, um eine Identifikation der Mitarbeiter mit den geforderten Leistungen herbeizuführen. Im Rahmen dessen setzt die Unternehmung Mitarbeiterbefragung ein, sodass die geforderten Leistungen transparent aufgezeigt werden können. Nur zwei Unternehmungen nennen einen *materiellen Anreiz.* Eine Unternehmung orientiert im Rahmen dessen die Bezahlung der Mitarbeiter am Bildungsoutcome. Eine weitere Unternehmung weist den Mitarbeitern im Rahmen von Weiterbildungsplänen unterschiedliche Tätigkeiten zu. Durch die erfolgte Qualifizierung im Rahmen einer Weiterbildungsveranstaltung können höherwertige Tätigkeiten verrichtet werden, welche mit einer entsprechenden Wertigkeit vergütet werden. Zwei Unternehmungen führen das *Expertenwissen* an, in dem ein Mitarbeiter durch die Weiterbildung zum Spezialisten ernannt wird und daraufhin auch Gehaltsanpassungen sowie die Zuteilung von Firmenfahrzeugen verbunden sind. Expertenwissen sichert im Rahmen dessen den Arbeitsplatz, was unter den Mitarbeitern allgemein bekannt ist. Weiterhin wird von jeweils einzelnen Unternehmungen als Anreiz die *Erweiterung von Aufgaben* der weitergebildeten Mitarbeiter sowie die Möglichkeit einer *positiven Eintragung in der Personalakte* und das *Anhalten des Umfelds des weitergebildeten Mitarbeiters zu einer positiven Verstärkung der Verhaltensänderung* und Unterstützung des Lerntransfers benannt. Im Rahmen dessen wird auch angeführt, dass es für den Mitarbeiter ein guter Anreiz ist, ein drittes Anliegen für eine Weiterbildung zu haben. Er muss seinen *„Bedarf für Lernen"* erkennen.

Zwei Unternehmungen geben als **Sanktion** an, dass *Mahnungen* an Fachabteilungen von Seiten der Weiterbildungsabteilung ausgesprochen werden, wenn innerhalb eines bestimmten Zeitraums keine Weiterbildung in Anspruch genommen wurde. Die Weiterbildungsabteilung „tritt den Führungskräften auf die Füße", welche lange keine Weiterbildung eingesetzt haben. Eine Unternehmung beschreibt den Sachverhalt, dass ein Nichtlernen der Mitarbeiter bei Ausübung des immer gleichen Jobs, bedingt durch veränderte Umweltbedingungen diesen nicht qualitativ langfristig ausüben kann. Daraus folgt, dass er „weg vom Fenster" ist. Auch eine zweite Unternehmung setzt die *Kündigung* als Sanktionsmaßnahme ein, wenn kein erfolgreicher Lerntransfer von dem Mitarbeiter initiiert wird. Zwei weitere Unternehmungen formulieren es weniger dramatisch, indem sie angeben, dass die *Qualifizierung verpflichtend ist für jeden, der selbstständig einen Teilbereich führen will* oder auch, dass Personal dem Teilbereich entnommen wird, wenn Qualifizierungen entsprechend nicht vorliegen.

Weiterhin wurde im Rahmen der Interviews erfragt, ob eine **Evaluation** von Weiterbildungsveranstaltungen sowie der Lerntransferunterstützung stattfindet und inwieweit die Evaluation einen Zusammenhang zur Lerntransferunterstützung darstellt. Drei Unternehmungen geben an, dass keine Evaluationen durchgeführt werden. Weitere sieben Unternehmungen führen auf unterschiedliche Art und Weise Evaluationen durch. Davon beschränken sich sechs Unternehmungen auf die Evaluation des Lerntransfers oder auf das Abfragen der Bewertung von Weiterbildungsveranstaltungen bei den Mitarbeitern. Eine Unternehmung weist im Rahmen dessen der Evaluation des Lerntransfers eine Steuerungsfunktion zu, welche den Mitarbeiter anregen kann, über den Lerntransfer nachzudenken. Zusätzlich zu den genannten neun Unternehmungen gibt ein weiterer Experte an zu evaluieren, inwieweit der Lerntransfer unterstützt wurde. Der Mitarbeiter wird beispielsweise direkt danach gefragt, wie die Führungskraft ihn unterstützt. Insgesamt beinhaltet die EDV-gestützte Befragung vier bis fünf Fragen an den Mitarbeiter. Bei nicht erfolgter Lerntransferunterstützung kann so die verantwortliche Weiterbildungsabteilung dem Sachverhalt nachgehen.

Als weitere lerntransferunterstützende Maßnahme, welche übergreifend einzuordnen ist, wird von neun Unternehmungen die **Führungskräftequalifizierung** benannt. Es ist von der These auszugehen, dass die Führungskräfte als elementar verantwortlich für die Unterstützung des Lerntransfers angesehen werden. Darauf aufbauend argumentieren neun Unternehmungen, dass diese im Rahmen der Führungskräfteentwicklung auf ihre Rolle als Lerntransfer-Unterstützer vorbereitet werden müssen. Dieses kann durch separate Weiterbildungsveranstaltung oder durch den Einsatz eines externen Coaches erfolgen. Auch wird die Begleitung der nächsthöheren Führungskraft für neue Führungskräfte angeführt. Insgesamt kann so Einfluss auf die Führung und den Führungsstil von bestehenden und neuen Führungskräften genommen werden.

Fünf der befragten Unternehmungen stellen einen Zusammenhang her zwischen lerntransferunterstützenden Maßnahmen und dem zur Verfügung stehenden **Budget** für Weiterbildungen. Beispielsweise schildert eine Unternehmung, dass sie Seminare der Fachabteilung, welche eigene Weiterbildungsbudgets haben, von einem zentralen Budget zur Hälfte bezuschusst, wenn mit den Inhalten ein zentrales Problem im Arbeitsablauf behoben werden kann. Weiterhin wird davon ausgegangen, dass sich eine Budgetverteilung auf einzelne

Abteilungen oder in Unternehmungseinheiten zu einer effizienten Nutzung der Budgets und folglich auch lerntransferunterstützend wirkt. Im Rahmen dessen kann es sogar der Fall sein, dass jede Führungskraft ein eigenes Weiterbildungsbudget hat. Eine Unternehmung geht noch einen Schritt weiter und weist eine Kostenbeteiligung der Mitarbeiter auf, welche das aktive Angehen des Lerntransfers von Seiten des Mitarbeiters anregen soll. Weiterhin werden Investitionen in die Infrastruktur der Weiterbildung als Unterstützung angeführt sowie die Möglichkeit für Unternehmungsteilbereiche, Lerntransferkonzepte mit entsprechenden Vorgehensweisen im Rahmen ihres Budgets zu kaufen.

Sechs Unternehmungen schildern eine **beratende Tätigkeit von Seiten der Weiterbildungsabteilung** für Führungskräfte und Mitarbeiter. Davon arbeiten vier Unternehmungen mit Begleitordnern oder sogenannten Transferbegleitbüchern, welche Transferaufgaben und praxisorientierte Begleitfragen enthalten. Diese, sowie der Einsatz von Leitfäden, werden in erster Linie für Führungskräfte durchgeführt. Weiterhin wird der Einsatz von Informationsblättern für Mitarbeiter zum Thema ‚Entwicklung am Arbeitsplatz' angeführt. Es wird der Weiterbildungsabteilung die Aufgabe zugewiesen, das Thema ‚Lerntransferunterstützung' immer wieder bei verschiedenen Anlässen anzureißen. Eine weitere Unternehmung gibt an, den Status quo, welche Seminare die Mitarbeiter des Teams schon besucht haben, der Führungskraft in Form eines Reports zur Verfügung zu stellen, um Transparenz für die Führungskraft zu schaffen. Auch werden beratende Gespräche zwischen Weiterbildungsabteilung und weitergebildeten Mitarbeitern angeführt.

Vier der befragten Unternehmungen setzen **Coaching** und drei der befragten Unternehmungen **Mentoring** zur Lerntransferunterstützung ein. Zudem nennen zwei Unternehmungen den Einsatz von Lerntandems oder sogenannten **Lernpartnerschaften**. Bei einem weiteren befragten Experten kommen Patenkonzepte für weitergebildete Mitarbeiter sowie Lernbegleiter zum Einsatz. Diesen benannten Begleiter für die Lerntransferunterstützung kommt eine Vermittlungsrolle zu. Sie können Trainer oder auch Kollegen einnehmen, welche gesondert für ihre Rolle qualifiziert werden.

5.3.2.2 Managementbezug und zukünftige Entwicklungen

Theoretisch können im Rahmen des Lerntransfermanagements **zwei Perspektiven** unterschieden werden: **funktional** die Managementaktivitäten (Information, Planung, Organisation, Personal, Kontrolle), die aktiv im Rahmen des Lerntransfermanagements umgesetzt werden und **institutionell** die verantwortlichen Instanzen respektive Personen, die für die Konzeption, Umsetzung und Evaluation des Lerntransfermanagements zuständig sind. Die befragten Experten wurden gebeten, Aussagen darüber zu treffen, inwieweit diese beiden Perspektiven in ihrer Unternehmung im Rahmen der Lerntransferunterstützung und der damit verbundenen Prozesse und Aktivitäten unterschieden werden und weiterhin Stellung dazu zu nehmen, wie ihre Vorgehensweise zu begründen ist.[421]

Zwei Unternehmungen konnten keine Aussage zu der Frage treffen. 13 Unternehmungen konnten keinen Bezug im Rahmen ihrer Aktivitäten zu den geschilderten Managementperspektiven herstellen. Es erfolgte keine Unterscheidung der Aktivitäten in eine funktionale und institutionelle Managementperspektive. Teilweise ist bei den befragten Unternehmungen dabei kein vorliegendes Verständnis für die Unterscheidung zu verzeichnen, teilweise erfolgt auch ein bewusster Ausschluss der Bezugsherstellung, bei einigen Unternehmungen mit der Angabe von Gründen. Beispielsweise wird die Führungskraft angeführt, welcher laut Aussage einer Unternehmung obliegt, was im Rahmen der Lerntransferunterstützung zu tun ist und wer dieses zu tun hat, weil sie allein die Verantwortung für den Lerntransfer trägt. Als weitere Begründung wird angeführt, dass der verbundene Zeitaufwand minimiert werden sollte und der Lerntransferunterstützungsprozess „schlank" gehalten werden sollte.

Zwei Unternehmungen lehnen bewusst einen Bezug zu beiden Managementperspektiven ab. Ihre Antworten induzieren aber dennoch einen vorliegenden Bezug, zumindest zur institutionellen Perspektive, da die beiden befragten Unternehmungen verantwortliche Personen benennen, wie beispielsweise die Führungskraft, sowie die Verantwortlichkeit der Weiterbildungsabteilung erklären. Eine Unternehmung differenziert in eine Aufgabenüberfrachtung der Vorgesetzten durch die Lerntransferunterstützung sowie die Forderung der Arbeitnehmervertreter nach Lernprozessbegleitern, welche dezentral arbeiten als freigestellte Mitarbeiter und von der Weiterbildungsabteilung angeleitet werden

[421] Einen Überblick über die verdichteten Aussagen und ihre Einordnung im Rahmen des bereits beschriebenen Kontinuums des Lerntransfermanagements leistet die Abb. 16 im Abschnitt 5.3.4.1.

Weitere drei Unternehmungen fokussieren sich ebenfalls lediglich auf die institutionelle Managementperspektive, geben aber an, dass sie die beiden Perspektiven bewusst einbeziehen. Sie leisten ebenfalls eine differenzierte Benennung verantwortlicher Personen für die Lerntransferunterstützung. Weitere zwei Unternehmungen schildern den Sachverhalt, dass beide Perspektiven bewusst wahrgenommen werden, aber noch nicht eindeutig identifiziert werden können, da der Prozess der Lerntransfersteuerung nicht in dem Umfang wie gewünscht ausgereift ist, da er noch in der Entwicklungsphase steckt. Eine Unternehmung bezeichnet die ideale Lerntransferunterstützung als Vision, die in nächster Zeit angegangen werden soll.

Weiterhin wurden die Experten gebeten, die **zukünftige Entwicklung des Lerntransfermanagements** in ihrer Unternehmung einzuschätzen. Die Mehrheit der befragten Unternehmungen ist sich einig, dass der Bereich der Lerntransferunterstützung in der Zukunft **weiter ausgebaut und professionalisiert** werden soll. Sieben Unternehmungen benennen dies explizit, weitere reißen dies im Rahmen ihrer Antworten an. Sie wollen für die Thematik sensibilisieren, den Themenbereich fokussieren und ein Bewusstsein für die Wichtigkeit der Unterstützung des Lerntransfers schaffen. Eine Unternehmung davon strebt an, eine Stabsstelle für die Lerntransferunterstützung einzurichten. Sechs Unternehmungen beziehen ihre Antworten auf die **Rolle der Führungskraft.** Sie fokussieren den Ausbau der Gespräche zwischen Führungskraft und Mitarbeiter sowie die Kommunikation zwischen der Weiterbildungsabteilung und der Führungskraft sowie die Förderung des Führungskräftenachwuchses. Lediglich eine Unternehmung fokussiert zukünftig die Verantwortung für die Lerntransferunterstützung den Mitarbeitern mehrheitlich zu übertragen.

Sieben der befragten Unternehmungen geben an, dass Prozesse der Lerntransferunterstützung **effizienter** und transparenter gemacht werden müssen. Eine Zentralisation von Aktivitäten wird angesprochen sowie auch die Dokumentation von Wissen, das Einführen von Qualitätsmanagementsystem und die Evaluation. Im Fokus stehen eine bedarfsgerechte Weiterbildung sowie die Erhebung der Wirksamkeit der durchgeführten Weiterbildung. Weiterhin werden technische Lösungen zur Unterstützung einer effizienten Lerntransferunterstützung angestrebt. Begründet wird dies unter anderem mit dem in Zukunft noch höher einzuschätzenden Fachkräftebedarf. Laut der Aussage einer Unternehmung ist der „ideale Mitarbeiter“ in Zukunft auf dem Markt nicht mehr zu finden, sodass dieser erst durch Weiterbildung und auch durch einen erfolgreichen Lerntransfer, welcher von Unternehmungsseite effizient unterstützt werden muss, geschaffen werden kann.

Auf die Frage nach der **idealen Vorstellung eines Lerntransfermanagements** geben sechs Unternehmungen an, dass diese bedingt ist durch die **Interaktion und Kommunikation zwischen Führungskraft und Mitarbeiter** und eine ideale Lerntransferunterstützung durch eine kontinuierliche Gesprächsführung stattfinden kann. Weiterhin sollte die Führungskraft auf ihre Rolle vorbereitet werden. Zwei Unternehmungen sehen die Idealvorstellung in der institutionellen Instanz in Form einer **zentralisierten Weiterbildungsabteilung**, welche ein ganzheitliches Konzept der Lerntransferunterstützung konzipiert und umgesetzt. Dafür wird aus Sicht der Unternehmungen ein großer Zeitumfang benötigt, um sowohl Mitarbeiter als auch Führungskräfte zu begleiten. Drei Unternehmungen heben hervor, dass im Idealfall eine **adäquate Bedarfsermittlung** der Durchführung einer Weiterbildung vorausgeht, um einen erfolgreichen Lerntransfer zu erzielen. Weitere einzelne Nennungen ergeben, dass der Trainer mit sehr guten pädagogischen und psychologischen Komponenten ausgestattet sein sollte, der Mensch und die Situation ganzheitlich im Rahmen der Thematik des Lerntransfers betrachtet werden sowie die Ausrichtung der Weiterbildung langfristig erfolgen sollte.

Eine Unternehmung schildert einen **Prozessablauf**, welcher mit einem Entwicklungsgespräch mit dem Mitarbeiter im Rahmen der Bedarfserhebung startet, um anschließend den konkreten Weiterbildungsbedarf zu erfassen und darauf aufbauend das Training durchzuführen. Danach sollen Follow-up-Maßnahmen, in etwa sechs Wochen nach dem Training, zusammen mit dem Trainer sowie ein weiteres Entwicklungsgespräch zusammen mit dem direkten Vorgesetzten, der Weiterbildungsabteilung und dem Mitarbeiter im Anschluss der Weiterbildung mit dem Fokus auf Maßnahmen und Ziele durchgeführt werden.

5.3.2.3 Begründungen für die Ausgestaltung des Lerntransfermanagements

Die befragten Experten begründen die aktuell vorliegende Ausgestaltung des Lerntransfermanagements unterschiedlich. Tab. 23 leistet eine Übersicht über die von den Experten ausgeführten Begründungen für die Ausgestaltung des Lerntransfermanagements sowie die damit verbundenen Häufigkeiten der Nennungen der Experten. Die damit einhergehenden Erklärungen der Experten zu den Gründen werden nachfolgend inhaltlich näher ausgeführt.

Tab. 23: Übersicht der von den 22 interviewten Experten ausgeführten Begründungen für die Ausgestaltung des Lerntransfermanagements.

Begründungen für die Ausgestaltung des Lerntransfermanagements	Anzahl Nennungen
Kultur	15
Rolle der Führungskraft (Führungskraft obliegt Verantwortung für Lerntransferunterstützung)	7
Rolle des Mitarbeiters (Mitarbeiter ist verantwortlich für Lerntransfer)	4
Rolle der Weiterbildungsabteilung (Dienstleistungsfunktion)	3
Zertifizierungsprozess	3
Situation	3
Struktur	1
Charakteristika ausgewählter Weiterbildungsveranstaltungen	1
Multiplikatorfunktion von lerntransferunterstützenden Mitarbeitern	1

15 der 22 befragten Experten führen einen Zusammenhang von der Ausgestaltung des Lerntransfermanagements mit der vorherrschenden **Kultur** innerhalb der Unternehmungen an. Im Rahmen dessen sind es vor allem der Vorstand, die Geschäftsführung und die Inhaber, welche der Weiterbildung einen hohen Stellenwert zuweisen sowie diese einfordern und damit teilweise direkt, teilweise indirekt auch die Wichtigkeit der Lerntransferunterstützung an die Mitarbeiter vermitteln. Diese Vorgehensweise und die Verankerung des Weiterbildungsgedankens als Kernkompetenz innerhalb von Leitbildern oder formulierten Strategien ist vor dem Hintergrund zu sehen, dass die Unternehmungen einem zunehmenden Wettbewerb um qualifizierte Fach- und Führungskräfte gegenüber stehen. Im Zuge dessen nennen die befragten Experten ebenfalls eine enge Verzahnung der Mitarbeiter mit der vorliegenden Unternehmungskultur sowie die Fokussierung des Mitarbeiters im Mittelpunkt als formulierten Kulturgedanken. Einige Unternehmungen geben zusätzlich an, dass die Ausgestaltung der Lerntransferunterstützung durch die langfristige Ausrichtung der Unternehmung bedingt ist. Eine Unternehmung gibt an, dass die Mitarbeiter eine Lerntransferunterstützung einfordern. Eine weitere Unternehmung beschreibt die Beeinflussung der vorliegenden Kultur des Umgangs mit der Lerntransferunterstützung durch Kollegen des weitergebildeten Mitarbeiters, indem diese sowohl Bedingungen für einen positiven Lerntransfer gestaltet können als auch eine Multiplikatorfunktion einnehmen können. Lediglich eine Unternehmung gibt an, dass die vorliegende Lerntransferunterstützung nicht in der Kultur verankert ist.

Vier der befragten Unternehmungen geben an, dass die Gestaltung des Lerntransfermanagements auf dem Verständnis basiert, dass in erster Linie dem **Mitarbeiter selbst eine starke Rolle im Rahmen der Lerntransferverantwortung** zukommt. Er übernimmt die Verantwortung für die erlernten Inhalte, indem er für sich prüfen muss, ob diese für seine Arbeitssituation plausibel sind. Es ist Aufgabe des Mitarbeiters, die Seminarinhalte kritisch zu hinterfragen und nicht blind zu adaptieren. Die Rollenzuweisung wird von einer Unternehmung damit erklärt, dass ein Mitarbeiter, der bestimmte Inhalte nicht für plausibel hält, sich gar nicht erst mit den Inhalten befassen wird, diese nicht verinnerlicht und folglich auch nicht im Funktionsfeld im Rahmen eines erfolgreichen Lerntransfers einsetzt. Auf Basis dieser Überlegungen sollen Weiterbildungen und folglich auch lerntransferunterstützende Aktivitäten gestaltet werden.

Sieben der befragten Unternehmungen geben an, dass die Ausgestaltung des Lerntransfermanagements auf dem vorliegenden **Rollenverständnis und der Verantwortungszuweisung der Führungskraft** basiert. Sie sehen die Führungskraft als wichtigsten Unterstützungsfaktor im Rahmen eines erfolgreichen Lerntransfers und weisen dieser die Hauptverantwortung für die Lerntransferunterstützung zu. Erklärt wird dieses beispielsweise damit, dass die Führungskräfte elementar mit der Organisationsentwicklung und auch mit der Weiterbildung verbunden sind und folglich in den Entwicklungsprozess der Mitarbeiter mit einbezogen werden. Die Führungskräfte werden als Verantwortliche angesehen, welche die Umsetzungsmöglichkeiten der Mitarbeiter vor Ort einsehen können. Zwei Unternehmungen beschreiben im Rahmen dessen die Führungskraft als „obersten Personalentwickler“. Eine der befragten Unternehmungen differenziert in Führungskräfte, die jünger und kürzer in der Unternehmung beschäftigt sind, da diese als offener für lerntransferunterstützende Maßnahmen eingeschätzt werden.

Weitere drei Unternehmungen äußern sich zur **Rolle der Weiterbildungsabteilung** im Rahmen der Begründungen der Ausgestaltung des vorliegenden Lerntransfermanagements. Die Weiterbildungsabteilung wird im Rahmen dessen von zwei der genannten Unternehmungen als Dienstleistungsabteilung beschrieben, welche die Rahmenbedingungen schafft und den Anspruch an die Qualität der Weiterbildung definiert. Sie hat einen Überblick über alle Maßnahmen und indirekt eine Kontrollfunktion der Weiterbildung, um die Wirtschaftlichkeit der Weiterbildung beizubehalten. Weiterhin wird sie als interner Berater bezeichnet. Ihr Einfluss auf Lerntransferleistung wird als indirekt bezeichnet, da sie für eine Vielzahl von Mitarbeitern die Weiterbildung organisiert sowie generelle lerntransferunterstützende Konzepte erarbeitet. Aufgrund dessen kann die Weiterbildungsabteilung für die vielen Mitarbeiter lediglich Anregungen geben, welche von Teilbereichen übernommen und umgesetzt werden können. Eine Unternehmung beschreibt die Weiterbildungsabteilung im Rahmen dessen als „geduldeter Verlustbetrieb".

Die **Zertifizierung** des Weiterbildungsprozesses wurde im Rahmen der leitfadengestützten Expertenbefragung explizit vom Interviewer angesprochen sowie nach einem Zusammenhang zur Ausgestaltung des Lerntransfermanagements gefragt. 16 Unternehmungen äußerten sich zu dem beschriebenen Zusammenhang. Davon gaben 13 Unternehmungen an, dass entweder kein Zusammenhang besteht, obwohl die Weiterbildung dem Zertifizierungsprozess unterliegt, oder auch kein Zusammenhang in deren Verständnis vorliegt, wenn die Weiterbildung nicht gesondert zertifiziert ist. Der Zertifizierungsprozess wird als nicht qualitativ unterstützend für den Lerntransfer der Mitarbeiter angesehen. Die Zertifizierung wird verbunden mit inhaltslosen Maßnahmen und einem hohen, unnützen bürokratischen Aufwand, welcher als nicht förderlich für den Lerntransfer angesehen wird. Es wird von den Unternehmungen kein Zusammenhang zu einem erfolgreichen Lerntransfer gesehen. Die Unternehmungen beschreiben den Einsatz der geforderten Bögen als lediglich erforderlich, um die Zertifizierung zu erhalten. Ein inhaltlicher Nutzen wird auch den im Rahmen der Zertifizierung erforderlichen Lerntransferbögen nicht zugewiesen. Die Bögen können von der Führungskraft und dem Mitarbeiter ausgefüllt werden, ohne dass eine Lerntransferunterstützung oder ein Lerntransfergespräch stattfindet. Eine Unternehmung, welche eine hohe Ausgereiftheit des Lerntransfermanagements aufweist, strebt keine Zertifizierung des Weiterbildungsprozesses an, da dieser als teuer eingestuft wird und die Unternehmung nicht von dem Nutzen der Lerntransferunterstützung überzeugt ist, da diese selbst schon weiter entwickelt ist als es die Aktivitäten im Rahmen der Zertifizierung erfordern. Sie weist der Zertifizierung die Funktion der Außenwerbung und Bekanntmachung für Kunden zu. Drei der 16 Unternehmungen nehmen eine entgegengesetzte Meinung ein. Sie geben an, dass die Zertifizierung des Weiterbildungsprozesses dazu beiträgt, sich intensiver mit dem Thema ‚Lerntransfer' auseinanderzusetzen und dass dieses Auswirkungen auf den Umgang mit dem Lerntransfer innerhalb der Weiterbildungsabteilung hat. Es können aus den Zertifizierungsaktivitäten Hinweise für mögliche Verbesserungen generiert werden. Eine Unternehmung beschreibt die Zertifizierung als Auslöser, um lerntransferunterstützende Prozesse voranzutreiben.

Drei Unternehmungen geben an, dass die vorliegende Ausgestaltung des Lerntransfermanagements mit der aktuell vorliegenden **Situation** zu begründen ist. Im Rahmen dessen wird die Wichtigkeit des Einbezugs von Arbeitssituationen und der Simulation derselben während der Durchführung einer Weiterbildungsmaßnahme angeführt. Die Unternehmungen gehen davon aus, dass im Funktionsfeld Veränderungswissen benötigt wird, da sich das Tagesgeschäft an unterschiedliche Situationen anpassen muss. Eine Unternehmung geht davon aus, dass die Mitarbeiter spezifisch erlerntes Wissen auf andere Situationen nicht eins zu eins übertragen können, sodass innerhalb von Weiterbildungsveranstaltungen keine Anwendungssituationen erlernt werden sollen, sondern die Vermittlung von generellen Zielsetzungen, Haltungen und Werten die Voraussetzung für einen erfolgreichen Lerntransfer darstellt. Der Mitarbeiter benötigt folglich eine Richtschnur, um sein Verhalten im Funktionsfeld an aktuelle Situationen anpassen zu können.

Als weitere einzelne Nennungen im Rahmen der Begründungen für die Ausgestaltung des Lerntransfermanagements gibt eine Unternehmung **strukturelle Gründe** an. Diese beschreibt den Sachverhalt, dass jede Führungskraft für ca. zwölf bis 15 Mitarbeiter zuständig ist im Rahmen der Lerntransferunterstützung. Eine Zuständigkeit für eine größere Anzahl von Mitarbeitern wird als nicht mehr „handelbar" für lerntransferunterstützende Aktivitäten bezeichnet, weil der Aufwand entsprechend steigt und die zeitlichen Ressourcen der Führungskräfte begrenzt sind. Eine Unternehmung begründet den Einsatz von individuellen lerntransferunterstützenden Maßnahmen von Seiten der Weiterbildungsabteilung mit der Durchführung von **ausgewählten Weiterbildungsveranstaltungen**, welche Themen mit hoher strategischen Bedeutung beinhalten. Im Rahmen dessen werden mehrere Mitarbeiter weitergebildet, und es kommen hohe Budgets zum Einsatz. Als Beispiel für lerntransferunterstützende Maßnahmen führt die Unternehmung den Einsatz von Zielen sowie die Absprachen zwischen Teilnehmern und Führungskräften mittels Fragebögen und die Dokumentationen der Aktivitäten zwischen Weiterbildungsabteilung und dem jeweiligen Fachbereich an. Des Weiteren wird die Wirkung der Weiterbildungsveranstaltung erhoben und Unterstützungsmaßnahmen eingeleitet. Dabei wird individuell von Seiten der Weiterbildungsabteilung vorgegangen, es gibt keinen Standardleitfaden für eine definierte

Vorgehensweise im Rahmen der Lerntransferunterstützung bei dieser Art von Trainings. Eine Unternehmung gibt an, vorerst einige Mitarbeiter mit der Lerntransferunterstützung vertraut zu machen, damit diese die neuen Konzepte und Unterstützungsmaßnahmen erfolgreich durchführen und im Anschluss auf andere Mitarbeiter zugehen können, um diese dafür gewinnen zu können. Sollte ein Teil der Belegschaft lerntransferunterstützende Maßnahmen erfolgreich einsetzen, so kommt diesem Teil eine **Multiplikatorfunktion** zu. Andere Mitarbeiter können von deren Erfahrungen profitieren und für Neuerungen gewonnen werden. Diese Vorgehensweise begründet den teilweisen Einsatz und dessen Begleitung der Lerntransferunterstützung von Seiten der Weiterbildungsabteilung.

5.3.3 Einsatz des Lerntransfermanagements

5.3.3.1 Begründungen für den Einsatz des Lerntransfermanagements

Tab. 24 leistet eine Übersicht über die von den Experten ausgeführten Begründungen für den Einsatz des Lerntransfermanagements sowie die damit verbundenen Häufigkeiten der Nennungen der Experten. Die damit einhergehenden Erklärungen der Experten zu den Gründen werden nachfolgend inhaltlich näher ausgeführt.

Tab. 24: Übersicht der von den 22 interviewten Experten ausgeführten Begründungen für den Einsatz des Lerntransfermanagements
(grau gekennzeichnete Werte stellen Teilsummen dar).

Begründungen für den Einsatz eines Lerntransfermanagements	Anzahl Nennungen
Auslösende Sachverhalte	8
• Strukturelle Veränderungen	4
• Inhaltliche Veränderungen	2
• Einarbeitung neuer Mitarbeiter	1
• Neue Produkte/Dienstleistungen	1
Nachwuchssicherung	4
Weiterbildung als Wettbewerbsfaktor	2
Positives Arbeitgeberimage	1
Mitarbeiterbindung	1
Auffangen schlecht gelaufener Weiterbildungsveranstaltungen	1

Auf die Frage, warum sich die Unternehmungen mit dem Lerntransfermanagement beschäftigen und dieses einsetzen, nahmen 13 der befragten Unternehmungen Bezug auf **auslösende Sachverhalte**, welche beispielsweise vorkommende Ereignisse, vorliegende oder neu geschaffene Strukturen oder sonstige Umstände beinhalten können, welche im Folgenden beschrieben werden. Die Antworten gestalten sich insgesamt sehr heterogen.

Vier der 13 genannten Unternehmungen beschreiben als Begründung für den Einsatz eines Lerntransfermanagements *strukturelle Veränderungen.* So gab eine Unternehmung an, dass es einen Wechsel in der Leitungsfunktion der Weiterbildungsabteilung gab, womit gleichzeitig die Fokussierung des demographischen Wandels sowie das Aufgreifen der Thematik des Lerntransfers vom derzeitigen Betriebsrat einhergingen. Daraus folgte, dass die Lerntransferunterstützung zu einem hochrangigen Thema definiert und weiter ausgebaut wurde. Ähnlich beschreibt es eine weitere Unternehmung, bei der die Weiterbildungsabteilung in die Personalabteilung integriert wurde, womit ein Grundverständnis für eine strategische Ausrichtung der Weiterbildung induziert wurde und letztlich eine neu eingerichtete Instanz für die Lerntransferunterstützung verantwortlich war. Eine dritte Unternehmung beschreibt einen Restrukturierungsprozess von einer Finanz- zur Management-Holding, im Rahmen dessen die Weiterbildungsabteilung um mehr als das Doppelte vergrößert wurde. Dieser Ausbau wurde zentral vom neuen Konzernvorstand gewünscht. Aufgrund von Globalisierung sollten die Personalfunktionen zentral gesteuert und die Thematik des Lerntransfers verstärkt betrachtet werden sowie Standards auf einzelne Gesellschaften durch formalisierte Vorgehensweisen der Lerntransferunterstützung übertragen werden. Eine Unternehmung begründete den Einsatz des Lerntransfermanagements auf Basis der früheren genossenschaftlichen Ausrichtung der Unternehmung. Die in der Vergangenheit dadurch geprägten Strukturen sind teilweise noch wahrnehmbar. Die Unternehmung besteht aus einem Verbund von Regionalgesellschaften mit darunter angesiedelten selbstständigen Kaufleuten. Die genossenschaftliche Ausrichtung wird im Rahmen dessen als Grund für die intensive Unterstützung des erfolgreichen Lerntransfers, sowie des Anleitens derselben, der einzelnen selbstständigen Kaufleute angeführt. Seit 20 Jahren werden von der Unternehmung lerntransferunterstützende Maßnahmen weiterentwickelt.

Inhaltliche Veränderungen erfuhren zwei weitere Unternehmungen. Eine davon gibt an, ein Modell des Personalentwicklungsprozesses neu geschaffen und im Rahmen dessen den Lerntransfer als zu betrachtendes Thema mit aufgenommen zu haben. Eine andere Unternehmung widmet sich intensiver der Qualitätssicherung der Weiterbildung und damit indirekt auch der Lerntransferunterstützung. In den letzten Jahren gab es einen Kulturwandel innerhalb der Unternehmung, Werte wurden verändert und somit definierte die Geschäftsleitung den Stellenwert der Evaluation neu. Im Rahmen eines Projektes wurden Evaluationsmaßnahmen webbasiert eingeführt und damit auch die Thematik der Lerntransferunterstützung weiter ausgebaut.

Als einzelne Nennungen gibt eine Unternehmung an, wesentlich in Maßnahmen zur Lerntransferunterstützung investiert zu haben, um im Rahmen der Einarbeitung neuer Mitarbeiter diese adäquat in die Unternehmung zu integrieren. Die *Einarbeitung* der neuen Mitarbeiter wird im Rahmen dessen von der Unternehmung als Weiterbildung angesehen, da diese verschiedene Weiterbildungsveranstaltungen durchlaufen. Gefordert wird dieses von der Geschäftsleitung, welche die Einarbeitung und Integration der Mitarbeiter über die Projektarbeit stellt, da dessen Werte auf einer nachhaltig ausgerichteten Unternehmungskultur basieren. Dieses Konzept entstand auf Basis nicht erfolgreich durchgeführter Standardprojekte mit großen finanziellen Verlusten und unzufriedenen Kunden, bedingt durch unternehmungsjunge, unerfahrene Mitarbeiter, die Fehler in der Vergangenheit machten.

Eine Unternehmung begründet die Ausgestaltung des Lerntransfermanagements mit der Einführung eines *neuen Produktes und einer neuen Dienstleistung*, welche zusätzliches Know-how erforderten. Insofern war eine Qualifizierung der Mitarbeiter notwendig. Folglich wurde in diesem Fall auch die Lerntransferunterstützung gesondert betrachtet und ausgebaut, um ein erfolgreiches Produkt und eine erfolgreiche Dienstleistung gewährleisten zu können. Weiterhin führt diese Unternehmung an, dass durch eine allgemeine Mitarbeiterbefragung zu unterschiedlichen Themen zum Ausdruck kam, dass für die Mitarbeiter zu wenig Zeit zur Verfügung steht, um einen erfolgreichen Lerntransfer im Nachgang einer erfolgten Weiterbildungsveranstaltung durchführen zu können. Folglich forderten die Mitarbeiter das Thema ‚Lerntransfer' im Rahmen der Mitarbeiterbefragung ein.

Fünf Unternehmungen gaben davon an, dass **es keinen expliziten Auslöser für den Ausbau der Lerntransferunterstützung** gab, sondern dieser im Rahmen eines kontinuierlichen Prozesses der Weiterentwicklung über einen langen Zeitraum entstand. Im Rahmen dessen stand vielfach die klassische Weiterbildung stark im Fokus der Unternehmung, sodass auch die Thematik der Lerntransferunterstützung zunehmend an Bedeutung gewann. Der Ausbau des Lerntransfermanagements wurde als kontinuierlich beschrieben. Im Rahmen dessen gaben zwei Unternehmungen an, dass die Durchführung von lerntransferunterstützenden Maßnahmen vielfach einen hohen Aufwand für die Weiterbildungsabteilung darstellt, sodass die Weiterentwicklung darin bestand, lerntransferunterstützende Prozesse elektronisch abzubilden, um den Auswertungsaufwand zu minimieren und die Durchführung insgesamt handelbar, auch für eine große Zahl an Mitarbeitern, zu gestalten. Im Rahmen dessen wurden im Wesentlichen Fragebögen für Führungskräfte und Mitarbeiter angeführt.

Als zweiten Bereich lässt sich aus den Aussagen der Unternehmungen zu der Begründung für den Einsatz eines Lerntransfermanagements die **Nachwuchssicherung** vor dem Hintergrund des Fachkräftemangels ableiten. Vier Unternehmungen führen im Rahmen dessen an, dass insbesondere Fach- und Führungskräfte in erster Linie aus den eigenen Reihen besetzt werden sollen. Dafür ist aus deren Sicht eine Lerntransferunterstützung respektive ein Lerntransfermanagement erforderlich. Ziel ist es, interne Mitarbeiterressourcen zu nutzen, und im Rahmen dessen wird der Lerntransfer sehr stark fokussiert, um die erlernten Kenntnisse in die Tat umzusetzen. Eine Unternehmung beschreibt den Sachverhalt, dass eine Lerntransferunterstützung nicht eingesetzt wird, weil eine große Investition vorliegt, sondern weil die Kompetenzen im Arbeitsalltag gebraucht werden, um als Unternehmung erfolgreich zu sein. Über die vier genannten Unternehmungen hinaus, fassen zwei Unternehmungen den Gedanken etwas weiter, indem sie die Wissensvermittlung als Schlüssel zum Erfolg definieren. Sie beschreiben Lernen, Weiterbildung und Lerntransferunterstützung als sehr wichtig aus Unternehmungssicht vor dem Hintergrund von veränderten Umweltanforderungen. Die Weiterbildung von Mitarbeitern wird als **Wettbewerbsfaktor** eingestuft. Eine Unternehmung verspricht sich von Lerntransferunterstützungsaktivitäten und auch den damit verbundenen Weiterbildungsaktivitäten ein positives Image der Unternehmung hin zu einer positiven Arbeitgebermarke.

Als einzelne Nennung gibt eine Unternehmung an, den Lerntransfer der Mitarbeiter zu begleiten, um diese an die Unternehmung zu **binden**. In der Vergangenheit trat bei dieser Unternehmung der Sachverhalt auf, dass viele Mitarbeiter erfolgreich und teuer qualifiziert wurden und anschließend mit neu erlernten Kompetenzen zu einer anderen Unternehmung gewechselt haben, wenn sie diese nicht direkt im Funktionsfeld erfolgreich einsetzen konnten. Aus dieser Sichtweise soll ein Lerntransfermanagement die weitergebildeten Mitarbeiter an das Funktionsfeld binden. Weiterhin begründet eine Unternehmung den Einsatz von Refresher-Veranstaltungen zur Lerntransferunterstützung bei **sehr sensiblen Seminarthemen oder auch schlecht gelaufenen Seminaren**. Im Rahmen dessen soll aktiver mit dem Lerntransfer umgegangen werden, indem den Teilnehmern Pflichttrainings zur Nachbereitung der Inhalte zugeteilt werden. Die Teilnehmer haben im Rahmen dessen keine

Wahl, an diesen Trainings teilzunehmen, sondern müssen diese besuchen, da sie aus Sicht der Unternehmung sonst nicht teilnehmen würden.

5.3.3.2 Begründungen für den Nichteinsatz des Lerntransfermanagements

5.3.3.2.1 Überblick

Tab. 25 leistet eine Übersicht über die von den Experten ausgeführten Begründungen für den Nichteinsatz des Lerntransfermanagements sowie die damit verbundenen Häufigkeiten der Nennungen der Experten.

Tab. 25: Übersicht der von den 22 interviewten Experten ausgeführten Begründungen für den Nichteinsatz des Lerntransfermanagements
(grau gekennzeichnete Werte stellen Teilsummen dar).

Begründungen für den Nichteinsatz eines Lerntransfermanagements	Anzahl Nennungen
Kultur- und strukturspezifische Gründe	
Kultur	20
• Verhalten von Kollegen	6
• Verhalten von Weiterbildungsabteilung	6
• Verhalten von Geschäftsführung	3
• Verhalten von Betriebsrat	2
• Allgemeine kulturprägende Elemente	3
Struktur	20
• Große Führungsspannen	8
• Dezentrale Struktur	6
• Zuständigkeit der Weiterbildungsabteilung für große Mitarbeiteranzahl	6
Weiterbildungsveranstaltungsspezifische Gründe	
Bewusster Nichteinsatz bei spezifischen Weiterbildungsveranstaltungen	12
• Weiterbildungsveranstaltungen mit Incentive-Funktion	3
• Weiterbildungspflichtveranstaltungen im Rahmen der Sicherheit	3
• Standardweiterbildungen (Kommunikationstrainings, Zertifikate)	2
• Weiterbildungsveranstaltungen, die in Einzelfällen angeboten werden	1
• Weiterbildungsveranstaltungen im Rahmen der Selbsterfahrung	1
• Weiterbildungsveranstaltungen der höheren Managementebene	1
• Online-unterstützte Weiterbildungsveranstaltungen	1
Kompetenzdifferenzierung	22
• Sozialkompetenzen schwer zu unterstützen	11
• Methodenkompetenzen schwer zu unterstützen	9
• Fachkompetenzen schwer zu unterstützen	2
Ressourcenspezifische Gründe	
Arbeitsbelastung	19
Schwierigkeit der Einführung von lerntransferunterstützenden Maßnahmen	7
Personenspezifische Gründe	
Perspektive der Weiterbildungsabteilung	16
• Lerntransferunterstützung nicht erforderlich	5
• Aktuell keine vorliegenden Probleme mit nicht erfolgtem Lerntransfer	3
• Kein ausreichendes Wissen über Lerntransferunterstützung liegt vor	4
• Lerntransferunterstützungsverständnis ist gleichzusetzen mit Abtesten von erlernten Inhalten	3
• Verantwortung für Lerntransferunterstützung unklar	1
Rolle der Führungskraft (Führungskraft obliegt Verantwortung für Lerntransferunterstützung)	20
Rolle des weitergebildeten Mitarbeiters (Mitarbeiter ist verantwortlich für Lerntransfer)	13

Die damit einhergehenden Erklärungen der Experten zu den Gründen werden in den nachfolgenden Abschnitten inhaltlich näher ausgeführt. Es bietet sich im Rahmen dessen eine Unterteilung der von den Experten beschriebenen Gründe in kultur- und strukturspezifische Gründe, weiterbildungsveranstaltungsspezifische Gründe, ressourcenspezifische Gründe und personenspezifische Gründe, da sich innerhalb dieser Obergruppen verdichtete Aussagen aus der Auswertung der qualitativen Interviews ergeben.

5.3.3.2.2 Kultur- und strukturspezifische Gründe

Auf die Frage nach Begründungen für den Nichteinsatz eines Lerntransfermanagements nahmen insgesamt 16 Unternehmungen Bezug zur vorliegenden **Kultur** innerhalb der Unternehmung. Im Zuge dessen bezogen sich die Aussagen der befragten Experten vornehmlich auf vier Personengruppen: die Kollegen des weitergebildeten Mitarbeiters (sechs Nennungen), die Inhaber respektive die Geschäftsführung (drei Nennungen) sowie der Betriebsrat (zwei Nennungen) und die Weiterbildungsabteilung (sechs Nennungen).

Die *Kollegen* von weitergebildeten Mitarbeitern, welche im gleichen Funktionsfeld arbeiten, werden im Rahmen der Lerntransferunterstützung als Multiplikator bezeichnet. Aus Sicht der befragten Experten bekommen diese den Fortschritt des weitergebildeten Mitarbeiters direkt mit und können diesen positiv verstärken oder Widerstände entstehen lassen. Der direkte Kollege kann Veränderungen im Arbeitsalltag beobachten und somit aus Sicht der befragten Experten einen erfolgten Lerntransfer teilweise besser einschätzen als der direkte Vorgesetzte. Folglich beeinflussen Kollegen die Kultur innerhalb der Abteilung und somit auch die Bedingungen der Lerntransferumsetzung. Sie fungieren als Feedbackgeber und können Möglichkeiten geben, neu erlernte Kenntnisse umzusetzen, beispielsweise indem über das Erlernte gesprochen wird. Eine positive Anerkennung des Lerntransfers durch Kollegen und eine damit verbundene Wertschätzung des Lerntransfers kann diesen fördern. Im umgekehrten Fall, wenn ein weitergebildeter Mitarbeiter ein neues, anderes Verhalten im Funktionsfeld aufweist und für Kollegen diese Verhaltensänderung nicht erklärbar oder nachvollziehbar ist, so wird aus Sicht der Experten ein negatives Feedback entstehen und wenig Verständnis für den Lerntransfer im Arbeitsalltag aufgebracht. Von den Experten wird die Weiterbildung als „Anschubfinanzierung“ bezeichnet, um eine Verhaltensänderung zu generieren. Die eigentliche Arbeit für einen erfolgreichen Lerntransfer erfolgt demnach erst im Funktionsfeld.

Drei Unternehmungen geben als Grund für den Nichteinsatz eines Lerntransfermanagements die Verhaltensweisen von *Geschäftsführern* an, welche sich auf die Kultur der Unternehmung auswirken. Im Zuge dessen wird der Grund angegeben, dass die Thematik der Lerntransferunterstützung bei der Geschäftsführung nicht forciert wird und folglich auch nicht von den Mitarbeitern gefordert wird. Dieses wird wiederum begründet durch beispielsweise fehlende Standards und strategische Ansätze, eine aktionistische Prägung der Geschäftsführung und damit verbundenen schnellen Themenwechsel sowie einem starken Wachstum der Unternehmung oder auch mit einer Übertragung der Verantwortung für einen erfolgreichen Lerntransfer auf den direkten Vorgesetzten und den weitergebildeten Mitarbeiter. Eine Unternehmung beschreibt im Rahmen dessen die Vorbildfunktion der Geschäftsführung, welche ausschlaggebend für das Verhalten der Mitarbeiter ist. Diese Unternehmung bildete in der Vergangenheit eine unternehmungsinterne Lern-Uni, innerhalb welcher unterschiedliche Schulungsthemen angeboten wurden. Die vorerst rege und freiwillige Teilnahme der Mitarbeiter blieb aus, als Vertreter der Geschäftsführung an den Schulungen nicht mehr teilnahmen. Dieses Beispiel belegt für die Unternehmung die enge Bindung der Mitarbeiter an die Kulturvorgaben der Leitungsfunktionen, wie in diesem Fall der Geschäftsführung.

Weiterhin wird von zwei Unternehmungen angegeben, dass ein Lerntransfermanagement nicht umgesetzt werden kann, da der *Betriebsrat* zu viel Einfluss auf die Weiterbildung nimmt. So ist davon auszugehen, dass der Betriebsrat und die Weiterbildungsabteilung die Notwendigkeit der unterschiedlichen Weiterbildungsveranstaltungen unterschiedlich auslegen. Lerntransferunterstützende Maßnahmen werden vielfach im Zusammenhang mit Mitarbeiterbefragungen gesehen, welche auch webbasiert gestaltet sein können. Im Rahmen dessen beschränkt der Betriebsrat die Aktivitäten der Weiterbildungsabteilung und beruft sich auf Datenschutzbestimmungen sowie unterschiedliche rechtliche Gegebenheiten. Die Aktivitäten des Betriebsrats werden folglich als Begründung für den Nichteinsatz eines Lerntransfermanagements angesehen, da diese die vorliegende Kultur prägen.

Die in der Unternehmung vorliegende Kultur induziert ebenfalls die Rolle der *Weiterbildungsabteilung* und damit auch deren Rolle im Rahmen der Unterstützung des Lerntransfers der Mitarbeiter. Im Zuge dessen führen insgesamt sechs Unternehmungen Begründungen für den Nichteinsatz eines Lerntransfermanagements an. So wird der Weiterbildungsabteilung eine beratende Funktion zugewiesen, wenn in den einzelnen Bereichen Weiterbildungsbedarf auftaucht. Die Weiterbildungsabteilung beeinflusst in erster Linie die Rahmenbedingungen für die Weiterbildung und kann für Mitarbeiter und Führungskräfte Tools und Prozesse zur Verfügung stellen, die im Rahmen der Lerntransferunterstützung eingesetzt werden können. Sie kann Angebote machen und individuelle Vorschläge für die Unterstützung des Lerntransfers erarbeiten. Aus Sicht der Experten existieren keine allgemeingültigen Unterstützungskonzepte, welche den Lerntransfer für alle Weiterbildungsmaßnahmen positiv beeinflussen können. Durch diese definierte Rolle ist beispielsweise ein Nachhalten von Lerntransfer-Ergebnissen und eine darauf aufbauende Lerntransferunterstützung nicht immer möglich. Die Weiterbildungsabteilung ist auf die Angaben des Trainers, des weitergebildeten Mitarbeiters sowie der Führungskräfte angewiesen. Ihr kommt eine passive Rolle zu, indem sie zwar Hinweise zur Wichtigkeit der Unterstützung des Lerntransfers geben kann, die Aktivitäten der Lerntransferunterstützung im Funktionsfeld aber nicht explizit nachhalten kann. Dennoch wird die Verantwortung für das Nachhalten des Lerntransfers bei den Mitarbeitern der Weiterbildungsabteilung gesehen. Eine Unternehmung führt im Rahmen dessen an, dass der fachliche Hintergrund der Mitarbeiter der Weiterbildungsabteilung sehr unterschiedlich ausgeprägt ist und im Rahmen der Lerntransferunterstützung sowohl breite Kompetenzen als auch viele Spezialisierungen nötig sind. Folglich gelingt es nicht allen Mitarbeitern lerntransferunterstützende Maßnahmen erfolgreich umzusetzen oder zu begleiten. Weiterhin ist die Lerntransferunterstützung für die Mitarbeiter der Weiterbildungsabteilung nur eine von vielen bestehenden Aufgaben, welche die Mitarbeiter fachlich erfüllen müssen. Dabei passt nicht immer die Qualifizierung der Mitarbeiter explizit auf die anstehenden Aufgaben der Lerntransferunterstützung. Ein Entgegenwirken dieser Problematik durch das Einführen von Qualitätskriterien für die Lerntransferunterstützung führte zu vielen Beschwerden seitens der Mitarbeiter der Weiterbildungsabteilung, da dieses einen Eingriff in deren Selbstständigkeit sowie einen unverhältnismäßigen Mehraufwand darstellte.

Weiterhin werden von drei Unternehmungen *allgemeine, kulturprägende Elemente* angeführt, welche den Einsatz eines Lerntransfermanagements hemmen oder verhindern können. Eine Unternehmung gibt an, dass eine offene Kultur sowohl einen Lerntransfer als auch eine Lerntransferunterstützung hemmen kann, da es keine Sanktionen für einen nicht erfolgten Lerntransfer im Rahmen dieser Kulturform gibt. Den umgekehrten Fall schildert eine weitere Unternehmung, indem sie eine hemmende Kultur beschreibt, die stark geprägt ist von Hierarchien, Patriarchat und wenig Entscheidungsfreiheiten. Diese Kulturform lässt eine Fehlerkultur nicht zu und beinhaltet auch keine konstruktiven Feedback-Prozesse. Daraus leitet die Unternehmung ab, dass das Lernen schwer fällt sowie die Unterstützung des Lerntransfers nicht stattfindet. Eine Unternehmung beschreibt den Sachverhalt, dass die Entwicklung der Mitarbeiter nicht präsent zur Unternehmungskultur gehört und folglich auch keine lerntransferunterstützende Maßnahmen daraus abgeleitet werden können.

17 der befragten Unternehmungen beziehen sich auf **strukturelle Gründe** im Rahmen der Erläuterung des Nichteinsatzes eines Lerntransfermanagements. Sechs Unternehmungen geben davon an, dass eine *dezentrale Struktur* der gesamten Unternehmung keine Lerntransferunterstützung ermöglicht. Damit einher gehen beispielsweise fehlende Weiterbildungsabteilung, bereichsspezifische Weiterbildungsbudgets, viele unterschiedliche Standorte der Tochtergesellschaften mit unterschiedlichen Werken, Mitarbeiterstrukturen und Kulturen sowie eine erschwerte Zuweisung von lerntransferverantwortlichen Personen. Weiterhin wird der Einsatz von lerntransferunterstützenden Maßnahmen durch fehlende zentrale Weiterbildungsangebote erschwert. Zurückzuführen ist dies auf die Unternehmungsgröße mit hohen Mitarbeiterzahlen. Acht Unternehmungen führen an, dass innerhalb der Unternehmungen sehr *große Führungsspannen* bestehen, weshalb die zuständigen Führungskräfte den Lerntransfer der Mitarbeiter nur schwer oder gar nicht unterstützen. Oft fehlt im Rahmen dessen der persönliche Kontakt zwischen Führungskraft und Mitarbeiter, da eine Führungskraft laut Angaben der Experten für zehn bis 160 Mitarbeiter zuständig ist. Der Einsatz von Gesprächen als lerntransferunterstützende Maßnahme würde in diesem Fall beispielsweise im Rahmen des Aufwands die Unternehmung überfrachten, im Verhältnis zum Nutzen der generierten Maßnahme. Dieses würde auf Widerstände von Führungskräften und Mitarbeitern stoßen und wäre im Tagesgeschäft aufgrund von zeitlichen Ressourcen nicht durchführbar. Aufgrund großer Führungsspannen können Führungskräfte die Umsetzung des Lerntransfers der Mitarbeiter im täglichen Arbeitsprozess nicht beobachten und folglich auch bedingt durch die entstehende Distanz nur erschwert unterstützen. Als weitere Begründung wird von den Unternehmungen die *Zuständigkeit der Weiterbildungsabteilung für eine große Anzahl von Mitarbeitern* angeführt. Hier gibt es laut Aussage der Unternehmungen Weiterbildungsabteilungen, die aus vier bis fünf Mitarbeitern bestehen und bis zu 18.000 Mitarbeiter betreuen. Aufgrund dessen fehlen personelle Ressourcen für die Generierung von lerntransferunterstützenden Ansätzen und Prozessen. Die Betreuung aller Mitarbeiter im Rahmen der Lerntransferunterstützung kann von zentraler

Stelle der Weiterbildungsabteilung nicht geleistet werden. Dieses ist auch bedingt durch das Angebot von vielen Weiterbildungsveranstaltungen. Folglich wird auch vielfach von Seiten der Weiterbildungsabteilung nicht nachgehalten, ob eine Lerntransferunterstützung stattgefunden hat oder nicht.

5.3.3.2.3 Weiterbildungsveranstaltungsspezifische Gründe

Neun Unternehmungen geben an, dass aus unterschiedlichen Gründen bei spezifischen Weiterbildungsveranstaltungen **bewusst keine Unterstützung des Lerntransfers im Rahmen von spezifischen Weiterbildungsveranstaltungen** stattfindet. Dieses ist der Fall, wenn eine Weiterbildung für einen Mitarbeiter als *Incentive* angesehen wird. In diesem Fall steht der Lerntransfer nicht im Vordergrund, sondern der Besuch einer Weiterbildungsveranstaltung wird als Belohnung für den Mitarbeiter angesehen. Dieses kann für den Mitarbeiter eine Wertschätzung signalisieren. Im Rahmen dessen ist eine Lernzieldefinition ebenfalls erschwert. Eine Unternehmung beschreibt im Rahmen dessen den Sachverhalt, dass eine als Incentive beschriebene Weiterbildung für den Mitarbeiter durchaus später von Nutzen sein kann, da der Mitarbeiter im Rahmen der Weiterbildung Potenzial aufzeigt, welches im weiteren Verlauf seiner Laufbahn entwickelt werden kann. Weiterhin wird ein positiver Nutzen aus dem innerhalb der Weiterbildungsveranstaltung durchgeführten Networking mit anderen Personen gezogen. Auf eine Anwendung der Inhalte wird keinen Wert gelegt, und folglich wird eine Lerntransferunterstützung als nicht möglich und nicht nötig eingestuft.

Weiterhin nennen die befragten Experten für den Nichteinsatz eines Lerntransfermanagements Weiterbildungsveranstaltungen, die in *Einzelfällen* angeboten werden und wo keine standardisierten Maßnahmen der Lerntransferunterstützung eingesetzt werden können. Eine Unternehmung führt an, dass kein Einsatz bei Weiterbildungsveranstaltungen der *Selbsterfahrung* erfolgt, da der Lerntransfer jedem Mitarbeiter selbst vorbehalten sein soll. Der Lerntransfer soll hier bei dem Menschen verbleiben und erst im zweiten Schritt erfolgt eine Übertragung des Nutzens.

Kein Sinn in der Lerntransferunterstützung, da die Qualität des Lerntransfers nicht immer sichergestellt werden kann, wird ebenfalls bei *Pflichtweiterbildungen in den Bereichen*

Sicherheit, wie beispielsweise Brandschutz, Arbeitssicherheit, Datensicherheit oder Erste-Hilfe sowie Informationsveranstaltungen, gesehen. Diese Veranstaltungen sind häufig jährlich wiederkehrend und beinhalten eine Auffrischung bereits vorhandener Kenntnisse. Teilweise besteht eine gesetzliche Verpflichtung für die Weiterbildung der Mitarbeiter. Hierbei handelt es sich um die Aneignung von grundlegendem Wissen, um die Arbeitsaufgabe zu erfüllen und sich im Funktionsfeld nicht zu gefährden. Eine Unternehmung gibt an, keine Lerntransferunterstützung bei Weiterbildungsveranstaltungen einzusetzen, im Rahmen derer Online-Learningtools existieren, da diese die Unterstützung ersetzen. Dieses kann zum Beispiel bei *Office-Schulungen* der Fall sein.

Des Weiteren werden von den Unternehmungen *Standardmaßnahmen* nicht im Rahmen des Lerntransfers unterstützt, wie beispielsweise Kommunikationstrainings oder Zertifikate, zum Beispiel zum Schweißer, im Rahmen von Lehrgängen. Eine Unternehmung unterstützt bewusst den Lerntransfer im Rahmen von *Weiterbildungsveranstaltungen der höheren Managementebenen* nicht. Im Rahmen dessen wird der Lerntransfer vorausgesetzt, da davon ausgegangen wird, dass auf den höheren Managementebenen das Unternehmungswohl als Grundgedanke verankert ist und deshalb auch von selbst ein Lerntransfer zum Nutzen der Unternehmung stattfindet. Eine Unterstützung wird folglich als nicht erforderlich eingestuft.

15 der befragten Unternehmungen führen den **Nichteinsatz eines Lerntransfermanagements auf die Unterschiedlichkeit und damit auftretende Schwierigkeiten der zu vermittelnden Kompetenzen** im Rahmen von Weiterbildungsveranstaltung zurück. Infolgedessen bedarf es einer unterschiedlichen Vorgehensweise der Unterstützung des Lerntransfers bei unterschiedlichen Weiterbildungsveranstaltungen. Vier Unternehmungen stufen Sozialkompetenzen als besonders schwer zu unterstützen ein. Zwei Unternehmungen bezeichnen eine Unterstützung von Methodenkompetenzen als schwierig. Sieben Unternehmungen gehen davon an, dass *Sozial- und Methodenkompetenzen* schwer zu unterstützen sind, weil der Lerntransfer nicht messbar ist und nicht täglich oder auch erst nach einem längeren Zeitraum zur Anwendung kommt. Verhaltensänderungen können schwierig nachgehalten werden. Die Unternehmungen bemängeln eine fehlende isolierte Betrachtung der Lerntransferergebnisse.

Eine Unternehmung beschreibt den Sachverhalt, dass neu erlernte Methoden- und Sozialkompetenzen umgesetzt werden, wenn insgesamt eine massive Drucksituation und eine starke emotionale Betroffenheit innerhalb der Situation entstehen sowie die emotionalen Erlebnisse mit einer großen Begeisterung verknüpft werden. Diese Drucksituationen können nicht künstlich herbeigeführt werden. Eine Unternehmung stellt einen Zusammenhang zum Alter der weitergebildeten Mitarbeiter her, indem sie beschreibt, dass im Rahmen von Weiterbildungen vermittelte Sozialkompetenzen bei älteren Mitarbeitern nicht unterstützt werden können, da diese sich im hohen Alter nicht mehr neu erwerben lassen. Insgesamt wird die Unterstützung des Lerntransfers im Rahmen von Weiterbildungsveranstaltungen zur Vermittlung von Sozial- und Methodenkompetenzen von den Unternehmungen aber als besonders wichtig eingestuft, wenngleich aus Sicht der Experten diese nur die Weichen für einen erfolgreichen Lerntransfer stellen kann.

Lediglich zwei Unternehmungen äußern sich zu dem Sachverhalt, indem sie *Fachkompetenzen* als schwierig zu unterstützen im Rahmen des Lerntransfers beschreiben. Eine Unternehmung geht davon aus, dass die Lerntransferunterstützung immer abhängig vom Kontext und nicht von der jeweiligen zu vermittelnden Kompetenzart ist. Demnach steht im Vordergrund, welche Begleitung ein weitergebildeter Mitarbeiter erhält und welche Akzeptanz sein Verhalten bei Kollegen und Vorgesetzten hervorruft, unabhängig von der weitergebildeten Kompetenzart. Die andere Begründung, die im Rahmen der Schwierigkeit der Unterstützung von Fachkompetenzen angeführt wird, zielt auf die Struktur der Weiterbildungsabteilung ab. Im Rahmen dessen hat die Weiterbildungsabteilung eine Querschnittsfunktion und kennt sich folglich fachlich nicht in der Tiefe aus. Aufgrund dessen wird die Unterstützung von Fachkompetenzen als schwierig eingestuft.

5.3.3.2.4 Ressourcenspezifische Gründe

Sieben Unternehmungen beziehen sich auf die **Schwierigkeit der Einführung von lerntransferunterstützenden Maßnahmen**. Es ist davon auszugehen, dass es keinen einheitlichen Regelprozess der Lerntransferunterstützung gibt, der für alle Weiterbildungsveranstaltungen angewendet werden kann. Die Unternehmungen beschreiben die Einführung neuer Instrumente, welche den Lerntransfer der Mitarbeiter unterstützen, als einen zeitlich langwierigen Prozess. Beispielsweise führt eine Unternehmung an, dass die Einführung eines lerntransferunterstützenden EDV-Systems zur Qualitätssicherung 1,5 Jahre dauerte sowie es vieler Überzeugungsgespräche von Seiten der Weiterbildungsabteilung mit den Führungskräften bedurfte. Es ist davon auszugehen, dass die Führungskräfte im Dialog mit der Weiterbildungsabteilung von der Wichtigkeit neuer lerntransferunterstützende Maßnahmen über einen langen Zeitraum überzeugt und informiert werden müssen. Insbesondere in Abhängigkeit von der Unternehmungsgröße sowie einer möglichen dezentralen Gestaltung der Unternehmung tauchen hier Schwierigkeiten auf. Eine Unternehmung gibt an, die Lerntransferunterstützung nicht „von oben auf die Mitarbeiter draufsetzen“ zu wollen. Im Rahmen dessen bedarf es einer Begleitung der Mitarbeiter im Rahmen der Einführung eines Lerntransfermanagements, um dessen Akzeptanz zu erreichen. Weiterhin geben einige Unternehmungen an, lerntransferunterstützende Maßnahmen zuerst zu erproben, um auf Basis einer ausgereiften Analyse dieses dann flächendeckend einzuführen. Auch diese Vorgehensweise bedarf einer besonders langen Zeitkomponente.

Nahezu alle der interviewten Experten (19 Nennungen) gaben an, dass die Unterstützung des Lerntransfers nicht stattfindet, da innerhalb der Unternehmung eine hohe **Arbeitsbelastung** vorliegt. Sie beziehen sich dabei auf das Tagesgeschäft, welchem Führungskräfte und Mitarbeiter unterliegen. Folglich sind personelle Ressourcen für die Unterstützung des Lerntransfers nicht ausreichend vorhanden. Führungskräfte sind für das Tagesgeschäft verantwortlich und können, beispielsweise aufgrund des Aufwands, nicht alle für die Lerntransferunterstützung ihrer Mitarbeiter geschult werden.

Weiterhin wird die Personalknappheit unter dem Aspekt der unterschiedlichen Rollen, welche eine Führungskraft parallel auszuführen hat, von den Experten betrachtet. So wird zwar die Lerntransferunterstützung als Führungsaufgabe definiert, aber dennoch von den Experten anerkannt, dass den Führungskräften keine ausreichende Zeit zur Verfügung steht, um dieser in Anbetracht der immer größer werdenden Anzahl an Fachthemen im Alltagsgeschäft nachzukommen.

Eine Unternehmung gibt an, dass aufgrund der vielen unterschiedlichen Weiterbildungsveranstaltungen eine Lerntransferunterstützung quantitativ nicht umsetzbar ist. Eine weitere Unternehmung arbeitet im Rahmen dessen mit freigestellten Mitarbeitern, welche als Lernbegleiter den Lerntransfer der Mitarbeiter unterstützen. Eine ausreichende Freistellung von Mitarbeitern für die Unterstützung des Lerntransfers aller weitergebildeten Mitarbeiter ist aber auch in diesem Fall aufgrund von personellen Ressourcen nicht umsetzbar.

Die Unternehmungen geben an, dass der Aufwand einer lerntransferunterstützenden Maßnahme nicht zu hoch sein darf, um dem Tagesgeschäft gerecht zu werden. Es gilt, den Aufwand zum individuell geschätzten Nutzen der lerntransferunterstützenden Maßnahme einzuschätzen und auf Basis dessen zu entscheiden, wie und ob unterstützt wird. Teilweise unterliegt auch die Weiterbildungsabteilung einer Personalknappheit, da es zu viele Weiterbildungsveranstaltungen gibt, welche alle hinsichtlich des Lerntransfers von der Weiterbildungsabteilung betreut werden müssten. Die Experten gehen davon aus, dass im Rahmen dessen Prozesse teilweise standardisiert werden müssen.

5.3.3.2.5 Personenspezifische Gründe

Zwölf der befragten Unternehmungen nehmen im Rahmen der Ausführungen der Gründe für den Nichteinsatz eines Lerntransfermanagements Bezug zur **Perspektive der Weiterbildungsabteilung**. So geben fünf Unternehmungen davon an, dass die Lerntransferunterstützung *nicht erforderlich* ist oder auch innerhalb der Weiterbildungsabteilung *kein Thema* ist respektive als Thema gegenüber den anderen zu bearbeitenden Themen fachlich nicht im Vordergrund steht.

Von einer Unternehmung wird es als „nett zu haben“ bezeichnet. Eine Unternehmung bezieht sich darauf, dass Einsatzkosten und Nutzen der Lerntransferunterstützung gegeneinander abgewägt werden müssen. Drei Unternehmungen begründen den Nichteinsatz mit dem Sachverhalt, dass *aktuell keine Probleme mit nicht erfolgtem Lerntransfer* innerhalb der Unternehmung auftreten. Daraus leiten sie ab, dass über eine Unterstützung des Lerntransfers sowohl nicht nachgedacht als auch dieses als nicht erforderlich eingestuft wird.

Vier Unternehmungen geben aus Perspektive der Weiterbildungsabteilung an, dass *kein ausreichendes Wissen* darüber besteht, wie ein komplex vorliegendes Weiterbildungssystem im Rahmen des Lerntransfers unterstützt werden soll. Es besteht Unklarheit über die Vorgehensweise der Lerntransferunterstützung, und laut Aussage der Experten bedarf es einer langen Zeit, um ein Verständnis für die Lerntransferunterstützung bei den Mitarbeitern der Weiterbildungsabteilung zu generieren. Eine Unternehmung beschreibt ein hilfloses Gegenüberstehen der Thematik des Lerntransfers.

Drei Unternehmungen *setzen das Lerntransfermanagement mit einem Abtesten von erlernten Inhalten* gleich. Lerntransferunterstützung wird hier als Kontrollinstanz verstanden, indem beispielsweise ein erfolgter Lerntransfer über angestiegenen Verkaufszahlen gemessen werden kann. Demnach ist eine Messung wichtig, weniger eine unterstützende Funktion, da sich ein erfolgreicher Lerntransfer von selber regelt und indirekt dadurch beeinflusst wird, dass ein Mitarbeiter, der keinen Lerntransfer leistet, nicht weiter gefördert wird. Eine Unternehmung nennt die Schwierigkeit, dass die *Verantwortlichkeit für die Thematik der Lerntransferunterstützung* innerhalb der Weiterbildungsabteilung nicht eindeutig zugewiesen ist.

Nahezu alle der befragten Experten (20 Nennungen) äußern sich im Rahmen des Nichteinsatzes des Lerntransfermanagements zur Rolle der Führungskraft des weitergebildeten Mitarbeiters. Neun Unternehmungen benennen die **Führungskraft** direkt als *verantwortlich* für die Lerntransferunterstützung. Sie wird im Rahmen dessen als oberster Personalentwickler bezeichnet und trägt die Verantwortung ebenfalls für das Nachfassen des Lerntransfers. Begründet wird dies damit, dass die Führungskraft sehr nah am Mitarbeiter dran ist und Verhaltensweisen im Funktionsfeld gut einschätzen kann. Weiterhin können strukturell nicht alle Mitarbeiter zentral von der Weiterbildungsabteilung im Rahmen des Lerntransfers betreut werden. Die Führungskraft wird als Multiplikator des Lerntransfers bezeichnet.

Die übrigen elf Unternehmungen benennen die Verantwortlichkeit nicht direkt für die Führungskraft, aus deren Antworten und Umschreibungen geht aber eine Verantwortungszuweisung hervor. Eine nicht stattfindende Lerntransferunterstützung ist darauf zurückzuführen, dass die *Führungskräfte für diese Aufgabe nicht gesondert vorbereitet*, gefördert oder weitergebildet werden sowie diese teilweise nicht für die Thematik sensibilisiert werden. Eine Weiterbildung der Führungskräfte für ihre Rolle als Lerntransfer-Unterstützer wird nur von wenigen Unternehmungen durchgeführt. Die Unternehmungen beschreiben, dass die Qualität der Führungskräfte in Bezug auf die Thematik der Lerntransferunterstützung sehr heterogen ausgeprägt ist. Teilweise fehlen das Rollenverständnis sowie auch eine gänzliche Vorbereitung auf die Führungsaufgaben. Teilweise führen die Unternehmung an, dass insbesondere neue Führungskräfte im Rahmen von Einstiegsqualifizierungsprogrammen auf ihre Rolle als Lerntransfer-Unterstützer vorbereitet werden. Dieses findet aber bei erfahrenen, langjährigen Führungskräften nicht statt.

Auch wird von den Unternehmungen bemängelt, dass ältere, stark konservativ geprägte Führungskräfte oder Führungskräfte mit langen Unternehmungszugehörigkeiten teilweise keinen Sinn in der Weiterbildung sehen und folglich auch den Lerntransfer der ihnen unterstellter Mitarbeiter nicht aktiv fördern, da sie ihr Verhalten seit langer Zeit ohne lerntransferunterstützende Aktivitäten ausüben. Die Unternehmungen gehen davon aus, dass der Umgang der Führungskraft mit der Thematik des Lerntransfers von der Persönlichkeit derselben abhängt und somit jede Führungskraft ihre Rolle und die damit verbundene Lerntransferunterstützung unterschiedlich handhabt.

13 der befragten Unternehmungen führen den Nichteinsatz eines Lerntransfermanagements auf die **Rolle der weitergebildeten Mitarbeiter** zurück. Der Mitarbeiter wird im Rahmen dessen als *verantwortlich* für dessen eigenen Lerntransfer eingeschätzt. Die Unternehmungen gehen davon aus, dass die Mitarbeiter eine *unterschiedliche Persönlichkeit aufweisen, mit unterschiedlichen Charaktereigenschaften* und damit verbundenen individuellen Bedarfen sowie, dass die Motivation der Mitarbeiter unterschiedlich stark ausgeprägt ist. Weiterhin geben die Unternehmungen an, dass innerhalb der Funktionsfelder durch die unterschiedlichen Arbeitsbereiche auch unterschiedliche Mitarbeiterstrukturen vorliegen. Diese Mitarbeiterstrukturen sind abhängig von den Produkten und Dienstleistungen, die eine Unternehmung produziert. Die Unternehmungen argumentieren, dass der Lerntransfer der Mitarbeiter schwer zu unterstützen ist, weil die Einstellung der Mitarbeiter verändert werden muss, um eine Verhaltensänderung im Funktionsfeld zu bewirken. Folglich ist die Änderung der Einstellung eine Grundvoraussetzung für einen erfolgreichen Lerntransfer.

Einige Unternehmungen argumentieren mit einer *vorliegenden intrinsischen Motivation* der Mitarbeiter. Diese ist im Rahmen des Lerntransfers durch externe lerntransferunterstützende Maßnahmen nur schwer steuerbar. Weiterhin beziehen sie sich auf die Gruppe von *älteren Mitarbeitern*, welche schwer von neuen Themen wie beispielsweise der Lerntransferunterstützung zu überzeugen sind. Auch die Führungskraft muss vorab der Lerntransferunterstützung das Verhalten der Mitarbeiter verstehen, um die Maßnahmen adäquat einsetzen zu können. Einige Unternehmungen geben an, dass in der Vergangenheit lerntransferunterstützende Maßnahmen den Mitarbeitern angeboten wurden, von diesen aber *nicht genutzt wurden*. Teilweise können sich die Unternehmungen diesen Sachverhalt nicht erklären, teilweise geben sie an, dass die Mitarbeiter den Einsatz der Maßnahmen bewusst abgelehnt oder nicht gewünscht haben, da sie keinen Sinn darin sahen oder eine damit verbundene Selbstreflexion für sie ungewohnt war.

Eine Unternehmung führt den Nichteinsatz des Lerntransfermanagements auf die *Eigeninitiative* der Mitarbeiter zurück. Ist diese nicht ausreichend vorhanden, so wird eine Lerntransferunterstützung als sinnlos erachtet und nicht durchgeführt. Eine geringe positive Einstellung zur Weiterbildung wird dabei insbesondere Mitarbeitern tiefer Hierarchieebenen zugerechnet, welches die Grundvoraussetzung für einen positiven Lerntransfer darstellt. Die Unternehmungen stehen der Herausforderung gegenüber, dass aufgrund der Unterschiedlichkeit der Mitarbeiter kein allgemeiner Ansatz der Lerntransfersteuerung angewendet werden kann, der für alle Mitarbeiter und für alle Weiterbildungsveranstaltungen adäquat ist. Es bedarf eines *individuellen Konzepts der Lerntransferunterstützung* und weiterhin ein Einlassen der Mitarbeiter auf die unterstützenden Maßnahmen, welche zwar den Lerntransfer unterstützen können, den Mitarbeitern diesen aber nicht abnehmen können.

5.3.4 Interpretation der Ergebnisse

5.3.4.1 Interpretation der Lerntransfermanagementausgestaltung

Insgesamt werden von den Experten vielfältige **Maßnahmen** angeführt, die im Rahmen der Lerntransferunterstützung eingesetzt werden.[422] Im Rahmen der Mitarbeitergespräche, welche zur Lerntransferunterstützung **vor der Durchführung einer Weiterbildungsveranstaltung** eingesetzt werden, stehen häufig andere Inhalte im Vordergrund als der Lerntransfer oder die Lerntransferunterstützung. Dieser wird eher indirekt angerissen. Nur einzelne Unternehmungen verwenden konkret formulierte Ziele, welche sich auf einzelne Weiterbildungsmaßnahmen beziehen. Vielfach werden allgemeine Entwicklungsziele im Rahmen der durchgeführten Entwicklungsgespräche definiert.

[422] Vgl. hierzu auch Tab. 22 im Abschnitt 5.3.2.1.

Der geschilderte Sachverhalt der Einflussnahme auf die Trainer im Rahmen der Vermittlung vorliegender Firmenphilosophien, welches den lerntransferunterstützenden Maßnahmen zuzuordnen ist, die **während einer Weiterbildungsmaßnahme** stattfinden, korrespondiert mit der lerntransferunterstützenden Maßnahme der Herstellung eines hohen Praxisbezugs innerhalb von Weiterbildungsveranstaltungen. In beiden Fällen soll eine Weiterbildung erfolgen, die das Funktionsfeld simuliert oder im Rahmen dessen Merkmale aus dem Funktionsfeld innerhalb der Weiterbildungsveranstaltung aufgenommen werden, sodass ein späterer erfolgreicher Lerntransfer von den weitergebildeten Mitarbeitern, durch die Ähnlichkeit von Lern- und Anwendungssituation, leichter durchzuführen ist. Die hohe Anzahl von Nennungen der Unternehmungen, die Einfluss auf den Trainer zur Lerntransferunterstützung ausüben wollen, lässt vermuten, dass die Verantwortung der Lerntransferunterstützung auf einfache Art und Weise dem Trainer zugeteilt werden kann. Dieser wird folglich als wesentlicher Einflussfaktor für einen erfolgreichen Lerntransfer identifiziert. Im Rahmen der Interviews zögerte keiner der Experten lange, den Trainer und die Forderung, die an diesen gestellt werden, zu benennen.

Aus den Antworten der befragten Unternehmungen unter Bezugnahme der Lerntransfersicherungsmaßnahmen **nach einer durchgeführten Weiterbildungsveranstaltung** wird deutlich, dass sie davon ausgehen, dass eine Abfrage des erfolgreichen Absolvierens der Weiterbildungsveranstaltung bereits lerntransferunterstützend wirkt. Andererseits sind einige Unternehmungen mit unterschiedlichsten Arten von Gesprächen zwischen Mitarbeiter, Weiterbildungsabteilung und Führungskraft breit aufgestellt, um zu unterschiedlichen Zeitpunkten durch Gespräche und Fragen den Lerntransfer zu unterstützen. Die von den Unternehmungen genannten Kontrollaktivitäten in Form von Nachfragen oder Wissenstests stellen eher eine indirekte Lerntransferunterstützungsmaßnahme dar, da sie nicht aktiv den Lerntransfer der Mitarbeiter fördern, sondern lediglich den nicht erfolgten Lerntransfer den Mitarbeitern spiegeln, um diese darauf aufmerksam zu machen, was für einen erfolgreichen Lerntransfer fehlt. Dennoch geben einige der benannten Unternehmungen an, auf Basis der Kontrolle Unterstützung für die Mitarbeiter anzubieten. Die von einer Unternehmung dargestellte Durchführung einer Lerntransferreflexion schildert eine Vorgehensweise, die aktiv den Lerntransfer der Mitarbeiter beeinflusst. Im Rahmen der Gruppentreffen wird der Fokus auf die kollegiale Beratung gelegt, indem Kollegen als Berater und Lerntransfer-Unterstützer dienen sollen sowie ein Vergleich ähnlicher Probleme und Vorgehensweisen stattfinden kann.

Als **übergreifende Lerntransfersicherungsmaßnahmen** werden der Einsatz von Anreizen oder Sanktionen zur Lerntransferunterstützung als indirektes Mittel eingeordnet, welche nicht aktiv den Lerntransfer unterstützt, beispielsweise durch Handlungen, die vollzogen werden. Dieses bestätigen die Aussagen von drei Unternehmungen, die direkt benennen, dass keine gesonderten materiellen oder immateriellen Anreize für die Lerntransferunterstützung oder für einen erfolgreichen Lerntransfer eingesetzt werden. Auch existiert kein zielgerichtetes, extra konzeptuiertes Anreizsystemen zur Lerntransferunterstützung. Es handelt sich um Einzelmaßnahmen, welche die Unternehmungen durchführen.

Aus den Aussagen zu dem Umgang mit der Thematik der Evaluation unter Einbezug der Lerntransferunterstützung lässt sich ableiten, dass Evaluationsinstrumenten kein Steuerungscharakter für einen erfolgreichen Lerntransfer zugewiesen wird. Nur eine Unternehmung verknüpft die Evaluation des Lerntransfers mit einer Lerntransferunterstützung. Eine weitere führt ausführlich aus, dass auch die Lerntransferunterstützung an sich evaluiert wird. Teilweise wird von den befragten Unternehmungen ausgeführt, dass der Einsatz von Weiterbildungsevaluation nicht valide ist und Probleme unterschiedlichster Art mit sich bringt. Ihrer Meinung nach ist keine verlässliche Aussage aus der Evaluation über die Qualität einer Weiterbildungsveranstaltung abzuleiten. Daraus lässt sich interpretieren, dass, wenn eine Evaluation schon im Bereich der Weiterbildungsveranstaltung als problembehaftet eingestuft wird, so wird auch der nächste Schritt, der Übertragung der Evaluation auf die Lerntransferunterstützung, von den Unternehmungen nicht angestrebt, bevor die ursprünglichen Probleme nicht gelöst sind. Folglich kann der Nutzen von den befragten Unternehmungen aus der Evaluation zur Lerntransferunterstützung nicht direkt abgeleitet werden.

Aus den Antworten lässt sich entnehmen, dass von vielen Unternehmungen eine intensive Vorbereitung der Führungskräfte auf ihre Führungssituation stattfindet. Vielfach wird die Thematik der Weiterbildungsverantwortung dabei abgehandelt sowie insbesondere die Rolle der Führungskraft thematisiert. Konkrete Hinweise auf explizite Weiterbildungselemente zum Erlernen der Lerntransferunterstützung führt aber nur ein Experte an.

Die Unternehmungen gehen davon aus, dass der Einsatz von Coaching, Mentoring oder auch Lernpartnerschaften einen Lerntransfer erfolgreich unterstützen kann. Die explizite Ausbildung oder Qualifizierung einer Person, welche die Funktion der Lerntransferunterstützung innehat, wie beispielsweise eine Unternehmung dies durchführt im Rahmen des Einsatzes eines Lernbegleiters, ist der Einzelfall.

Insbesondere nach einer stattfindenden Weiterbildungsmaßnahme variiert die Unterschiedlichkeit der von den Unternehmungen eingesetzten Maßnahmen. Dieses lässt darauf schließen, dass eine **vermehrte Aktivität im Rahmen der Lerntransferunterstützung stattfindet, wenn der Lernprozess der Mitarbeiter bereits abgeschlossen ist** und im Funktionsfeld die Gegebenheiten angepasst werden müssen, um einen erfolgreichen Lerntransfer generieren zu können. Insgesamt betrachtet fußen Maßnahmen vielfach auf der **Basis von Gesprächen** zwischen Mitarbeiter, Weiterbildungsabteilung und den Führungskräften. Als übergreifende Lerntransfersicherungsmaßnahmen geben die Unternehmungen vielfach den Einsatz von Anreizen und Sanktionen an, welches den Schluss zulässt, dass **durch Anreize eine Steuerung des Lerntransfers** aus Sicht der Unternehmungen stattfinden kann. Der **Führungskraft kommt im Rahmen der Maßnahmengestaltung eine bedeutende Rolle** zu, da diese sowohl im Rahmen der Durchführung von Entwicklungsgesprächen und Festlegung von Zielen für die Weiterbildungsveranstaltung mit einbezogen wird als auch nach der Weiterbildungsmaßnahme in Gespräche mit Mitarbeitern und der Weiterbildungsabteilung eingebunden sein kann sowie übergreifend von den Unternehmungen durch eine adäquate Führungskräftequalifizierung sowie Beratung auf die Lerntransferunterstützungsaktivitäten der Führungskräfte Einfluss genommen wird. Hervorzuheben sind ebenfalls die von verschiedenen Unternehmungen angeführten **Evaluationsaktivitäten**, welche als Lerntransfersicherungsmaßnahme von den Experten eingeordnet werden. Dieses bedeutet, dass die im Rahmen dessen generierten Fragen indirekt Einfluss auf die kognitiven Prozesse der beteiligten Personen nehmen können sowie darauf aufbauend Handlungen entstehen können, die auf einen positiven und erfolgreichen Lerntransfer schließen lassen. Weiterhin ist herauszustellen, dass einige wenige Unternehmungen **Kontrollaktivitäten** und Tests als lerntransferunterstützende Maßnahme einordnen. Aus den Schilderungen der Experten geht hervor, dass diese Aktivitäten lediglich ein Abfragen des aktuellen Stands des Lernens beinhalten. Ebenso wie bei dem Einsatz von E-Learning-Elementen oder auch bei dem Einsetzen von Sanktionen bleibt hier offen, ob diesen drei Aktivitäten wirklich eine unterstützende Funktion zuzuordnen ist.

Hinsichtlich des **Einbezugs von Managementperspektiven** im Rahmen der Lerntransferunterstützung sind bei den Unternehmungen indirekte Bezüge abzuleiten. Abb. 16 gibt einen Überblick über den Einbezug der funktionalen und der institutionellen Managementperspektive im Rahmen der Konzeption und Umsetzung der Lerntransferunterstützung auf Basis von gebildeten Gruppen von Ausprägungen sowie unter Einbezug des bereits dargestellten Kontinuums des Lerntransfermanagements.

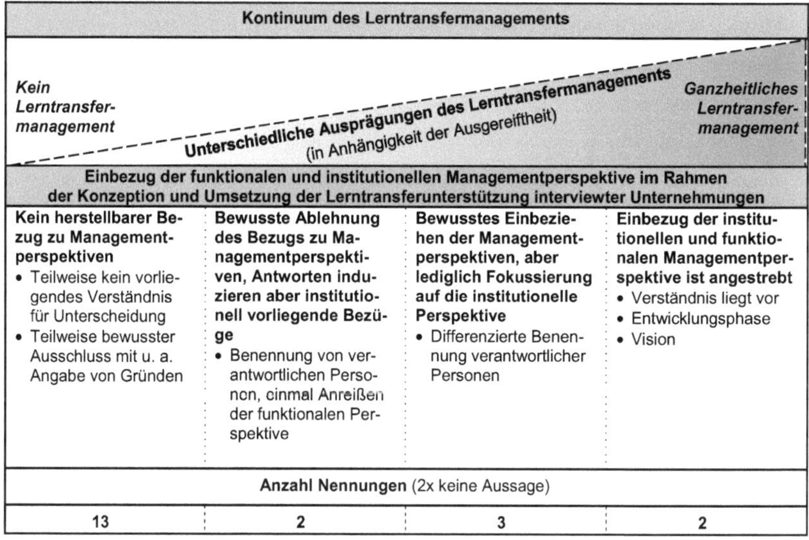

Abb. 16: Expertenaussagen zur funktionalen und institutionellen Managementperspektive des Lerntransfermanagements unter Berücksichtigung des Kontinuums des Lerntransfermanagements.

So lassen sich neben den Unternehmungen, die keinen Bezug zu den Managementperspektiven herstellen, drei weitere Gruppen von Unternehmungen bilden. Zwei Unternehmungen benennen im Rahmen der direkten Antworten eine bewusste Ablehnung des Bezugs zu den Managementperspektiven, die generierten Antworten induzieren aber institutionell vorliegende Bezüge, beispielsweise durch die Benennung von verantwortlichen Personen. Eine darauf aufbauende Gruppe existiert aus drei Unternehmungen, welche die Managementperspektiven bewusst einbeziehen aber in ihrer Vorgehensweise der Lerntransferunterstützung lediglich die institutionelle Perspektive fokussieren, durch eine differenzierte Benennung von verantwortlichen Personen. Die höchste Ausprägung ist der bewusst von den Unternehmungen genannte angestrebte Einbezug der institutionellen und funktionalen Managementperspektive. Im Rahmen dessen zeigen die befragten Unternehmungen ein bewusstes Verständnis für die Differenzierung der Perspektiven, dennoch stecken sie derzeit in einer Entwicklungsphase und streben dieses als Vision an.

Daraus ist zu erkennen, dass bei den befragten Unternehmungen insbesondere der Einbezug der funktionalen Managementperspektive nicht vorliegt. Die durchgeführten Aktivitäten zur Lerntransferunterstützung werden nicht in klassische Managementaufgaben wie beispielsweise Information, Planung, Organisation, Kontrolle und Personal aufgeteilt. Die institutionelle Managementperspektive wird von vielen Unternehmungen bewusst und unbewusst eingenommen, indem Verantwortungen für die Lerntransferunterstützung, unterschiedlich differenziert, zugewiesen werden. Dieses ist als erster Schritt anzusehen, da die Verantwortlichkeit (institutionell) für die Lerntransferunterstützung innerhalb einer Unternehmung eindeutig zugeordnet sein muss sowie für alle Beteiligten transparent aufgezeigt werden muss, damit der Lerntransfer letztlich funktional unterstützt werden kann.

Dennoch erfolgt eine differenzierte Betrachtung der Vorgehensweise nicht. Dieses lässt darauf schließen, dass eine Lerntransferunterstützung nicht mehrheitlich als Managementaufgabe angesehen wird und folglich auch nicht im Sinne dessen differenziert umgesetzt wird. Hier stecken die Unternehmungen noch in der Entwicklungsphase. Diese These lässt sich insbesondere dadurch belegen, dass die Mehrheit der Unternehmungen die Managementperspektiven gar nicht differenziert sowie stichhaltige Begründungen für den nicht vorliegenden Einbezug beider Managementperspektiven wenig geleistet werden konnten. Eine einfachere, heruntergebrochene Unterscheidung, beispielsweise in eine strategische und operative Komponente, erscheint an dieser Stelle sinnvoll und wurde im Rahmen der Interviews ebenfalls von wenigen Unternehmungen angerissen.

Hinsichtlich der Expertenaussagen zu den **Begründungen für die Ausgestaltung des Lerntransfermanagements** lassen sich auf Basis der Angaben zur vorliegenden **Kultur** die nachfolgenden interpretativen Schlüsse ziehen: Definiert die Unternehmungsleitung die Weiterbildung als wichtigen Zukunftsfaktor, um im Wettbewerb bestehen zu können, so bestimmen die Vertreter derselben die Wertigkeit der Weiterbildung in der Unternehmung und tragen den Gedanken der Lerntransferunterstützung mit. Auf Basis dessen wird den

Mitarbeitern aufgezeigt, dass Weiterbildung kein Selbstzweck ist und ein Gesamtbewusstsein für die Weiterbildung sowie den damit einhergehenden Lerntransfer vorhanden sein muss.

Hervorzuheben ist, dass sich aus den Antworten der befragten Unternehmungen eine gewisse Reihenfolge im Rahmen der genannten Bestandteile der vorherrschenden Kultur ableiten lässt. So geben zwei Unternehmungen an, dass das Lerntransfermanagement in der vorliegenden Art und Weise ausgestaltet ist, weil innerhalb der Kultur der Stellenwert und die Wichtigkeit der Mitarbeiter definiert sind. Drei Unternehmungen geben an, dass die Ausgestaltung des Lerntransfermanagements auf dem vorherrschenden Verständnis der Wichtigkeit der Weiterbildung für die Mitarbeiter basiert. Weitere vier Unternehmungen nennen sowohl die Wichtigkeit der Weiterbildung und begründen dies mit einer langfristigen Ausrichtung der Unternehmung. Fünf Unternehmungen, welche zahlreiche und unterschiedliche Aktivitäten im Bereich des Lerntransfermanagements aufweisen, beschreiben, dass das Lerntransfermanagement so ausgestaltet ist, weil die Lerntransferunterstützung sowohl vom Vorstand definiert als auch von der Unternehmungsleitung getragen wird und dieses auf einer langfristigen Ausrichtung der Unternehmung sowie auf einem wichtigen Stellenwert der Weiterbildung basiert.

Unternehmungen, die sehr versiert mit dem Lerntransfermanagement umgehen und dieses bereits umfassend einsetzen, beinhalten alle vier Bestandteile: die Zuweisung eines hohen Stellenwerts der Mitarbeiter, die Beschreibung der Wichtigkeit der Weiterbildung sowie eine langfristige Ausrichtung der Weiterbildungsaktivitäten und benennen ebenfalls, dass die Wichtigkeit der Lerntransferunterstützung von der Unternehmungsleitung definiert und getragen wird. Die oben beschriebenen Unternehmungen, welche noch wenige Aktivitäten im Bereich der Lerntransferunterstützung aufweisen, reduzieren ihre Aussagen entweder nur auf eine Benennung der Wichtigkeit der Weiterbildung, um die vorliegende Ausgestaltung des Lerntransfermanagements zu begründen oder reduzieren ihre Begründung sogar auf den Stellenwert der Mitarbeiter.

Auffällig ist weiterhin, dass die **Rollenzuweisung** bei den befragten Unternehmungen nicht eindeutig ist. Einerseits wird die Verantwortung für die Lerntransferunterstützung dem Mitarbeiter zugewiesen und darauf die Ausgestaltung des Lerntransfermanagements begründet. Andererseits nennen Unternehmungen die Führungskraft als bedeutende Rolle im Rahmen der Lerntransferunterstützung und begründen auch darauf ihre Aktivitäten des Lerntransfermanagements. Diese Rollenzuweisung kann zu einem Rollenkonflikt führen. Probleme treten im Rahmen dessen auf, wenn die Verantwortungen zwar den Personen zugewiesen werden, für diese aber entweder nicht ersichtlich sind oder diese ihre Aktivitäten nicht auf Basis ihrer zugewiesenen Rollen ausrichten. Als Basis für eine erfolgreiche Lerntransferunterstützung ist es erforderlich, dass die Rollen mit den betreffenden Personen transparent kommuniziert werden, damit diese von den Personen inhaltlich ausgeführt werden können.

Des Weiteren ist aus den Ergebnissen eine Zuweisung der Hauptverantwortung der Lerntransferunterstützung an die Weiterbildungsabteilung nicht abzuleiten. Diese spielt indirekt eine Rolle, indem sie für die Schaffung von Rahmenbedingungen verantwortlich ist. Dieses bildet wiederum die Basis, damit Führungskräfte und Mitarbeiter ihre Rollen verantwortlich ausüben können, indem sie beispielsweise von der Weiterbildungsabteilung zur Verfügung stehende Möglichkeiten und Aktivitäten der Lerntransferunterstützung aufgezeigt bekommen sowie diese erlernen und einsetzen können. Folglich muss die Weiterbildungsabteilung den Führungskräften und den Mitarbeitern das Handwerkszeug zur Verfügung stellen, damit diese die Möglichkeiten der Lerntransferunterstützung auf fachlich fundierter Basis ausüben können.

Aus den Begründungen zur Ausgestaltung des vorliegenden Lerntransfermanagements unter Einbezug der **Zertifizierung** des Weiterbildungsprozesses ist aus den Ergebnissen ersichtlich, dass die Mehrheit der befragten Unternehmungen keinen oder einen nutzlosen Zusammenhang zur Lerntransferunterstützung beschreiben. Auffällig ist, dass die drei befragten Unternehmungen, welche den Zertifizierungsprozess als förderlich für ein Lerntransfermanagement beschreiben, hinsichtlich der Ausgereiftheit des Lerntransfermanagements im eher unteren Bereich einzuordnen sind.[423] Dies bedeutet, dass sie kein ganzheitliches Konzept zur Lerntransferunterstützung aufweisen. Aus dem Ergebnis lässt sich ableiten, dass Unternehmungen, welche bereits viele Aktivitäten zur Lerntransferunterstützung

---

[423] Zwei der drei genannten Unternehmungen ordnen sich selbst im Rahmen der Online-Befragung der Stufen 2 und eins der Stufe 3 zu.

einsetzen und sich intensiv mit dem Thema ‚Lerntransfermanagement' auseinandergesetzt haben, keinen weiteren Nutzen aus den im Rahmen des Zertifizierungsprozesses eingesetzten lerntransferunterstützenden Aktivitäten der Weiterbildung generieren können. Für Unternehmungen, welche ihre Maßnahmen im Rahmen des Lerntransfermanagements noch weiter ausbauen können, kann die Zertifizierung des Weiterbildungsprozesses einen Anstoß für ein weiteres Auseinandersetzen mit der Thematik geben sowie einfache Unterstützungsmaßnahmen, wie beispielsweise die Abfrage des Lerntransfers, um diesen bei dem Mitarbeiter und der Führungskraft in Erinnerung zu rufen, generieren.

Aus den Antworten zu der Frage nach der Einschätzung der **zukünftigen Entwicklung des Lerntransfermanagements** ist zu erkennen, dass die Unternehmungen in der Regel bestrebt sind, die Lerntransferunterstützung weiter auszubauen und mehr Aktivitäten einzusetzen. Im Vordergrund sehen sie die Verantwortung bei der Führungskraft und versuchen auf unterschiedlichste Art und Weise, diese zu Lerntransferunterstützungsaktivitäten zu bewegen sowie von Seiten der Weiterbildungsabteilung die Führungskraft zu unterstützen und zu beraten. Der angegebene Wunsch, zukünftig Prozesse zu verschlanken, Qualität und Standards einzuführen und der damit verbundene Bildungscontrolling-Charakter, der in den Antworten zum Ausdruck kommt, zeigt die Diskrepanz zwischen dem Wunsch nach einer messbaren Wirksamkeit der Lerntransferunterstützung und andererseits dem Druck, dem die Unternehmungen unterstehen, mit aktiven Maßnahmen einen erfolgreichen Lerntransfer herbeizuführen.

Als **idealen Ansatzpunkt für eine Lerntransferunterstützung** identifizieren die Experten die Führungskräfte. Idealerweise erfolgen zwischen dieser und den weiterzubildenden Mitarbeitern zeitlich nicht limitierte Gespräche über mögliche Bedarfe und Ziele der Weiterbildung. Zentralisierte Prozesse der Lerntransferunterstützung werden außerdem von den Unternehmungen angestrebt. Hier zeigt sich das Spannungsverhältnis zwischen dem Wunsch einer individualisierten Vorgehensweise und dem Anstreben von standardisierten Prozessen.

5.3.4.2 Interpretation des Lerntransfermanagementeinsatzes

Die von den Unternehmungen geschilderten **Begründungen für den Einsatz eines Lerntransfermanagements** fallen insgesamt sehr **heterogen** aus. Vielfach fußt die Vorgehensweise der Ausgestaltung eines Lerntransfermanagements auf individuellen Situationen, welche auf der **Vergangenheit** der Unternehmung beruhen. Dieses können sowohl strukturelle, kulturelle als auch Einzelvorkommnisse sein.

Auffallend ist, dass die Unternehmungen vielfach einen **Auslöser** für die Beschäftigung mit der Thematik sowie für den aktiven Ausbau der Thematik der Lerntransferunterstützung angeben. Folglich sehen sie einen Zusammenhang zwischen vergangenheitsbezogenen Aktivitäten und dem aktuellen Umgang mit dem Lerntransfermanagement. An dieser Stelle kann ein Bezug zur Perspektive der *Pfadabhängigkeitstheorie* hergestellt werden, da die zurückliegenden Unternehmungsaktivitäten die zeitliche Entwicklung des Lerntransfermanagements sowie die damit verbundenen Aktivitäten beeinflussen. Des Weiteren nehmen die Unternehmungen vielfach Bezug zur Wichtigkeit der Weiterbildung sowie der Funktion derselben und übertragen diese Wertigkeit auf die Wichtigkeit der Lerntransferunterstützung.

Hier lässt sich folglich eine **Reihenfolge** ableiten: Eine besondere Wertigkeit der Weiterbildung und ein Verständnis für mögliche Folgen bei einer nicht erfolgreichen Weiterbildung, die den Unternehmungserfolg beeinflussen können, bedingt die gleiche Wertigkeit der Lerntransferunterstützung, um eine erfolgreiche Weiterbildung generieren zu können. Folglich kann eine **Verbindung vom gesamtunternehmerischen Erfolg über die Weiterbildung hin zum Lerntransfermanagement** hergestellt werden, welche die Unternehmungen benennen. Insgesamt werden verschiedene Bereiche des Personalprozesses im Rahmen der Antworten angeführt: So wird die **Mitarbeiterbindung als auch die Nachwuchssicherung** von den Unternehmungen explizit benannt, welche den Einsatz von lerntransferunterstützenden Maßnahmen begründen. Weiterhin wird der Umgang mit der Thematik der Lerntransferunterstützung geprägt durch Werte, welche im Wesentlichen die Geschäftsleitung vorgibt, und Traditionen, welche innerhalb der Unternehmungen vorliegen.

Aus den genannten Aussagen zu den **Begründungen des Nichteinsatzes eines Lerntransfermanagements** unter Bezugnahme zur vorherrschenden **Unternehmungskultur** lässt sich ableiten, dass im Wesentlichen vier Personengruppen die aktive Lerntransferunterstützung beeinflussen. Im Rahmen der Leitungsfunktionen muss die Thematik der Lerntransferunterstützung von der Geschäftsführung fokussiert werden, um die Wichtigkeit der Thematik an die Mitarbeiter sowie die Führungskräfte heranzutragen, damit lerntransferunterstützende Maßnahmen eingesetzt werden.

Wird ein Mitarbeiter weitergebildet, so bedingen die Einstellung und die Verhaltensweisen von Kollegen im Funktionsfeld eine erfolgreiche Umsetzung des Lerntransfers. Keines der befragten Unternehmungen beschreibt eine aktive, direkte Einflussnahme auf Kollegen des weitergebildeten Mitarbeiters, obwohl sie andererseits als wichtiger Faktor für einen erfolgreichen Lerntransfer beschrieben werden. Der Einfluss der Kollegen des weitergebildeten Mitarbeiters wird von den Unternehmungen identifiziert und folglich auch indirekt deren eine Mitverantwortung für die Lerntransferunterstützung übertragen, ohne diese durch aktive Maßnahmen zu begleiten, um die Kultur im Funktionsfeld lerntransferfreundlich zu gestalten. Sollten die Kollegen des weitergebildeten Mitarbeiters durch direkte oder indirekte Aktivitäten den Lerntransfer hemmen, beispielsweise durch negatives Feedback oder fehlende Wertschätzung, so stellt dieses eine Begründung für den Nichteinsatz von lerntransferunterstützenden Maßnahmen dar, wenn davon ausgegangen wird, dass diese Aktivitäten sehr schwer beeinflussbar sind.

An dieser Stelle ist ein Bezug zur *Interaktionstheorie* herzustellen, aus dessen Perspektive das Verhalten von Kollegen sowohl die Lerntransferumsetzung als auch eine Lerntransferunterstützung beeinflussen kann. Folglich bedingt die Interaktion zwischen weitergebildetem Mitarbeiter und Kollegen einen positiven Lerntransfer und bildet einen Ansatzpunkt der Einflussnahme von Unternehmungsseite her. Hier ist hervorzuheben, dass von Seiten der Unternehmung wenig Aktivitäten eingesetzt werden, um die Kollegen für ihre lerntransferunterstützende Funktion zu schulen, wenngleich der Einfluss der Kollegen des weitergebildeten Mitarbeiters auf den Lerntransfer von den Unternehmungen eindeutig identifiziert wird.

Zusätzlich ist der Betriebsrat anzuführen, welcher im Rahmen der Kommunikationsprozesse der Lerntransferunterstützungen verschiedene rechtliche Rahmenbedingungen gestalten kann, welche den Einsatz eines Lerntransfermanagements hemmen kann. Ansprechpartner für die drei genannten Personengruppen ist die Weiterbildungsabteilung, welche ihre Rolle im Rahmen des Lerntransferunterstützungsprozesses unterschiedlich definiert und folglich auch unterschiedlich aktiv in den Lerntransferunterstützungsprozess aufgrund der Rollendefinition eingreifen kann. Vielfach wird eine eher passive Rolle im Rahmen des Lerntransfermanagements beschrieben. Folglich wird sie nicht in erster Linie als verantwortlich für einen erfolgreichen Lerntransfer angesehen, sondern hat eher eine unterstützende Funktion. Eine einheitliche Beschreibung einer Kulturform, die eine Lerntransferunterstützung nicht zulässt, wird von den Unternehmungen nicht vorgenommen.

Hinsichtlich der Ausführungen der Unternehmungen zu **weiterbildungsveranstaltungsspezifischen** Gründen des Nichteinsatzes des Lerntransfermanagements wird von den Unternehmungen vielfach angeführt, dass insbesondere einfache, wiederkehrende, gesetzlich vorgeschriebene Seminare nicht unterstützt werden, da eine gefahrlose Ausübung der Arbeitsaufgabe im Funktionsfeld ohne die Umsetzung des Gelernten innerhalb der Seminare nicht möglich ist. Im Kontrast dazu steht die Aussage einer Unternehmung, die bewusst eine Lerntransferunterstützung auf höherer Managementebene nicht betreibt, da sie davon ausgeht, dass diese Personen intrinsisch motiviert den Lerntransfer erfolgreich leisten, um zum Erfolg der Unternehmung beizutragen. An dieser Stelle wird der Bezug von der individuellen Weiterbildung eines Mitarbeiters zum gesamtunternehmerischen Erfolg hergestellt, welcher vielfach von den befragten Experten als Begründung für den Einsatz einer Lerntransferunterstützung und für den Sinn der Weiterbildung angegeben wurde.

Im Rahmen der Anführung von Begründungen für den Nichteinsatz eines Lerntransfermanagements nehmen die Unternehmungen vielfach Bezug auf die innerhalb einer Weiterbildungsveranstaltung zu vermittelnden **Kompetenzarten**. Insbesondere Sozial- und Methodenkompetenzen werden als schwierig zu unterstützen eingestuft, da die Ergebnisse von erlernten Kenntnissen bei diesen Kompetenzarten schwer sichtbar und für die Unternehmungen nahezu nicht messbar sind. Darauf basiert eine Unsicherheit, wie unterstützt werden soll und inwieweit eine Unterstützung auch zu einem erfolgreichen Lerntransfer verhilft. Insbesondere damit verbundene Verhaltensänderungen obliegen dem Mitarbeiter und sind von Unternehmungsseite her nur schwer steuerbar. Dennoch bekräftigen die Unternehmungen die Wichtigkeit der vermehrten Unterstützung bei diesen beiden Kompetenzarten. Zwei Unternehmungen bilden die Ausnahme, indem sie Fachkompetenzen als schwierig zu unterstützen ansehen. Dennoch ist an dieser Stelle hervorzuheben, dass die Aussage einer Unternehmung eine Beziehung zur vorliegenden Situation im Funktionsfeld herleitet und diese als grundlegend für einen erfolgreichen Lerntransfer, unabhängig von der zu vermittelnden Kompetenzart, einstuft.

Der **hohe Zeitbedarf für die Einführung von neuen, lerntransferunterstützenden Maßnahmen** sowie eines ganzheitlichen Lerntransfermanagements stellt ein weiteres Hemmnis für dessen Anwendung dar. Für die Unternehmungen und insbesondere für die betreffenden Führungskräfte ist der Nutzen einer lerntransferunterstützenden Maßnahme teilweise nicht direkt und teilweise erst zeitverzögert sichtbar, sodass dies dazu führen kann, auf den Einsatz einer Lerntransferunterstützung zu verzichten. Auch Erprobungsschwierigkeiten sowie die Tatsache, dass es keinen Regelprozess zur Lerntransferunterstützung gibt, der allgemeingültig anwendbar ist, können die Unternehmungen davon abbringen, ein Lerntransfermanagement einzuführen. Insbesondere große Mitarbeiterzahlen, verbunden mit vielen Führungskräften sowie strukturell dezentral aufgestellte Unternehmungen mit unterschiedlichen Tochtergesellschaften, welche in verschiedenen Regionen und Ländern tätig sind, verstärken diesen Sachverhalt.

Die Nichtumsetzung eines Lerntransfermanagements aufgrund von **Personalknappheit** und einer **hohen Arbeitsbelastung** betrifft sowohl die Weiterbildungsabteilung, welche ausreichend personelle Ressourcen benötigt, um lerntransferunterstützende Konzepte zu erarbeiten, anzuwenden und die Führungskräfte im Rahmen der Anwendung dieser Konzepte zu begleiten, als auch die Führungskräfte, welchen die Lerntransferunterstützung der Mitarbeiter parallel zum Tagesgeschäft obliegt. Es ist aus den Aussagen der Experten abzuleiten, dass eine lerntransferunterstützende Aktivität eher durchgeführt wird, wenn ein erkennbarer Nutzen daraus ableitbar oder auch direkt sichtbar ist. Eine Unternehmung beschreibt einen Abwäge-Prozess zwischen dem Aufwand einer lerntransferunterstützenden Maßnahme und dem individuell geschätzten Nutzen, um auf Basis dessen eine Entscheidung zu treffen, wie und ob unterstützt wird. Hier ist ein Bezug zur Perspektive der *Anreiz-Beitrags-Theorie* erkennbar. Diese geht zwar davon aus, dass im geschilderten Fall von

Unternehmungsseite her eine entsprechende Anreizhöhe gestaltet werden muss, damit der Mitarbeiter den Lerntransfer aktiv unterstützt. Dieser Gedankengang kann aber auf den sichtbaren Nutzen einer lerntransferunterstützenden Maßnahme übertragen werden, wenn der sichtbare Nutzen für die Führungskraft als Anreiz verstanden wird. In diesem Fall wäre es Aufgabe der Unternehmung, bei der Führungskraft ein Verständnis für die positive Wirkung und den damit verbundenen Nutzen einer lerntransferunterstützenden Maßnahme, beispielsweise durch Gespräche mit der Weiterbildungsabteilung oder durch Weiterbildung der Führungskräfte im Rahmen der Lerntransferunterstützung, herzustellen. Zu beachten ist, dass aus Perspektive der *Anreiz-Beitrags-Theorie* der Nutzen einer lerntransferunterstützenden Maßnahmen nicht nur für die Führungskraft sichtbar gemacht werden muss, sondern diese auch den Anreiz in entsprechender Höhe wahrnehmen muss, um ihr Verhalten lerntransferunterstützend zu gestalten.

Hinsichtlich der Ausgereiftheit des Lerntransfermanagements ist aus den Aussagen der Unternehmungen unter Bezugnahme der **Perspektive der Weiterbildungsabteilung** im Rahmen der Gründe für den Nichteinsatz eines Lerntransfermanagements eine Differenzierung der Experten vorzunehmen. So existieren einerseits Unternehmungen, welche bewusst ein fehlendes Wissen über die Thematik der Lerntransferunterstützung und den Umgang mit derselben beschreiben. Andererseits existiert eine Gruppe von Unternehmungen, welche ein anderes Verständnis für die Lerntransferunterstützung aufweist. Diese Unternehmungen setzen aktive Maßnahmen der Lerntransferunterstützung mit einem passiven Abtesten von Wissen gleich. Sie gehen davon aus, dass durch die Kontrolle von erlernten Kenntnissen eine aktive und ausreichende Lerntransferförderung stattfindet. Im Rahmen dessen fällt es den Experten ebenfalls schwer, den Lerntransfer von erlernten Kenntnissen differenziert zu betrachten. Folglich wird auch im Rahmen der Lerntransferunterstützung lediglich Bezug zu erlernten Kenntnissen genommen. Es erfolgt keine bewusste Beschreibung von fehlendem Wissen um die Thematik.

Das Meinungsbild der befragten Experten gestaltet sich recht einheitlich im Rahmen der **Rollendefinition der Führungskraft**, indem 20 der befragten Unternehmungen der Führungskraft die wesentliche Verantwortung für die Unterstützung des Lerntransfers durch direkte oder indirekte Aussagen zuweisen. Demnach ist eine aktive Lerntransferunterstützung von der Initiative der Führungskraft abhängig, welche beeinflusst wird durch dessen

Persönlichkeit, Einstellungen und das vorliegende Rollenverständnis. Liegt die Führungskraft die Prioritäten auf das fachliche Tagesgeschäft und reduziert diese ihr Interesse an der Weiterbildung ihrer Mitarbeiter, so findet keine Lerntransferunterstützung statt. Als Charakteristika von Führungskräften, welche wenig oder keine Lerntransferunterstützung betreiben, werden ältere Führungskräfte, lange Betriebszugehörigkeit und konservativ geprägte Führungskräfte von den Unternehmungen angeführt. Diese Charakteristika erschweren eine Verhaltensänderung hin zu einer neuen Thematik durch das Zurückfallen in bestehende Routinen. Diese These wird ebenfalls dadurch belegt, dass die Unternehmungen junge Führungskräfte anführen, denen der Einsatz von lerntransferunterstützenden Maßnahmen leichter fällt und dieses auch häufiger stattfindet. Beeinflusst könnte dieses durch die Schilderung der Unternehmung sein, dass insbesondere neue und junge Führungskräfte im Rahmen von Weiterbildungsprogrammen auf ihre Führungsaufgaben vorbereitet werden. Im Rahmen dessen wird vielfach auch die Thematik der Lerntransferunterstützung aufgegriffen, um neue Führungskräfte dafür zu sensibilisieren. Dennoch existieren Unternehmungen, die eine Lerntransferunterstützung von den Führungskräften erwarten und ihnen diese Verantwortlichkeit eindeutig zuweisen, diese aber nicht auf ihre Rolle vorbereiten. Folglich fehlte es an Verständnis für die Thematik sowie unter Umständen auch an Handwerkszeug für den Einsatz von lerntransferunterstützenden Maßnahmen bei den Führungskräften, um ihrer Rolle gerecht zu werden.

Aus den Aussagen der Unternehmungen zu den Begründungen des Nichteinsatzes eines Lerntransfermanagements unter Berücksichtigung der **Individualität der Mitarbeiter** ist zu erkennen, dass insbesondere die Unterschiedlichkeit der Mitarbeiter für die Unternehmungen eine Herausforderung im Rahmen der Lerntransferunterstützung darstellt. Angestrebt wird ein allgemeingültiges Konzept, welches für jeden Mitarbeiter und jede Weiterbildungsveranstaltung passend ist. Dieses ist aber aufgrund in der Realität vorliegender Bedingungen nicht konstruierbar. Eine individuelle Begleitung des Lerntransfers der Mitarbeiter erfordert unterschiedliche Vorgehensweisen, verbunden mit einem hohen Zeitaufwand und einem ausgereiften Wissen über unterschiedliche Vorgehensweisen der Lerntransferunterstützung. Weiterhin gibt es Merkmale der Mitarbeiter, wie beispielsweise die intrinsische Motivation oder die individuelle Persönlichkeit, auf welche nur schwer Einfluss genommen werden kann, weshalb von den Unternehmungen teilweise eine Lerntransferunterstützung nicht erfolgt. Folglich bedarf es für die Unternehmungen eines umfassenden Wissens über situations- und mitarbeiteradäquate Vorgehensweisen der Lerntransferunterstützung, um individuell ausgerichtete Konzepte einsetzen zu können. Dieses Wissen liegt derzeit weder in der Literatur noch bei den befragten Unternehmungen vor und stellt folglich einen wesentlichen Grund für den Nichteinsatz eines Lerntransfermanagements dar.

5.3.4.3 Gesamtinterpretation

5.3.4.3.1 Funktionales und institutionelles Lerntransfermanagement

Der Begriff des Lerntransfermanagements wurde eingangs der Arbeit in einer weiten Fassung definiert und beinhaltete somit für den Verlauf der Arbeit sowohl eine **funktionale als auch eine institutionelle Komponente**, indem beide Managementperspektiven mit einbezogen werden. Demnach ist bei einer ganzheitlichen Gestaltung des Lerntransfermanagements sowohl eindeutig festgelegt, welche Institutionen für die Konzeption und Umsetzung des Lerntransfermanagements verantwortlich sind und andererseits, welche Funktionen diese übernehmen.

Im Rahmen dessen werden insbesondere die Funktionen, dieses wird aus der Befragung deutlich, von den befragten Unternehmungen nicht bewusst hinsichtlich Information, Planung, Organisation, Kontrolle und Personal, differenziert. Dennoch werden von den Unternehmungen Aktivitäten geschildert, die in unterschiedliche Funktionen einzuordnen sind. Vergleiche zu einer Übersicht der Inhalte auch Tab. 26.

Planungsaufgaben werden beispielsweise häufig im Rahmen der Weiterbildungsabteilung durchgeführt sowie auch inhaltlich in Gesprächsform der Führungskraft zugewiesen. Auf höherer Ebene ist hier ebenfalls die Unternehmungsleitung mit anzuführen, da diese grundsätzliche Ziele respektive den Stellenwert der Weiterbildung durch ihre vorgelegte Kultur in der Unternehmung definiert. In die operative Planung ist diese nicht eingebunden.

Die *Organisationsfunktion* wird inhaltlich beispielsweise durch die Gestaltung von Kommunikationsregeln und -zeitpunkten für die Gesprächsführung der Führungskräfte mit den Mitarbeitern angerissen. Weiterhin werden von Seiten der Weiterbildungsabteilung die organisatorischen Regeln für die Zusammenarbeit mit den Trainern spezifiziert. Ihr obliegt ebenfalls die Schaffung von Kommunikationssystemen, die der Lerntransferrückmeldung und -überprüfung dienen. In diesem Zuge sind beispielsweise der Einsatz von sogenannten Lerntransfertagebüchern oder online-gestützten Kommunikationssystemen anzuführen, die einen Lerntransferprozess abbilden und Gespräche zwischen Mitarbeiter und Führungskraft strukturieren und anregen.

Tab. 26: Zusammenhang zwischen den theoretischen Managementfunktionen und den von den Experten beschriebenen Sachverhalten.

Managementfunktionen der Lerntransferunterstützung	Inhaltliche Beschreibung der Sachverhalte auf Basis der 22 Experteninterviews
Planungsfunktion	• Weiterbildungsabteilung plant Weiterbildung bedarfsgerecht • Führungskraft kommuniziert mit Mitarbeiter über Bedarfe und Ziele • Unternehmungsleitung definiert Stellenwert der Weiterbildung
Organisationsfunktion	• Gestaltung von Kommunikationsregeln und -zeitpunkten für Gespräche zwischen Führungskraft und Mitarbeiter • Weiterbildungsabteilung spezifiziert Regeln für Zusammenarbeit mit Trainer • Weiterbildungsabteilung schafft Kommunikationssystem für Lerntransferunterstützung
Personalfunktion	• Führungskräfte absolvieren spezifische Entwicklungsprogramme, welche auf Lerntransferunterstützung ausgerichtet sind • Adäquate Auswahl von Führungskräften, die Lerntransfer unterstützen wollen und können • Führungskräfte obliegt Initiierung der bedarfsgerechten Mitarbeiterqualifizierung, da diese die Arbeitssituation einschätzen kann • Führungskraft kann Lerntransfer durch Führungsstil beeinflussen • Unternehmungsleitung und Führungskraft gestalten Anreize zur Förderung der Lerntransferunterstützung und des Lerntransfers
Kontrollfunktion	• Wunsch nach Messbarkeit des Weiterbildungserfolgs sowie des Nutzens der Lerntransferunterstützung • Kontrolle der Lerntransferunterstützung erfolgt weiterbildungsprozessbegleitend
Informationsfunktion	• Weiterbildungsabteilung hat Dienstleistungsfunktion im Rahmen der Informationsversorgung der Mitarbeiter und Führungskräfte über den Weiterbildungsprozess und die Lerntransferunterstützungsmöglichkeiten

Die *Personalfunktion* taucht ebenfalls im Rahmen der Befragungsergebnisse auf, da die Unternehmungen zahlreich angeben, die Führungskräfte, welche wesentlich verantwortlich für die Lerntransferunterstützung angesehen werden, durch Entwicklungsprogramme zu einem erfolgreichen Lerntransferunterstützter zu qualifizieren oder auch durch eine zielgerichtete Personalauswahl adäquate Führungspersonen einzustellen, die die Aufgabe der Lerntransferunterstützung erfolgreich bewältigen können. Indirekt kommt weiterhin auch der Führungskraft die Personalfunktion zu, da sie für ihren Bereich sicherstellen muss, dass geeignete Mitarbeiter vorhanden sind. Dieses kann nicht nur durch die Rekrutierung von Mitarbeitern erfolgen, sondern hängt im Wesentlichen davon ab, inwieweit die Qualifikation bestehender Mitarbeiter erhalten und ausgebaut werden kann. Dieses bedingt wiederum eine aktive Lerntransferunterstützung von Seiten der Führungskraft. Die Aktivitäten, beispielsweise einer Personalrekrutierung und Besetzung offener Stellen, obliegen natürlich nicht der Führungskraft, sondern der entsprechenden Personalabteilung. Die Führungskraft hat aber die Funktion der Einschätzung der aktuellen Situation innerhalb ihres Bereichs. Ihr obliegt die Veranlassung von entsprechenden Qualifizierungsmaßnahmen, um eine anforderungsgerechte Besetzung mit Personal zu gewährleisten. Weiterhin obliegt der Führungskraft die Führungsfunktion im Rahmen der Personalfunktion, indem sie durch ihren Führungsstil Mitarbeiter zu einem erfolgreichen und nachhaltigem Lerntransfer anregen kann. Im Rahmen dieser Funktion sind auch die möglichen Anreize anzuführen, die sowohl Unternehmungsleitung als auch Führungskräfte und die Weiterbildungsabteilung bieten können, um die Mitarbeiter zu einem erfolgreichen Lerntransfer zu veranlassen.

Weiterhin wird die Funktion der *Kontrolle* durch ein Sichtbarmachen und eine Messbarkeit von dem Erfolg einer Weiterbildung bzw. dem Wunsch danach von den Unternehmungen immer wieder benannt. Dieser Gedankengang ist bei einigen Unternehmungen auch mit einem sogenannten Bildungscontrolling verknüpft. Die Kontrolle findet dabei nicht nur am Ende eines Weiterbildungsprozesses statt, da die befragten Unternehmungen unter anderem schildern, dass sie schon im Rahmen der Weiterbildungsbedarfserhebung für die Unterstützung eines erfolgreichen Lerntransfers gezielt bei Führungskräften und Mitarbeiter von Seiten der Weiterbildungsabteilung nachfragen und korrigierend eingreifen.

Die *Informationsfunktion* kommt in erster Linie der Weiterbildungsabteilung zu, die im Rahmen der Befragung vielfach als Dienstleister beschrieben wird, indem sie Führungskräfte und Mitarbeiter mit ausreichenden Informationen sowohl über den Weiterbildungsprozess als auch über Unterstützungsmöglichkeiten für einen erfolgreichen Lerntransfer versorgt.

Hinsichtlich der institutionellen Perspektive werden sowohl Gremien als auch Einzelpersonen benannt, welche die Aufgaben der Lerntransferunterstützung obliegen. Hier sind in erster Linie die Führungskraft, aber teilweise auch die Geschäftsführung, der Vorstand oder auch Bereichsleitung angeführt worden. Als Einzelpersonen wird eine Verantwortung ebenfalls von einigen Unternehmungen insbesondere dem Mitarbeiter für eine erfolgreiche Lerntransferunterstützung zugewiesen. Die Unternehmungen stellen sich folglich hinsichtlich der institutionellen Managementperspektive differenziert auf.

5.3.4.3.2 Elemente des Lerntransfermanagements

Aus den Ergebnissen ist weiterhin abzuleiten, dass der Einsatz einer lerntransferunterstützenden Maßnahme lediglich summativ, nach einer durchgeführten Weiterbildungsmaßnahme, nicht ausreichend ist. Um einen Wertschöpfungsprozess zu generieren, wird die **Lerntransferunterstützung zu einem wesentlichen Bestandteil der Weiterbildungsaktivitäten**. *Kießling/Sonntag* bezeichnen diesen Sachverhalt wie folgt: „Die Transferorientierung sollte in alle Aktivitäten, die mit dem Thema Weiterbildung zu tun haben, verankert sein; sie sollte fester Bestandteil des Managementprozesses sein, durch den die Weiterbildung mit der strategischen Unternehmensentwicklung verbunden ist."[424] Ein Lerntransfermanagement und damit auch der Einsatz von lerntransfersichernden Maßnahmen beginnt folglich mit dem Ableiten der Weiterbildungsdefizite aus der Unternehmungsvision, Strategie sowie den damit verbundenen Unternehmungszielen, um Weiterbildungsbedarfe festlegen zu können. Die unterstützenden Maßnahmen sollten sich dann sowohl von Trainer- als auch von Führungskräfteseite her über das Training erstrecken sowie nach Vollendung der Weiterbildungsmaßnahme für die Mitarbeiter zur Verfügung stehen.

Von den befragten Experten wird mehrfach betont, dass **zielgerichtete Weiterbildungsaktivitäten** bereits als lerntransferunterstützende Maßnahme einzustufen sind. Demnach geht beispielsweise die Weiterbildungsbedarfserfassung mit Gesprächen zwischen Führungskraft und dem weiterzubildenden Mitarbeiter, manchmal auch unter Hinzuziehen von Beratungsaktivitäten der Weiterbildungsabteilung, einher. Zielformulierungen sind dahingehend zu differenzieren, dass Ziele, die sich rein mit Lerninhalten beschäftigen, nicht direkt lerntransferförderlich wirken können. Über diese formulierten Lernziele hinaus bedarf es der konkreten Formulierung von Lerntransferzielen, welche sich auf den Lerntransfer der Mitarbeiter in Funktionsfeld beziehen. Diese können beispielsweise im Rahmen von Gesprächen mit der Führungskraft, dem Trainer oder auch der Weiterbildungsabteilung erfolgen. Zeitlich ist die Zielformulierung bei einigen Unternehmungen bereits vor der Weiterbildungsmaßnahme angesetzt, bei anderen aber auch im Rahmen des Zurückkehrens der Mitarbeiter in das Funktionsfeld nach einer durchgeführten Weiterbildungsveranstaltung. Unerlässlich ist dabei eine Differenzierung von Lern- und Lerntransferzielen.

424 Kießling-Sonntag (2003) S. 386.

Aus den Angaben der befragten Experten zu den Begründungen für den Nichteinsatz eines Lerntransfermanagements fallen 20 Nennungen auf **kulturspezifische** Gründe. Die Unternehmungen erklären den Nichteinsatz mit spezifischen Verhaltensweisen von Kollegen, der Weiterbildungsabteilung, der Geschäftsführung und dem Betriebsrat. Weiterhin nennen sie allgemeine, kulturprägende Elemente, die den Einsatz eines Lerntransfermanagements verhindern. Dieser starke Kulturbezug findet sich auch in den Begründungen für die Ausgestaltung des Lerntransfermanagements wieder. Abweichend von den Begründungen für den Nichteinsatz wird im Falle der Ausgestaltung des Lerntransfermanagements aber die Begründung in erster Linie auf die Verhaltensweisen der Geschäftsführung bezogen. Auffällig an den Ergebnissen ist, dass im Rahmen der Begründung für den Einsatz eines Lerntransfermanagements keines der Unternehmungen einen Kulturbezug herstellt. Demnach bedingt die Kultur zwar den Nichteinsatz und auch wesentlich die Ausgestaltung des Lerntransfermanagements, eine lerntransferförderlich gestaltete Unternehmungskultur scheint aber nicht ausschlaggebend für den Einsatz eines Lerntransfermanagements zu sein. Folglich wird kein Bezug hergestellt von der Kultur zur Initialisierung eines Lerntransfermanagements. Betrachtet man die Aussagen der Experten aus der Perspektive der *Systemtheorie,* so können die beschriebenen kulturspezifischen Gründe auf in der Unternehmungskultur verankerten Ideen und Wertvorstellungen, welche allgemein gültig und akzeptiert sowie von den Führungskräften vorgelebt werden, basieren. Diese Ausrichtung der Unternehmungskultur gibt für die lerntransferverantwortlichen Personen die Richtung für ihr Handeln vor und fördert, bei ausreichend transparent gemachen Werten, die Identifikation mit der Lerntransferunterstützung und letztlich auch mit der Unternehmung an sich. Sollte die Wichtigkeit des Lerntransfermanagements fest in der Unternehmungskultur verankert sein und innerhalb der Unternehmung von verschiedenen Personen vorgelebt werden, so müssen die Vorgehensweisen und die damit verbundenen Werte der Weiterbildung im täglichen Arbeitsablauf nicht immer neu definiert werden. Dieses führt zu einem verminderten Aufwand für die Lerntransferunterstützung und letztlich auch zu geringeren Kosten.

Im Rahmen der Expertenaussagen zu **strukturellen** Begründungen für den Nichteinsatz eines Lerntransfermanagements entfallen 20 Nennungen auf die Beschreibung von großen Führungsspannen, dezentralen Strukturen sowie einer Verantwortlichkeit der Weiterbildungsabteilung für eine große Mitarbeiteranzahl. Folglich stellt die vorliegende Struktur eine wesentliche Bedingung für den Nichteinsatz des Lerntransfermanagements dar. Lediglich vier Unternehmungen beziehen sich im Rahmen von strukturellen Veränderungen auf

Begründungen für den Einsatz eines Lerntransfermanagements; und auch nur eine Unternehmung gibt an, dass die Struktur eine Begründung für die Ausgestaltung des Lerntransfermanagements darstellt. Demnach wird von den Unternehmungen der Struktur vielfach eine hemmende Funktion zugewiesen, weniger aber eine initiierende Funktion für den Einsatz eines Lerntransfermanagements. Aus der Perspektive der *Strukturationstheorie* kann folglich eine wechselseitige Beeinflussung von Strukturen und dem Lerntransfermanagement nicht eindeutig abgeleitet werden. Zwar kann einseitig aufgezeigt werden, dass vorliegende Strukturen insbesondere den Nichteinsatz eines Lerntransfermanagements und auch die Ausgestaltung dessen beeinflussen, das Schaffen oder das Beeinflussen von Strukturen, bedingt durch Aktivitäten des Lerntransfermanagements, wurde von den Unternehmungen aber nicht benannt und ist auch indirekt nicht aus den Antworten der Experten herzuleiten.

Die an einem Weiterbildungsprozess beteiligten Personengruppen unterliegen als **Akteure** des Lerntransfermanagements unterschiedlichen Rollendefinitionen und damit verbundenen Verantwortlichkeiten, um einen erfolgreichen Lerntransfer zu generieren. Folglich ist es unabdingbar, die institutionellen Verantwortlichkeiten der Personengruppen für das Lerntransfermanagement von Seiten der Unternehmung eindeutig zuzuordnen und transparent aufzuzeigen, damit eine funktionale Lerntransferunterstützung stattfinden kann.

Auf oberster Ebene sind die *Geschäftsführung* oder auch die Inhaber respektive das Topmanagement anzuführen, welche die strategische Ausrichtung der Unternehmung und damit einhergehend den Stellenwert der Weiterbildung sowie des Lerntransfermanagements innerhalb der Unternehmung definieren. Damit entstehen grundsätzliche Rahmenbedingungen, denen die weiteren Personengruppen wie die Weiterbildungsabteilung, die weiterzubildenden Mitarbeiter sowie die Führungskräfte unterliegen.

Insbesondere die **Definition der Rollen** und die damit verbundenen Verantwortlichkeiten und Aufgaben sollten für alle Personengruppen **klar und nachvollziehbar kommuniziert** werden, damit die Rollen zielführend ausgefüllt werden können. Damit geht beispielsweise im Rahmen der von den Unternehmungen als wesentlich identifizierte Rolle der *Führungskraft* eine frühe Vorbereitung auf ihre lerntransferunterstützende Rolle, beispielsweise durch geeignete Weiterbildung und Gespräche mit der Weiterbildungsabteilung, einher. Sie hat am ehesten Einblick in das Funktionsfeld des Mitarbeiters und kann daraufhin adäquate Lern- und Lerntransferziele für die jeweiligen Mitarbeiter ableiten sowie diese im Rahmen der Umsetzung eines erfolgreichen Lerntransfers durch Gespräche oder andere Aktivitäten begleiten und Einfluss auf die Rahmenbedingungen des Funktionsfeldes für den weitergebildeten Mitarbeiter nehmen. Dieses geht mit der Perspektive von *Bernards Funktionen von Führungskräften* einher, da sie in erster Linie für die Steuerung der Kommunikation im Rahmen eines Lerntransfermanagements als verantwortlich angesehen werden kann.

Eine weitere wesentliche Rolle nehmen die *Mitarbeiter der Weiterbildungsabteilung* im Rahmen des Lerntransfermanagements ein. Sie bilden die Basis der Weiterführung des von der Unternehmungsleitung definierten Stellenwerts des Lerntransfermanagements, indem sie für Führungskräfte und Mitarbeiter geeignete Instrumente der Lerntransferunterstützung zur Verfügung stellen. Weiterhin obliegt es ihnen, die Wichtigkeit der Lerntransferunterstützung für Mitarbeiter und Führungskräfte transparent aufzuzeigen sowie im Rahmen der Weiterbildungsaktivitäten als kommunikativer und beratender Partner zur Verfügung zu stehen. Die Weiterbildungsabteilung unterliegt im Rahmen dessen der Schwierigkeit, dass sie lediglich Rahmenbedingungen setzen kann, Angebote für Mitarbeiter und Führungskräfte machen kann sowie Möglichkeiten der Lerntransferunterstützung aufzeigen kann. Eine direkte Einflussnahme oder auch kontrollierende Aktivitäten wurden von den Unternehmungen als schwierig umsetzbar eingestuft. Daraus wurden teilweise Begründungen für den Nichteinsatz des Lerntransfermanagements abgeleitet.

Als weiterer Akteur des Lerntransfermanagements ist der weitergebildete *Mitarbeiter* zu nennen. Seine Rolle wird von den Unternehmungen unterschiedlich ausgelegt. Teilweise wird aus seiner Verantwortlichkeit für einen erfolgreichen Lerntransfer von den Unternehmungen abgeleitet, dass seine Handlungen die lerntransferunterstützenden Aktivitäten und teilweise auch den Einsatz eines Lerntransfermanagements obsolet machen oder zumindest wesentlich beeinflussen. Andererseits wird von einem Teil der Unternehmungen der Mitarbeiter als Objekt der Lerntransferunterstützung angesehen, auf welchen die Aktivitäten der Lerntransferunterstützung, welche von Führungskräften und der Weiterbildungsabteilung ausgeführt werden, ausgerichtet werden müssen. Unumstritten ist aber der

Sachverhalt, dass der Teilnehmer als Grundvoraussetzung ein Verständnis für mögliche Entwicklungsziele aufweisen muss sowie für ihn Beziehungen zwischen gelernten Inhalten und den im Funktionsfeld zu erledigenden Aufgaben transparent sein müssen, damit er sich mit den Lerninhalten identifiziert, um einen erfolgreichen Lerntransfer generieren zu können. Andernfalls können weitere, ergänzende lerntransferunterstützende Maßnahmen von Seiten der Weiterbildungsabteilung oder der direkten Führungskraft wenig erfolgreich sein. Folglich sind alle Aktivitäten, die eine Unternehmung einsetzt, um den Mitarbeiter mit den Weiterbildungsinhalten und der Umsetzung des Gelernten im Funktionsfeld zu identifizieren, schon als lerntransferunterstützende Maßnahme einzuordnen.

Dem *Trainer* kommt auf Basis der Untersuchung eine nachvollziehbare, nachrangige Rolle im Rahmen der aktiven Lerntransferunterstützung zu, da sich die Befragung auf Weiterbildungsveranstaltungen bezieht, die innerbetrieblich organisiert, durchgeführt und somit auch wesentlich beeinflusst werden können. Demnach bildet ein lerntransferfreundliches Weiterbildungs-Design die Grundvoraussetzung für einen erfolgreichen Lerntransfer aus Sicht der Experten. Eine Beeinflussung findet durch die Auswahl und die Zusammenarbeit sowie die Kommunikation mit den eingesetzten Trainern durch die Unternehmungen statt. Weitere Maßnahmen sind darüber hinaus von Seiten der Mitarbeiter der Weiterbildungsabteilung nur schwer während eines Trainings zu generieren, da allein der Trainer die Inhalte mit den weiterzubildenden Mitarbeitern im Rahmen der Weiterbildungsveranstaltung erarbeitet und somit auch nur er diese wesentlich während der Weiterbildungsveranstaltung beeinflussen kann.

Als weitere Akteure des Lerntransfermanagements sind die *Kollegen* des weitergebildeten Mitarbeiters anzuführen. Diese beeinflussen die Handlungen des weitergebildeten Mitarbeiters im Funktionsfeld und können dieses lerntransferförderlich oder lerntransferhemmend gestalten. Aus der Perspektive der *Interaktionstheorie* kann das Verhalten von Kollegen sowohl die Umsetzung des Lerntransfers als auch die lerntransferunterstützenden Aktivitäten, beispielsweise der Führungskräfte, beeinflussen. Weiterhin können sie durch ihr Verhalten selbst lerntransferunterstützend wirken. Zudem ist als nachrangige Personengruppe der Betriebsrat anzuführen, welcher durch Einflussnahme auf rechtliche Bedingungen ebenfalls in Einzelfällen Einfluss auf die Lerntransferunterstützung nehmen kann.

Bei einer Betrachtung der an dem Lerntransfermanagement beteiligten Akteure sowie der zuzuweisenden Rollen und Verantwortlichkeiten aus der Perspektive *des Ressourcenbasierten Ansatzes* ist davon auszugehen, dass eine innerhalb des Unternehmungswettbewerbs erfolgreiche Mitarbeiterweiterbildung und daraus abzuleiten auch eine erfolgreiche Lerntransferunterstützung zurückzuführen ist auf unternehmungsinterne vorhandene Ressourcen und Kompetenzen. Dabei ist die Unternehmungsführung als verantwortlich anzusehen für die Entwicklung und den Erhalt unternehmungsspezifischer Ressourcen. Im Rahmen dessen kann die Fähigkeit der erfolgreichen Ausgestaltung und des erfolgreichen Einsatzes einer Lerntransferunterstützung als unternehmungsspezifische Ressourcen definiert werden. Dieses geht einher mit den Aussagen der Unternehmungen, im Rahmen dessen die Ausgestaltung und der Einsatz des Lerntransfermanagements wesentlich davon abhängig ist, inwieweit die Unternehmungsleitung den Stellenwert der Weiterbildung und der Lerntransferunterstützung für die Gesamtunternehmung definiert.

Drei **Elemente** können folglich übergeordnet identifiziert werden, die gegeben sein müssen, um eine Lerntransferunterstützung und darauf aufbauend einen erfolgreichen Lerntransfer der Mitarbeiter zu generieren. Unabdingbar für erfolgreiche lerntransferunterstützende Aktivitäten ist es, dass die Akteure, welche lerntransferunterstützende Aktivitäten betreiben, die dafür erforderlichen Kompetenzen erworben haben sowie ein Verständnis von den Zusammenhängen und Aktivitäten des Lerntransfermanagements aufweisen. Dieses kann als ‚**Können**' bezeichnet werden. Es beinhaltet beispielsweise ein Verständnis für die Lerntransferunterstützung als Bestandteil der Weiterbildungsaktivitäten sowie eine zielgerichtete Ausführung der Aktivitäten. Weiterhin müssen die Akteure, denen die Lerntransferunterstützung obliegt, bereit sein und ein Interesse daran haben, den Lerntransfer der Mitarbeiter zu unterstützen. Das Lerntransfermanagement unterliegt folglich dem ‚**Wollen**' der Akteure. Dieses wird wesentlich beeinflusst von der bereits beschriebenen Rollenklarheit. Die dritte Voraussetzung betrifft die Rahmenbedingungen, denen die Akteure unterliegen. Es muss ihnen im betrieblichen Arbeitsumfeld erlaubt und möglich sein, einen Lerntransfer zu unterstützen. Diese Voraussetzungen kann als ‚**Dürfen**' bezeichnet werden. Im Rahmen dessen sind beispielsweise kulturelle und strukturelle Gestaltungsmöglichkeiten anzuführen.[425]

[425] Vgl. hierzu auch Kießling-Sonntag (2003) S. 382, welche Voraussetzungen auf Basis eines erfolgreichen Lerntransfers erörtern. Diese Vorgehensweise kann plausibel auf die Aktivitäten der Lerntransferunterstützung übertragen werden.

Hieraus lässt sich ableiten, dass hinsichtlich der Gestaltung von Unternehmungsseite her die dritte Komponente des Dürfens im größten Maße beeinflusst werden kann. Die Unternehmung ist maßgeblich verantwortlich für alle Rahmenbedingungen, in denen die Lerntransferunterstützung stattfinden kann. Die Voraussetzung des Könnens kann weniger intensiv von Unternehmungsseite her beeinflusst werden, dennoch bestehen Gestaltungsmöglichkeiten. Die Komponente des individuellen Wollens der Teilnehmer ist eng verknüpft mit der persönlichen Einstellung und der persönlichen Motivation der Mitarbeiter. Auch hier ist eine Beeinflussbarkeit grundsätzlich möglich, wenngleich diese im Verhältnis zu den anderen Voraussetzungen deutlich schwieriger gestaltet ist.

5.3.4.3.3 Spezifizierung des Lerntransfermanagements befragter Unternehmungen

Auf Basis der Erkenntnisse der Online-Befragung sowie der Experteninterviews konnten die ursprünglich gebildeten Stufenzuordnungen hinsichtlich der Ausgereiftheit des Lerntransfermanagements spezifiziert werden. So bilden sich auf Basis der Aussagen der Experten vier Gruppen hinsichtlich der Ausprägungen des Lerntransfermanagements.[426]

Der Gruppe D sind sieben Unternehmungen zuzuordnen, welche sich gar nicht oder nur allgemein mit der Thematik des Lerntransfers beschäftigen. Bei diesen Unternehmungen erfolgt kein Einsatz von Maßnahmen zur Lerntransferunterstützung. Ist das Lerntransfermanagement der Unternehmungen weiter ausgereift, so sind diese weiteren sechs Unternehmungen der Gruppe C zuzuordnen. Sie setzen einzelne, wenige Maßnahmen zur Lerntransferunterstützung überwiegend nach der Durchführung einer Weiterbildungsveranstaltung ein. Der Einsatz erfolgt weiterhin bei nur wenigen Kompetenzarten.

Die darauf aufbauende Gruppe B ist bestimmt durch sechs Unternehmungen, welche zahlreiche, aufeinander abgestimmte Maßnahmen der Lerntransferunterstützung einsetzen. Der Einsatz erfolgt in der Regeln bei allen Kompetenzarten und sowohl vor, während und nach der Durchführung einer Weiterbildungsveranstaltung. Diese Unternehmungen weisen keine strategische Ausrichtung des Lerntransfermanagements auf. Vielfach wird aber die Unternehmungsleitung in die Aktivitäten mit einbezogen oder initiiert diese.

---

[426] Vgl. hierzu Abb. 17.

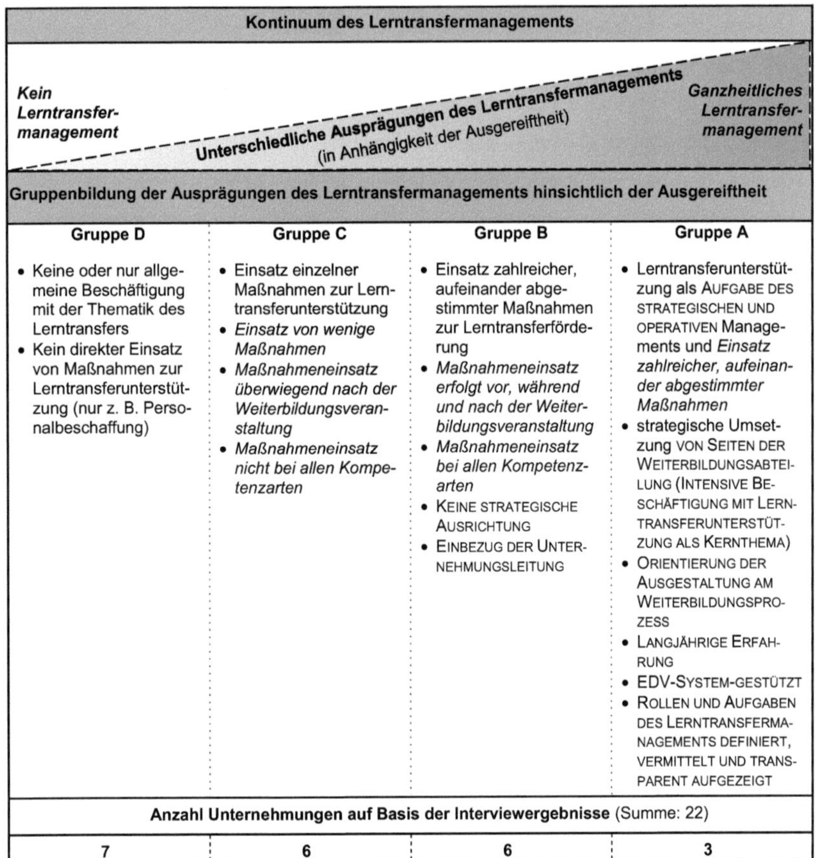

Abb. 17: Gruppierung der 22 interviewten Unternehmungen hinsichtlich der Ausgereiftheit des Lerntransfermanagements auf Basis der Ergebnisse der Interviews und der Online-Befragung.
(*kursiv*: Erkenntnisse der Online-Befragung; KAPITÄLCHEN: Erkenntnisse der Interviews.)

Die Gruppe A, welche aus drei Unternehmungen besteht, weist eine nahezu ganzheitliche Ausprägung des Lerntransfermanagements auf. Dieses kennzeichnet sich dadurch, dass die Lerntransferunterstützung als Aufgabe des strategischen und operativen Managements angesehen wird sowie zahlreiche, aufeinander abgestimmte Maßnahmen der Lerntransferunterstützung zum Einsatz kommen. Die strategische Umsetzung wird auch von Seiten der Weiterbildungsabteilung getragen. Weiterhin ist die Ausgestaltung des Lerntransfermanagements am Weiterbildungsprozess orientiert und es besteht vielfach eine langjährige Erfahrung im Rahmen der Aktivitäten, welche häufig auch EDV-System-gestützt sind. Die

Rollen und Aufgaben des Lerntransfermanagements sind eindeutig definiert, vermittelt und allen Mitarbeitern und Führungskräften transparent aufgezeigt.

5.3.4.4 Visualisierung des Erklärungsrahmens

Tab. 27 leistet einen Überblick über die Ergebnisse des Erklärungsrahmens. In der Tabelle aufgeführte Begründungen, die von den Experten als bedeutsam einzustufen sind und somit mehr als fünf Nennungen verzeichnen, werden in **Fettdruck** von den übrigen Begründungen abgehoben. Empirische Einzelnennungen der Experten, die von lediglich jeweils einer Unternehmung gemacht wurden, werden nachrangig in grauer Schrift gekennzeichnet. Aus den Ergebnissen der empirischen Erhebung herstellbare Theorie- und Modellbezüge, die bereits in dem Abschnitt 5.3.4 erläutert wurden, werden innerhalb der Tabelle in *kursiv* dargestellt, um den Zusammenhang zum Forschungsrahmen herzustellen.

Da in der Literatur keine ausreichend differenzierten Gründe für den Einsatz und den Nichteinsatz eines Lerntransfermanagements vorliegen, wurde im Erklärungsrahmen auf die Vermutungsbildung auf Basis von Theorien und Plausibilitätsüberlegungen zurückgegriffen. Diese Vermutungen zu den Gründen, welche im Verlauf der Arbeit auch als Arbeitshypothesen benannt wurden, werden im Rahmen der Visualisierung des Erklärungsrahmens nicht aufgenommen, da sie so in der Literatur exakt nicht vorliegen und eine Aufnahme der Gründe im Rahmen der Darstellung einen hypothesentestenden Charakter hätte. Die durchgeführte Studie basiert auf einer rein qualitativen Ausrichtung, welche hypothesengenerierend ausgelegt ist. Folglich beinhaltet der Erklärungsrahmen die erhobenen Gründe für die Ausgestaltung des Lerntransfermanagements, die Gründe für den Einsatz und den Nichteinsatz des Lerntransfermanagements sowie eine Bezugnahme zu dem aus der Empirie identifizierten Umgang mit Lerntransferunterstützungsmaßnahmen sowie dem Einbezug der Managementperspektiven, da diese Ausgestaltung des Lerntransfermanagements die Basis für die Begründung der Ausgestaltung und des Einsatzes des Lerntransfermanagements bildet. Ein Bezug zum Forschungsrahmen wird deshalb im Rahmen der Tabelle durch das Hervorheben von vorliegenden Gründen, welche aus Modell- oder Theorieperspektiven erklärt werden können, hergestellt, da es Ziel einer explorativen Vorgehensweise ist, durch die in der Exploration gewonnenen, deskriptiven Erkenntnisse, theoretische Zusammenhänge aufzuzeigen.[427]

[427] Vgl. hierzu auch Abschnitt 1.2.

Tab. 27: Visualisierung des Erklärungsrahmens.

AUSGESTALTUNG DES LERNTRANSFERMANAGEMENTS • Hoher Maßnahmeneinsatz (insbesondere von übergreifenden Lerntransfersicherungsmaßnahmen sowie Maßnahmen, die nach einer Weiterbildungsveranstaltung eingesetzt werden) • Indirekt differenzierte Informations-, Planungs-, Organisations-, Personal- und Kontrollaktivitäten			
	BEGRÜNDUNGEN DES LERNTRANSFERMANAGEMENTS HINSICHTLICH...		
	DER AUSGESTALTUNG	DES EINSATZES	DES NICHTEINSATZES
Kultur-spezifische Gründe	• ***Stellenwert der Weiterbildung für Vorstand/Geschäftsführung*** • Stellenwert des Lerntransfermanagements für Mitarbeiter		• *Verhalten von **Kollegen, Weiterbildungsabteilung, Geschäftsführung,** Betriebsrat* • *Allgemeine kulturprägende Elemente*
Struktur-spezifische Gründe	• *Vorliegende Struktur*	• *Strukturelle Veränderungen*	• ***Große Führungsspannen*** • ***Dezentrale Struktur*** • ***Zuständigkeit der Weiterbildungsabteilung für große Mitarbeiteranzahl***
Weiterbildungs-veranstaltungs-spezifische Gründe	• Charakteristika ausgewählter WBV	• Schlecht gelaufene WBV	Bewusster Nichteinsatz bei spezifischen Weiterbildungsveranstaltungen • Weiterbildungsveranstaltungen mit Incentive-Funktion • Pflicht-Weiterbildungsveranstaltungen • Standard-Weiterbildungsveranstaltungen • Einzelfall-WBV, WBV der Selbsterfahrung, der höheren Managementebene, online-gestützte WBV Kompetenzdifferenzierung • **Sozialkompetenzen schwer zu unterstützen** • **Methodenkompetenzen schwer zu unterstützen** • Fachkompetenzen schwer zu unterstützen
Ressourcenspezifische Gründe			• ***Arbeitsbelastung*** • **Schwierigkeit der Einführung von lerntransferunterstützenden Maßnahmen**
Personen-spezifische Gründe	• ***Rolle der Führungskraft*** • **Rolle des weitergebildeten Mitarbeiters** • Rolle der Weiterbildungsabteilung • Multiplikatorfunktion von lerntransferunterstützenden Mitarbeitern	• Nachwuchssicherung • Mitarbeiterbindung • Einarbeitung	• ***Rolle der Führungskraft*** • **Rolle des weitergebildeten Mitarbeiters** • **Perspektive der Weiterbildungsabteilung** • *Verantwortung für Lerntransferunterstützung unklar*
Sonstige Gründe	• Zertifizierungsprozess • Situative Gründe	*Auslösende Sachverhalte* • Weiterbildung als Wettbewerbsfaktor • Inhaltliche Veränderungen • Neue Produkte oder Dienstleistungen • Positives Arbeitgeberimage	
Legende: empirisch bedeutende Nennungen (mehr als 5 Nennungen): **fett**, empirische Einzelnennungen: grau, herstellbare Theorie- und Modellbezüge zum Forschungsrahmen: *kursiv*, WBV = Weiterbildungsveranstaltungen			

Der Tabelle ist zu entnehmen, dass insbesondere die kultur- und strukturspezifischen aufgeführten Gründe der Experten sowie deren Aussagen zur Rolle der Führungskraft und der damit verbundenen Arbeitsbelastung die Herstellung von Theoriebezügen zulassen. Insbesondere im Rahmen der weiterbildungsveranstaltungsspezifischen Gründe für die Ausgestaltung, den Einsatz und den Nichteinsatz eines Lerntransfermanagements wird deutlich, dass diese in erster Linie aus neu identifizierten Begründungen der Experten bestehen, welche nicht auf ursprünglich dargestellte theoretische Ansätze zurückzuführen sind.

6. SCHLUSSBETRACHTUNG

6.1 FAZIT

Da Unternehmungen hohe Investitionen in die Weiterbildung ihrer Mitarbeiter tätigen, ist es aus betriebswirtschaftlicher Sicht unabdingbar, dafür Sorge zu tragen, dass aus diesen Investitionen ein nachhaltiger Nutzen für die Unternehmungen erfolgt. Dieses ist allein auf Basis von kontrollierenden Aktivitäten nicht zu erreichen. Daraus abgeleitet ergibt sich die Notwendigkeit, die Weiterbildung der Mitarbeiter hinsichtlich des Lerntransfers strukturiert zu unterstützen. Da aus der Literatur bisher nicht deutlich wurde, warum Unternehmungen ein Lerntransfermanagement in unterschiedlichen Ausgestaltungsformen einsetzen, und warum sie teilweise auf diesen Einsatz bewusst oder unbewusst in der gängigen Unternehmungspraxis verzichten, handelt es sich um ein weitgehend unbekanntes Erkenntnisobjekt, welchem mit einer explorativen Forschungsstrategie begegnet wurde, da die Notwendigkeit bestand, im Rahmen eines Entdeckungszusammenhangs Erkenntnisse über die Forschungsobjekte zu gewinnen.

Demnach beschäftigte sich die vorliegende Arbeit mit der systematischen Erfassung, Präzisierung, Strukturierung und Erklärung der Ausgestaltung sowie des Einsatzes und des Nichteinsatzes des Lerntransfermanagements. Da die explorative Forschung eine Methodenpluralität zulässt, um einen breiten und tiefen Zugang zu komplexen vorliegenden Forschungsproblemen zu gewähren[428], wurde im Rahmen der Arbeit eine zweistufige empirische Erhebung, bestehend aus einer Online-Befragung und aus Experteninterviews, durchgeführt. Tab. 28 verdeutlicht die Zusammenhänge zwischen den eingangs der Arbeit definierten Zielbestandteilen und den Aktivitäten, die im Rahmen einer explorativen Vorgehensweise der Arbeit durchgeführt wurden, um diese zu erreichen.

Nachdem das vorliegende Problem des Managements des Lerntransfers im Rahmen der Erörterung des Forschungsanlasses eingangs der Arbeit dargestellt wurde, bildete eine begriffliche Auseinandersetzung mit der innerbetrieblichen Weiterbildung, dem Lerntransfer und darauf aufbauend dem Lerntransfermanagement die Basis für die weitere Vorgehensweise.

[428] Vgl. Becker (2006a) S. 287 f.

Tab. 28: Übersicht über den Zusammenhang zwischen den Bestandteilen des Ziels der Arbeit und der Vorgehensweise zur Zielerreichung.

Ziel der Arbeit: **Erklärung des Lerntransfermanagements der innerbetrieblichen Weiterbildung**		
hinsichtlich...	**Theoretisch gestützt**	**Empirisch gestützt**
Ausgestaltung *Was machen Unternehmungen, um den Lerntransfer ihrer Mitarbeiter zu unterstützen? Warum machen sie es so, wie sie es machen?*	• Theoretische Erkenntnisse des Forschungsrahmens, insbesondere Maßnahmendarstellung • Bezugsherstellung zu bestehenden Theorien im Rahmen der Interpretation der Ergebnisse	• Von den Experten im Rahmen der Online-Befragung generierte Inhalte, insbesondere zur Darstellung der Ausgestaltung • Von den Experten im Rahmen der Interviews generierte Inhalte, insbesondere zu den Begründungen • Interpretation der Ergebnisse
Einsatz *Warum setzten Unternehmungen Lerntransfermanagement ein?* **Nichteinsatz** *Warum setzen Unternehmungen kein Lerntransfermanagement ein?*	• Theoretisch hergeleitete Vermutungen zu den Gründen innerhalb des Forschungsrahmens • Bezugsherstellung zu bestehenden Theorien im Rahmen der Interpretation der Ergebnisse	• Von den Experten im Rahmen der Interviews generierten Inhalte • Interpretation des Ergebnisse

Der sich anschließende Forschungsrahmen beinhaltet einen Überblick über Bestandteile des Lerntransfermanagements, die bereits in der Literatur vorliegen. Die Erkenntnisse beschränken sich dabei im Wesentlichen auf die Identifikation von Ansatzpunkten, auf die sich ein Lerntransfermanagement beziehen kann, welche aus Lerntransfermodellen abgeleitet werden konnten, sowie eine Darstellung von lerntransferunterstützendenden Maßnahmen. Diese werden von Unternehmungen vor, während und nach einer Weiterbildungsveranstaltung sowie veranstaltungsübergreifend gestaltet und stellen einen wesentlichen Bestandteil des Lerntransfermanagements dar.

In der Literatur sind Begründungen sowohl für die Ausgestaltung als auch für den Einsatz und den Nichteinsatz eines bestehenden Lerntransfermanagements nicht explizit benannt. Auch nach einer aufwändigen Recherche konnten folglich nicht auf in der Literatur vorliegende Begründungen zurückgegriffen werden, um die empirische Vorgehensweise auf bereits vorliegendes Wissen zu stützen. Da die Arbeit eine explorative Vorgehensweise verfolgt, wurden deshalb im Forschungsrahmen, in hypothesengenerierender Vorgehensweise, Vermutungen für mögliche Gründe aus allgemeinen Theorien der Erkenntnisbereiche Organisation, Management und Unternehmungsführung sowie durch Plausibilitätsüberlegungen hergeleitet, um die anstehende Befragung theoriegestützt und gut strukturiert durchführen zu können. Die, auf Basis dieser Vorgehensweise erfolgte, theoretisch gestützte Erklärung des Einsatzes und des Nichteinsatzes des Lerntransfermanagements, deckt inhaltliche Felder und Vorgehensweisen auf, innerhalb derer von den Unternehmungen angeführte Begründungen für den Einsatz und den Nichteinsatz des Lerntransfermanagements spezifiziert werden können.

Die durchgeführte Online-Befragung mit insgesamt 60 Experten im Rahmen der ersten Stufe leistet eine Spezifikation der Ausgestaltung des Lerntransfermanagements der Unternehmungen. Auf Basis dessen konnten die vorliegenden Unternehmungen hinsichtlich der Ausgereiftheit des Lerntransfermanagements gruppiert werden, um im Rahmen der zweiten Stufe der Erhebung eine Bandbreite an Begründungen erfassen zu können. Die Spezifizierung von Begründungen für die Ausgestaltung, den Einsatz und den Nichteinsatz des Lerntransfermanagements erfolgte durch die 22 qualitativ durchgeführten Experteninterviews. Diese bildeten die wesentlichen Inhalte für die Erklärung der Ausgestaltung, des Einsatzes und des Nichteinsatzes des Lerntransfermanagements der innerbetrieblichen Weiterbildung.

Um den beschriebenen Teilbereich des formulierten Ziels der Arbeit, der theoretisch gestützten Erklärung des Lerntransfermanagements, weiterhin zu erreichen, wurden im Rahmen der Interpretation der vorliegenden Ergebnisse Bezüge zu den, im Rahmen der Bildung der Arbeitshypothesen betrachteten Theorien hergestellt. Dadurch konnten die Erklärungen der Experten erweitert werden. Weiterhin wurden die Erklärungen der Experten durch die Interpretation der Ergebnisse insgesamt inhaltlich spezifiziert und Zusammenhänge aufgeführt. Um im Rahmen der Erklärung der Ausgestaltung des Lerntransfermanagements Erkenntnisse zu generieren sowie weitere Erkenntnisse zu den Begründungen des Einsatzes und des Nichteinsatzes anschließend zu erhalten, bedurfte es einer detaillieren Deskription der Vorgehensweisen der Unternehmungen im Rahmen des Lerntransfermanagements sowie deren Ausgereiftheit hinsichtlich des Lerntransfermanagements. Aus der beschriebenen Vorgehensweise ist zu erkennen, dass alle Zielbestandteile der Arbeit durch unterschiedliche Aktivitäten abgedeckt wurden sowie, dass inhaltliche Erkenntnisse zu allen Zielbestandteilen auf Basis einer explorativen Vorgehensweise strukturiert gewonnen werden konnten.[429]

[429] Dennoch ist anzumerken, dass auf Grund des explorativen Charakters der vorliegenden qualitativen Studie gewonnenen Erkenntnisse nicht als allgemeingültig und verallgemeinerbar anzusehen sind, da das vorliegende Forschungsobjekt zunächst durch die durchgeführte qualitative Betrachtung strukturiert werden musste, um dieses in Zukunft und darauf aufbauend einer quantitativen Betrachtung auf Basis der Ableitung von nomologischen Hypothesen unterziehen zu können, womit allgemeingültige Aussagen ge-

Im Rahmen des Lerntransfermanagements werden von den befragten Unternehmungen unterschiedliche Maßnahmen zur Lerntransferunterstützung häufig und zu unterschiedlichen Zeitpunkten in Abhängigkeit der Weiterbildungsveranstaltungen eingesetzt. Diese werden vielfach adäquat hinsichtlich zu vermittelnder Kompetenzen differenziert. Teilweise bestehen darüber hinaus aufeinander aufbauende Maßnahmenkonzepte der Lerntransferunterstützung. Die Expertenaussagen verdeutlichen, dass der Einbezug des Managements in die Gestaltung der Vorgehensweisen der Lerntransferunterstützung von den Unternehmungen angestrebt wird. Darüber hinaus konnte im Rahmen der Arbeit aufgezeigt werden, dass die funktionale und die institutionelle Managementperspektive im Rahmen des Lerntransfermanagements bereits bei den Unternehmungen indirekt Einzug erhalten hat, obwohl die Experten dieses so nicht benennen.

Die befragten Unternehmungen unterliegen vielfältigen Bedingungen, denen sie begegnen müssen, um den Lerntransfer der Mitarbeiter aktiv unterstützen zu können. Einerseits bedingt ein Lerntransfermanagement das Vorhandensein von zeitlichen und personellen Ressourcen, um dieses gestalten und einsetzen zu können. Andererseits müssen strukturelle Gegebenheiten wie adäquate Führungsspannen und zentrale Strukturen gegeben sein, damit ein Lerntransfermanagement initiiert werden kann. Eine große Rolle spielen die an dem Weiterbildungsprozess und damit auch am Lerntransfermanagement beteiligten Personengruppen und deren Verhaltensweisen hinsichtlich einer Lerntransferunterstützung. Die Weiterbildungsabteilung ist ebenso wie die direkten Vorgesetzten nicht mehr nur als Lieferant für Weiterbildungsmaßnahmen anzusehen, die diese konzipieren, bereitstellen und organisieren. Sie sind mitverantwortlich dafür, den Lerntransfer aktiv zu unterstützen und somit zum Unternehmungserfolg beizutragen.[430] Hier bedingen kulturelle aber auch personenspezifische Gründe wesentlich den Einsatz des Lerntransfermanagements. Für den Einsatz eines erfolgreichen Lerntransfermanagements ist im Rahmen dessen für alle Beteiligten eine transparente Rollendefinition und Verantwortungszuweisung unerlässlich. Begünstigt wird ein erfolgreiches Lerntransfermanagement durch eine Unternehmungskultur, die dem Lerntransfermanagement einen adäquaten Stellenwert einräumt, um das Handeln aller am Lerntransfermanagement beteiligten Personen zu ermöglichen. Ein gut gestaltetes Lerntransfermanagement stellt innerhalb einer Unternehmung eine ökonomisch wichtige

nerieren werden können.

430 Vgl. ähnlich Kauffeld/Grote/Frieling (2009) S. 6 f.

Größe dar. Sie ist eine Investition in die Weiterbildung, die Zukunft der Mitarbeiter und letztlich in den betrieblichen Erfolg.

6.2 AUSBLICK

Die durchgeführte Studie gestaltet sich explorativ vor dem Hintergrund, dass es sich bei dem Lerntransfermanagement um ein noch weitgehend unbekanntes Erkenntnisobjekt handelte. Deshalb war es erforderlich hinsichtlich der Begründung für die Ausgestaltung, den Einsatz und den Nichteinsatz eines Lerntransfermanagements zunächst im Rahmen eines Entdeckungszusammenhangs Erkenntnisse über diese zu gewinnen. Aus den im Rahmen des Entdeckungszusammenhangs mit der vorliegenden qualitativen Studie gewonnenen Erkenntnissen können keine allgemeingültigen Aussagen generiert werden.

Hinsichtlich der generierten Erklärungen für den Einsatz und den Nichteinsatz eines Lerntransfermanagements wäre es erstrebenswert, die von den Experten angeführten Begründungen einer quantitativen Betrachtung zu unterziehen. Somit könnten allgemeingültige Aussagen für eine größere Grundgesamtheit getroffen werden und erschlossen werden, ob die explorierten Begründungen für eine Vielzahl von Unternehmungen zutreffend sind. Zudem bleibt die Frage offen, welche der angeführten Begründungen für eine Vielzahl von Unternehmungen als bedeutsam und ausschlaggebend für die Verhaltensweisen einzustufen sind. Darauf aufbauend könnte im Rahmen einer großzahligen Untersuchung erforscht werden, wie die angeführten Begründungen zu gewichten oder in eine Rangfolge zu bringen sind. Weiterhin könnten, auf theoretisch konzeptioneller oder empirischer Basis, die Überlegungen dahingehend weitergeführt werden, als dass die aufgedeckten Begründungen auf Einflüsse und Wirkungen untereinander untersucht werden könnten.

Die vorliegenden Ergebnisse decken auf, dass Unternehmungen im Rahmen des Lerntransfermanagements in erster Linie einen praktikablen Maßnahmeneinsatz fokussieren. Interessant wäre es, als weitere Forschungsvorhaben das Lerntransfermanagement einer konzeptionellen, theoretischen Betrachtung zu unterziehen um für Unternehmungen ein praxeologisches Konzept auf Basis der generierten Einsatzbegründungen zu entwickeln, an Hand dessen Charakteristika diese ein Lerntransfermanagement gestalten können.

Die vorliegende Untersuchung stellt das Lerntransfermanagement der innerbetrieblichen Weiterbildung in den Fokus. Interessant wäre es ebenfalls, mehr über die Verhaltensweisen von Unternehmungen im Rahmen der Ausgestaltung und des Einsatzes auf weiteren Gebieten der Personalentwicklung zu erfahren. So könnten ähnliche Erhebungen auf die Teilgebiete der beruflichen Ausbildung oder ausschließlich auf Trainings-on-the-job bezogen werden, um zu erfahren, wie Unternehmungen in diesen Bereichen mit dem Lerntransfermanagement umgehen und Erklärungen für die Verhaltensweisen zu generieren.

ANHANG

A.1 ERSTE ERHEBUNG: ONLINE-BEFRAGUNG

A.1.1 Fragebogen

1 Willkommen

Vielen Dank für Ihre Teilnahme an der empirischen Erhebung zum Thema „**Management des Lerntransfers in der innerbetrieblichen Weiterbildung**".

Wie bereits in meiner E-Mail beschrieben, geht mein Dissertationsprojekt mit Hilfe einer empirischen Erhebung den folgenden Fragen nach:

Wie kann ein Lerntransfermanagement für Mitarbeiter aussehen, damit in Weiterbildungsveranstaltungen erlernte Kompetenzen nicht verloren gehen?

Warum setzen große Unternehmen ein Lerntransfermanagement resp. Maßnahmen zur Unterstützung des Lerntransfers ein sowie andere gerade nicht?

Wodurch werden der Umfang und die Qualität des Lerntransfermanagements beeinflusst?

Als **Dankeschön** für Ihre Teilnahme erhalten Sie eine **anonymisierte Auswertung der Ergebnisse der gesamten Erhebung**, so dass Sie einen guten Überblick bekommen, wie Unternehmen mit dem Lerntransfermanagement umgehen.

Die Befragung dauert ca. **10-15 Minuten**. Ihre Daten werden im Rahmen der Erhebung selbstverständlich **anonym** ausgewertet sowie intern vertraulich behandelt.

Bei Fragen und Anmerkungen können Sie mich gerne persönlich kontaktieren unter **vfriske@wiwi.uni-bielefeld.de** oder telefonisch unter **0521 / 106-6879** oder [illegible].

Vielen Dank für Ihre Unterstützung

Dipl.-Kffr. Vanessa Friske

2 Unternehmensdaten

Geben Sie bitte zuerst einige Daten zu Ihrem Unternehmen an:

Wie viele Mitarbeiter beschäftigt Ihr Unternehmen?

- ☐ mehr als 500.000
- ☐ 200.000 - 500.000
- ☐ 100.000 - 200.000
- ☐ 50.000 - 100.000
- ☐ 20.000 - 50.000
- ☐ 10.000 - 20.000
- ☐ 10.000 - 5.000
- ☐ 5.000 - 1.000
- ☐ unter 1.000

Bitte wählen Sie die Branche aus, in der Ihr Unternehmen tätig ist:

- ☐ Land- und Forstwirtschaft, Fischerei
- ☐ Bergbau und Gewinnung von Steinen und Erden
- ☐ Verarbeitendes Gewerbe
- ☐ Energieversorgung
- ☐ Wasserversorgung; Abwasser- und Abfallentsorgung und Beseitigung von Umweltverschmutzungen
- ☐ Baugewerbe
- ☐ Handel, Instandhaltung und Reparatur von Kraftfahrzeugen
- ☐ Verkehr und Lagerei
- ☐ Gastgewerbe
- ☐ Information und Kommunikation
- ☐ Erbringung von Finanz- und Versicherungsdienstleistungen
- ☐ Grundstücks- und Wohnungswesen
- ☐ Erbringung von freiberuflichen, wissenschaftlichen und technischen Dienstleistungen
- ☐ Erbringung von sonstigen wirtschaftlichen Dienstleistungen
- ☐ Öffentliche Verwaltung, Verteidigung, Sozialversicherung
- ☐ Erziehung und Unterricht
- ☐ Gesundheits- und Sozialwesen
- ☐ Kunst, Unterhaltung und Erholung
- ☐ Erbringung von sonstigen Dienstleistungen
- ☐ Private Haushalte mit Hauspersonal, Herstellung von Waren und Erbringung von Dienstleistungen durch private Haushalte für den Eigenbedarf ohne ausgeprägten Schwerpunkt
- ☐ Exterritoriale Organisationen und Körperschaften
- ☐ Sonstige

3 Hinweis

Hinweis:

Alle folgenden Fragen beziehen sich auf **Weiterbildungsveranstaltungen**, die

- **innerbetrieblich** organisiert und gesteuert werden und
- **außerhalb des Arbeitsplatzes** der Mitarbeiter durchgeführt werden.

4 Lerntransferhemmende Faktoren

Unter **Lerntransfer** ist im Allgemeinen die Übertragung und Anwendung sowie im Speziellen die Generalisierung und Aufrechterhaltung von in einer Weiterbildungsmaßnahme erlernten Kompetenzen in das Funktionsfeld zu verstehen.

Die erfolgreiche und nachhaltige Anwendung von Kompetenzen am Arbeitsplatz, die innerhalb einer Weiterbildungsveranstaltung erlernt wurden, kann durch verschiedene Faktoren gehemmt werden.

Bitte benennen Sie (aus Sicht Ihres Unternehmens) nachfolgend wesentliche dieser **lerntransferhemmenden Faktoren**:

Inwieweit stimmen Sie der folgenden Aussage zu?

"Es gibt meiner Meinung nach Faktoren, die den Lerntransfer der Mitarbeiter hemmen."

☐ Ich stimme der Aussage zu.

☐ Ich stimme der Aussage nicht zu.

☐ Keine Angabe

5 Einstufung LT

Unter **Lerntransfer** ist im Allgemeinen die Übertragung und Anwendung sowie im Speziellen die Generalisierung und Aufrechterhaltung von in einer Weiterbildungsmaßnahme erlernten Kompetenzen in das Funktionsfeld zu verstehen.

Ein Lerntransfer kann durch unterschiedliche Vorgehensweisen und Maßnahmen von Unternehmensseite bei den Mitarbeitern **gefördert und unterstützt** werden. Der Umgang mit dem Lerntransfer von Unternehmensseite kann, je nach Ausprägung und Erfahrung des Unternehmens mit dem Umgang der Thematik, unterschiedlich eingestuft werden.

Schätzen Sie bitte nachfolgend den **Status Quo** Ihres Unternehmens hinsichtlich des Standes der Lerntransferförderung ein, indem Sie die zutreffenden Aussagen ankreuzen

☐ **Stufe 0**:
Unser Unternehmen beschäftigt sich **nicht mit der Thematik des Lerntransfers**.

☐ **Stufe 1**:
Unser Unternehmen beschäftigt sich **allgemein mit der Thematik des Lerntransfers**, einzelne Maßnahmen zur Förderung des Lerntransfers der Mitarbeiter werden nicht durchgeführt.

☐ **Stufe 2**:
Innerhalb unseres Unternehmens werden **einzelne Maßnahmen durchgeführt**,
um den Lerntransfer unserer Mitarbeiter zu fördern.

☐ **Stufe 3**:
Innerhalb unseres Unternehmens werden **zahlreiche, aufeinander abgestimmte Maßnahmen angewendet**,
um den Lerntransfer unserer Mitarbeiter zu fördern.

☐ **Stufe 4**:
Die Förderung des Lerntransfers ist in unserem Unternehmen **Aufgabe des Managements** und wird von diesem **strategisch umgesetzt**.
Es werden zudem zahlreiche, aufeinander abgestimmte Maßnahmen angewendet, um den Lerntransfer unserer Mitarbeiter zu fördern.

☐ Keine Aussage

Nachfolgend haben Sie Platz für Kommentare:

6 Filter: Wenn eigene Zuordnung der Stufe 0 erfolgt ist

6.1 Gründe für die Nichtanwendung von Stufe 1 oder 2

Sie haben angegeben, dass sich Ihr Unternehmen **nicht mit der Thematik des Lerntransfers beschäftigt** und auch **keine Maßnahmen zur Förderung des Lerntransfers** der Mitarbeiter bei Ihnen durchgeführt werden (Stufe 0).

Nennen Sie bitte nachfolgend Ihre Gründe für diesen Sachverhalt:

7 Filter, wenn eigene Zuordnung der Stufe 1 erfolgt ist

7.1 Dauer des Verbleibens in Stufe 1

Sie haben angegeben, dass sich Ihr Unternehmen **allgemein mit der Thematik des Lerntransfers beschäftigt**, einzelne Maßnahmen zur Förderung des Lerntransfers der Mitarbeiter werden nicht durchgeführt (Stufe 1).

Seit wann trifft dies auf Ihr Unternehmen zu? Bitte schätzen Sie nachfolgend den Zeitraum ein.

Dies trifft zu seit:

- ☐ einigen Wochen
- ☐ einigen Monaten
- ☐ ca. einem Jahr
- ☐ 2 - 3 Jahren
- ☐ 4 - 5 Jahren
- ☐ mehr als 5 Jahren
- ☐ keine Angabe

Nachfolgend haben Sie Platz für Kommentare:

7.2 Gründe für die Anwendung der Stufe 1 und Nichtanwendung der nächsthöheren Stufe 2

Sie haben angegeben, dass sich Ihr Unternehmen **allgemein mit der Thematik des Lerntransfers beschäftigt**, einzelne Maßnahmen zur Förderung des Lerntransfers der Mitarbeiter werden nicht durchgeführt (Stufe 1).

Warum beschäftigt sich Ihr Unternehmen mit der **Thematik des Lerntransfers**?

Nennen Sie bitte nachfolgend Ihre Gründe für diesen Sachverhalt:

Warum werden dennoch **keine Maßnahmen zur Förderung des Lerntransfers** der Mitarbeiter bei Ihnen durchgeführt?

Nennen Sie bitte nachfolgend Ihre Gründe für diesen Sachverhalt:

8 Filter, wenn eigene Zuordnung der Stufe 2 erfolgt ist

8.1 Dauer des Verbleibens in Stufe 2

Sie haben angegeben, dass innerhalb Ihres Unternehmens **einzelne Maßnahmen durchgeführt werden**, um den Lerntransfer Ihrer Mitarbeiter zu fördern (Stufe 2).

Seit wann trifft dies auf Ihr Unternehmen zu? Bitte schätzen Sie nachfolgend den Zeitraum ein.

Dies trifft zu seit

- ☐ einigen Wochen
- ☐ einigen Monaten
- ☐ ca. einem Jahr
- ☐ 2 - 3 Jahren
- ☐ 4 - 5 Jahren
- ☐ mehr als 5 Jahren
- ☐ keine Angabe

Nachfolgend haben Sie Platz für Kommentare:

8.2 Gründe für die Anwendung der Stufe 2 und Nichtanwendung der nächsthöheren Stufe 3

Sie haben angegeben, dass sich Ihr Unternehmen allgemein mit der **Thematik des Lerntransfers beschäftigt** und **einzelne Maßnahmen durchführt**, um den Lerntransfer Ihrer Mitarbeiter zu fördern (Stufe 2).

Warum wendet Ihr Unternehmen **einzelne Maßnahmen zur Förderung des Lerntransfers** der Mitarbeiter an?

Nennen Sie bitte nachfolgend Ihre Gründe für diesen Sachverhalt:

Warum werden **keine zahlreichen, aufeinander abgestimmten Maßnahmen zur Förderung des Lerntransfers** eingesetzt?

Nennen Sie bitte nachfolgend Ihre Gründe für diesen Sachverhalt:

9 Filter wenn eigene Zuordnung der Stufe 3 erfolgt ist

9.1 Dauer der Verbleibens in Stufe 3

Sie haben angegeben, dass innerhalb Ihres Unternehmens **zahlreiche, aufeinander abgestimmte Maßnahmen angewendet werden**, um den Lerntransfers Ihrer Mitarbeiter zu fördern (Stufe 3).

Seit wann trifft dies auf Ihr Unternehmen zu? Bitte schätzen Sie nachfolgend den Zeitraum ein.

Dies trifft zu seit

- ☐ einigen Wochen
- ☐ einigen Monaten
- ☐ ca. einem Jahr
- ☐ 2 - 3 Jahren
- ☐ 4 - 5 Jahren
- ☐ mehr als 5 Jahren
- ☐ keine Angabe

Nachfolgend haben Sie Platz für Kommentare:

9.2 Gründe für die Anwendung der Stufe 3 und Nichtanwendung der nächsthöheren Stufe 4

Sie haben angegeben, dass innerhalb Ihres Unternehmens **zahlreiche, aufeinander abgestimmte Maßnahmen angewendet werden**, um den Lerntransfers Ihrer Mitarbeiter zu fördern (Stufe 3).

Warum haben Sie sich entschieden, die zahlreiche Maßnahmen zur Förderung des Lerntransfers Ihrer Mitarbeiter **aufeinander abzustimmen**?

Nennen Sie bitte nachfolgend Ihre Gründe für diesen Sachverhalt:

Warum ist die Förderung des Lerntransfers in Ihrem Unternehmen **nicht Aufgabe des Managements** und wird von diesem auch **nicht strategisch umgesetzt**?

Nennen Sie bitte nachfolgend Ihre Gründe für diesen Sachverhalt:

10 Filter wenn eigene Zuordnung der Stufe 4 erfolgt ist

10.1 Dauer des Verbleibens in Stufe 4

Sie haben angegeben, dass in Ihrem Unternehmen die Förderung des Lerntransfers **Aufgabe des Managements ist** und von diesem **strategisch umgesetzt wird**. Es werden zudem zahlreiche, aufeinander abgestimmte Maßnahmen angewendet, um den Lerntransfer Ihrer Mitarbeiter zu fördern (Stufe 4).

Seit wann trifft dies auf Ihr Unternehmen zu? Bitte schätzen Sie nachfolgend den Zeitraum ein.

Dies trifft zu seit:

- ☐ einigen Wochen
- ☐ einigen Monaten
- ☐ ca. einem Jahr
- ☐ 2 - 3 Jahren
- ☐ 4 - 5 Jahren
- ☐ mehr als 5 Jahren
- ☐ keine Angabe

Nachfolgend haben Sie Platz für Kommentare:

10.2 Gründe für die Anwendung der Stufe 4

Sie haben angegeben, dass die Förderung des Lerntransfers in Ihrem Unternehmen **Aufgabe des Managements ist** und von diesem **strategisch umgesetzt wird**. Es werden zudem zahlreiche, aufeinander abgestimmte Maßnahmen angewendet, um den Lerntransfer Ihrer Mitarbeiter zu fördern (Stufe 4).

Warum ist es in Ihrem Unternehmen Aufgabe des Managements, die **Förderung des Lerntransfers strategisch umzusetzen**?

Nennen Sie bitte nachfolgend Ihre Gründe für diesen Sachverhalt:

Warum haben Sie sich entschieden, die zahlreiche Maßnahmen zur Förderung des Lerntransfers Ihrer Mitarbeiter **aufeinander abzustimmen**?
Nennen Sie bitte nachfolgend Ihre Gründe für diesen Sachverhalt:

11 Filter, wenn eigene Zuordnung der Stufe 2, 3 oder 4 erfolgt ist.

11.1 Zeitlicher Bezug durchgeführter Lerntransferunterstützungsmaßnahmen

Bitte kreuzen Sie nachfolgend an, wie die von Ihnen, zur Unterstützung des Lerntransfers Ihrer Mitarbeiter, angewendeten **Maßnahmen zeitlich im Verhältnis zur Weiterbildungsveranstaltung stehen**. (Mehrfachnennungen sind möglich.)

Die von uns durchgeführten Maßnahmen zur Unterstützung des Lerntransfers unserer Mitarbeiter, ...

	Trifft zu	Trifft nicht zu	Keine Aussage
...finden zeitlich **vor** der Weiterbildungsveranstaltung statt.	☐	☐	☐
...finden zeitlich **während** der Weiterbildungsveranstaltung statt.	☐	☐	☐
...finden zeitlich **nach** der Weiterbildungsveranstaltung statt.	☐	☐	☐

Mit **welchen Maßnahmen** unterstützen Sie den Lerntransfer Ihrer Mitarbeiter innerhalb Ihres Unternehmens?
Benennen Sie diese bitte nachfolgend:

Beispiel: Vor einer Weiterbildungsmaßnahme werden in unserem Unternehmen immer Weiterbildungsziele zwischen den direkten Vorgesetzten und dem weiterzubildenden Mitarbeitern vereinbart und schriftlich fixiert sowie deren Erreichung im Nachgang der Weiterbildung besprochen.

11.2 Kompetenzbezug durchgeführter Lerntransferunterstützungsmaßnahmen

Bitte kreuzen Sie nachfolgend an, bei der **Vermittlung von welchen Kompetenzarten** Sie hauptsächlich **Maßnahmen zur Unterstützung des Lerntransfers** Ihrer Mitarbeiter einsetzen. (Mehrfachnennungen sind möglich.)

Maßnahmen zur Unterstützung des Lerntransfers werden in unserem Unternehmen hauptsächlich eingesetzt im Rahmen von:...

	Trifft zu	Trifft nicht zu	Keine Aussage
...Trainings zur Vermittlung von **Fachkompetenzen**.	☐	☐	☐
...Trainings zur Vermittlung von **Methodenkompetenzen**.	☐	☐	☐
...Trainings zur Vermittlung von **Sozialkompetenzen**.	☐	☐	☐

12 Filter, wenn eigene Zuordnung der Stufe 1, 2, 3 oder 4 erfolgt ist.

12 Beteiligte Personen des Lerntransfermanagements

Bitte kreuzen Sie an, wie stark die nachfolgenden **Personen** in Ihrem Unternehmen an der **Konzeption der Lerntransferförderung** und/oder der **Umsetzung der damit verbundenen Maßnahmen beteiligt** sind.

Die genannte Person ist...

	sehr stark beteiligt	stark beteiligt	beteiligt	kaum beteiligt	nicht beteiligt	keine Aussage
Unternehmensleitung	☐	☐	☐	☐	☐	☐
Leitung der Personalentwicklung	☐	☐	☐	☐	☐	☐
Mitarbeiter der Personalentwicklung	☐	☐	☐	☐	☐	☐
Direkter Vorgesetzte des weitergebildeten Teilnehmers	☐	☐	☐	☐	☐	☐
Trainer der durchgeführten Weiterbildungsveranstaltung	☐	☐	☐	☐	☐	☐
Weitergebildeter Teilnehmer	☐	☐	☐	☐	☐	☐
Benennen Sie weitere beteiligte Personen bitte nachfolgend und bewerten diese ebenfalls:	☐	☐	☐	☐	☐	☐
	☐	☐	☐	☐	☐	☐
	☐	☐	☐	☐	☐	☐
	☐	☐	☐	☐	☐	☐
	☐	☐	☐	☐	☐	☐

13 Endseite

Vielen herzlichen Dank für Ihre Teilnahme an der Online-Befragung!

Ihre Daten werden selbstverständlich anonym ausgewertet sowie intern vertraulich behandelt.

Bei Fragen und Anregungen können Sie mich gerne persönlich kontaktieren unter **vfriske@wiwi.uni-bielefeld.de** oder telefonisch unter **0521 / 106-6879** oder [redacted].

Dipl.-Kffr. Vanessa Friske

Sie können das Browserfenster nun schließen

A.1.2 Erstes Anschreiben

Institut für Unternehmungsführung an der Universität Bielefeld e. V.

Abteilung: Personal, Organisation, Management
Prof. Dr. *Fred G. Becker*

Dipl.-Kffr. Vanessa Friske · Fakultät für Wirtschaftswissenschaten
Universität Bielefeld · Postfach 10 01 31 · 33501 Bielefeld

Ruf: 0151 / 4632-9379, 0521 / 106-6879
Fax: 0521 / 106-6412
E-Mail: vfriske@wiwi.uni-bielefeld.de

Unternehmen
Ansprechpartner
Straße Hausnr.
PLZ Ort

Bielefeld, 29.10.2013

Sehr geehrte/r Herr/Frau XY,

die Weiterbildung von Mitarbeitern wird vor dem Hintergrund von steigendem Wettbewerbsdruck und dem immer größer werdenden Kampf um Talente nach wie vor wichtiger. Immens hohe Beträge werden bundesweit wie unternehmensspezifisch jedes Jahr in die Weiterbildung investiert.

Dabei wird Weiterbildung im Unternehmenssinn nicht um ihrer selbst willen durchgeführt. Vielmehr wird das Ziel verfolgt, die erlangten Kompetenzen der Mitarbeiter in das Unternehmen zu integrieren und zu nutzen, um letztlich die Wettbewerbsfähigkeit des Unternehmens zu sichern und auszubauen. Dieser **Transfer der Kompetenzen** – von der Weiterbildungsstätte zum Arbeitsplatz – wird von Unternehmen **oft nicht gesichert und gesteuert, so dass Weiterbildung unnötige Kosten verursacht** und letztlich kein unternehmerischer Mehrwert entsteht.

Insofern bedarf es eines **Managements des Lerntransfers**, welches durch aktive Maßnahmen die Mitarbeiter unterstützt, erlernte Kompetenzen am Arbeitsplatz zum Nutzen des Unternehmens anzuwenden.

Wie kann ein solches Lerntransfermanagement der Mitarbeiter im Idealfall aussehen? Warum entscheiden sich einige Unternehmen für ein Lerntransfermanagement und setzen Maßnahmen um und andere nicht? Wodurch werden deren Handlungen beeinflusst? Im Rahmen meines Dissertationsprojekts (an der Universität Bielefeld, Fakultät Wirtschaftswissenschaften) sollen durch eine **empirische Erhebung** Antworten auf diese Fragen generiert werden, um damit einen essentiellen Beitrag zur Erforschung des Lerntransfermanagements zu leisten. Dafür benötige ich Ihre Hilfe.

Ich bitte Sie, zunächst an einer kurzen **Online-Befragung sowie ggf. an einem nachfolgendem Interview** mit mir zum Thema **„Management des Lerntransfers in der innerbetrieblichen Weiterbildung"** teilzunehmen. Ihre Daten werden im Rahmen der Erhebung selbstverständlich anonym ausgewertet sowie intern vertraulich behandelt. Als Dankeschön für Ihre Unterstützung ist es selbstverständlich, dass allen Teilnehmern am Ende die **ausgewerteten Ergebnisse der Erhebung** anonymisiert zur Verfügung gestellt werden. Dadurch erhalten Sie einen guten Überblick, wie die größten deutschen Unternehmungen mit dem Thema „Lerntransfermanagement" umgehen.

Herzlichen Dank für Ihre Unterstützung.

Institut für Unternehmungsführung an der Universität Bielefeld e. V.

Abteilung: Personal, Organisation, Management
Prof. Dr. *Fred G. Becker*

Unternehmen
Straße Hausnr., PLZ Ort

Universität Bielefeld
Fakultät für Wirtschaftswissenschaften
Dipl.-Kffr. Vanessa Friske
Postfach 10 01 31
33501 Bielefeld

Bitte senden Sie diesen Bogen per Post, Fax oder E-Mail bis zum *15.11.2013* an die nebenstehenden Kontaktdaten.

Fax: 0521-106-6412

vfriske@wiwi.uni-bielefeld.de

Ich bin bereit, an einer kurzen Online-Befragung im Rahmen des Dissertationsprojektes zum Thema „Lerntransfermanagement" teilzunehmen und unter folgenden Kontaktdaten zu erreichen:

Name

Telefon

E-Mail

Der Link zur Umfrage wird Ihnen dann an Ihre angegebene E-Mail-Adresse gesendet.

(Zutreffendes bitte ankreuzen)

☐ *Ja, ich möchte die ausgewerteten Ergebnisse der gesamten Erhebung zum Lerntransfermanagement der größten deutschen Unternehmungen nach meiner Teilnahme erhalten.*

☐ *Ich möchte aus folgenden Gründen an der empirischen Erhebung nicht teilnehmen:*

Bei Fragen und Anmerkungen können Sie mich gerne persönlich kontaktieren unter *vfriske@wiwi.uni-bielefeld.de* oder telefonisch unter ████ oder *0521 / 106-6879.*

Ich freue mich über Ihre Teilnahme an der empirischen Erhebung.

Vielen Dank für Ihre Unterstützung.

Mit freundlichen Grüßen

A.1.3 Erinnerungsschreiben

Institut für Unternehmungsführung an der Universität Bielefeld e. V.

Abteilung: Personal, Organisation, Management
Prof. Dr. *Fred G. Becker*

Prof. Dr. Fred G. Becker · Fakultät für Wirtschaftswissenschaften
Universität Bielefeld · Postfach 10 01 31 · 33501 Bielefeld

Ruf: 0521 / 106-6937
Fax: 0521 / 106-6412
E-Mail: fgbecker@wiwi.uni-bielefeld.de

Unternehmung
Ansprechpartner
Straße Hausnr.
PLZ Ort

Bielefeld, 27.11.2013

Sehr geehrte/r Herr/Frau XY,

die Weiterbildung von Mitarbeitern ist sicherlich auch in Ihrem Unternehmen kein Selbstzweck. Mit dem Einsatz eines **Lerntransfermanagements**, welches die Mitarbeiter unterstützt, in Seminaren und anderswo erlernte Kompetenzen am Arbeitsplatz tatsächlich anzuwenden, können Weiterbildungen effizient genutzt werden. An dem von mir geführten Institut forschen wir seit einiger Zeit genau an dieser Thematik, um einerseits sinnvolle Transfermaßnahmen zu identifizieren sowie andererseits vorhandene Hemmnisse zur Transfersteuerung zu erfassen (s. http://www.wiwi.uni-bielefeld.de/pou/forschung/evaluation-und-transfersicherung-der-personalentwicklung.html). Und bei beiden praxisrelevanten Themenaspekten sind wir immer wieder auf die Bereitschaft engagierter Unternehmen und Führungskräfte angewiesen, uns mit Rat und/oder Tat beiseite zu stehen. Dies ist in Anbetracht der Fülle an empirischen Studien und Anfragen nicht immer einfach zu handhaben.

Eine Mitarbeiterin von mir, Frau Vanessa Friske, bat im Rahmen ihres Dissertationsprojekts in einem an Sie gerichteten Schreiben vom 29.10.2013 um die Teilnahme Ihres Unternehmens an einer circa **zehnminütigen Online-Befragung** zum Thema Lerntransfermanagement (s. Anhang). Der Einbezug der [redacted] in die empirische Studie hätte einen erheblichen Mehrwert für die Auswertung und vor allem für die Repräsentativität der Ergebnisse.

Gerne können Sie mein Schreiben auch an den **Bereich Personalentwicklung** weiterleiten oder mir entsprechende Kontaktdaten nennen. Auch wenn das Lerntransfermanagement in Ihrem Unternehmen nicht umfassend ausgeprägt ist, sind Ihre Aussagen und Einschätzungen für die Studie von Bedeutung.

Selbstverständlich würden Sie auch die **Ergebnisse der gesamten Erhebung zeitnah erhalten**, so dass Sie als Teilnehmer bereits relativ frühzeitig einen guten Überblick bekommen, wie große deutsche Unternehmen mit dem Thema Lerntransfermanagement in der Praxis umgehen. Ich hoffe auf eine positive Rückmeldung von Ihnen bzw. einem/r Ihrer Mitarbeiter(innen). Nach Erhalt der entsprechenden Kontaktdaten werde ich Ihnen sogleich den Link zur Online-Befragung übermitteln.

Vielen Dank im Voraus für Ihre Unterstützung.

Mit freundlichen Grüßen

Prof. Dr. Fred G. Becker

A.1.4 Zweites Anschreiben

Institut für Unternehmungsführung an der Universität Bielefeld e. V.

Abteilung: Personal, Organisation, Management
Prof. Dr. *Fred G. Becker*

Prof. Dr. Fred G. Becker · Fakultät für Wirtschaftswissenschaften
Universität Bielefeld · Postfach 10 01 31 · 33501 Bielefeld

Ruf: 0521 / 106-6937, -6879
Fax: 0521 / 106-6412
E-Mail: fgbecker@wiwi.uni-bielefeld.de

Unternehmen
Ansprechpartner
Straße Hausnr.
PLZ Ort

Bielefeld, 12.12.2013

Sehr geehrte/r Herr/Frau XY,

mit dem Einsatz eines **Lerntransfermanagements**, welches die Mitarbeiter durch aktive Maßnahmen unterstützt, in Seminaren und anderswo erlernte Kompetenzen am Arbeitsplatz tatsächlich anzuwenden, können Weiterbildungen effizient genutzt werden. Dieser Transfer der Kompetenzen wird von Unternehmen **oft nicht gesichert und gesteuert, so dass Weiterbildung unnötige Kosten verursacht** und letztlich kein unternehmerischer Mehrwert entsteht.

An dem von mir geführten Institut forschen wir seit einiger Zeit genau an dieser Thematik, um einerseits **sinnvolle Transfermaßnahmen** zu identifizieren sowie andererseits **vorhandene Hemmnisse zur Transfersteuerung zu erfassen** (s. http://www.wiwi.uni-bielefeld.de/pou/forschung/evaluation-und-transfersicherung-der-personalentwicklung.html). Und bei beiden praxisrelevanten Themenaspekten sind wir immer wieder auf die Bereitschaft engagierter Unternehmen angewiesen, uns mit Rat und/oder Tat beiseite zu stehen.

Eine Mitarbeiterin von mir, Frau Vanessa Friske, bearbeitet im Rahmen ihres empirisch gestützten Dissertationsprojekts die geschilderte Thematik des Lerntransfermanagements, um damit einen essentiellen Beitrag zur Erforschung des Themengebiets zu leisten. Der Einbezug der [illegible] in diese empirische Studie hätte einen erheblichen Mehrwert für die Auswertung und vor allem für die Repräsentativität der Ergebnisse. Deshalb möchte ich Sie respektive die für die Personalentwicklung verantwortliche Person bitten, an einer circa **zehnminütigen Online-Befragung** zum Thema Lerntransfermanagement und ggf. an einem nachfolgenden Interview im Rahmen der empirischen Erhebung teilzunehmen.

Selbstverständlich würden Sie die **Ergebnisse der gesamten Erhebung zeitnah erhalten**, so dass Sie als Teilnehmer einen guten Überblick bekommen, wie die Unternehmenspraxis mit dem Thema Lerntransfermanagement umgeht. Ich hoffe auf eine positive Rückmeldung von Ihnen bzw. einem/r Ihrer Mitarbeiter(innen). Nach Erhalt der entsprechenden Kontaktdaten werde ich Ihnen sogleich den Link zur Online-Befragung übermitteln.

Vielen Dank im Voraus für Ihre Unterstützung.

Prof. Dr. Fred G. Becker

Institut für Unternehmungsführung an der Universität Bielefeld e. V.

Abteilung: Personal, Organisation, Management
Prof. Dr. *Fred G. Becker*

Unternehmen
Straße Hausnr., PLZ Ort

Universität Bielefeld
Fakultät für Wirtschaftswissenschaften
Dipl.-Kffr. Vanessa Friske
Postfach 10 01 31
33501 Bielefeld

Bitte senden Sie diesen Bogen per Post, Fax oder E-Mail an die nebenstehenden Kontaktdaten.

Fax: 0521-106-6412
vfriske@wiwi.uni-bielefeld.de

Ich bin bereit, an einer kurzen Online-Befragung im Rahmen des Dissertationsprojektes zum Thema „Lerntransfermanagement" teilzunehmen und unter folgenden Kontaktdaten zu erreichen:

Name ____________________

Telefon ____________________

E-Mail ____________________

Der Link zur Umfrage wird Ihnen dann an Ihre angegebene E-Mail-Adresse gesendet.

(Zutreffendes bitte ankreuzen)

☐ *Ja, ich möchte die ausgewerteten Ergebnisse der gesamten Erhebung zum Lerntransfermanagement nach meiner Teilnahme erhalten.*

☐ *Ich möchte aus folgenden Gründen an der empirischen Erhebung nicht teilnehmen:*

Bei Fragen und Anmerkungen können Sie mich gerne persönlich kontaktieren oder meine Mitarbeiterin Frau Friske unter *vfriske@wiwi.uni-bielefeld.de* oder telefonisch unter ██████ oder *0521 / 106-6879* erreichen.

Vielen Dank für Ihre Unterstützung.

A.2 ZWEITE ERHEBUNG: EXPERTENINTERVIEWS – INTERVIEWLEITFADEN

TITEL: **LERNTRANSFERMANAGEMENT:**

Eine explorative Studie zu dem Einsatz und der Ausgestaltung der Sicherung des Lerntransfers in der innerbetrieblichen Weiterbildung.

ERKENNTNISZIEL:

Das Erkenntnisziel besteht in der theoretisch und empirisch gestützten **Erklärung des Einsatzes und der Ausgestaltung des Lerntransfermanagements** und insbesondere der damit einhergehenden Lerntransfersicherungsmaßnahmen im Rahmen der innerbetrieblichen Weiterbildung. Dafür ist die **theoretisch und empirisch gestützte Deskription des Lerntransfermanagements** erforderlich.

DEFINITIONEN:

Unter **Lerntransfer** ist die Übertragung und Anwendung sowie im Speziellen die Generalisierung und Aufrechterhaltung von in einer Weiterbildungsmaßnahme erlernten Kompetenzen im Funktionsfeld zu verstehen.

Ein **Lerntransfermanagement** beinhaltet zwei unterschiedliche Komponenten[431]: Unter dem *funktionalen Lerntransfermanagement* sind systematische, zielgerichtete Aktivitäten im Rahmen der Managementaufgaben (Information, Planung, Organisation, Personal und Kontrolle) mit dem Ziel der Förderung des Lerntransfers zu verstehen. Von Seiten des Unternehmens ist für die Konzeption, Umsetzung und Evaluation dieser Aktivitäten das *institutionelle Lerntransfermanagement* zuständig. Im Rahmen dessen sollten die Aktivitäten ganzheitlich am Weiterbildungsprozess ausgerichtet sein, d. h. in zeitlicher Hinsicht bereits vor der Durchführung der Weiterbildungsmaßnahme beginnen sowie im Anschluss daran im Funktionsfeld der weitergebildeten Mitarbeiter fortgeführt werden.

[431] Wenn im Folgenden der Terminus ‚Lerntransfermanagement' genutzt wird, so werden inhaltlich mit dem Begriff immer beide Komponenten angesprochen.

INTERVIEWLEITFRAGEN:

1. Einführung

Begrüßung, **Dank** für die Teilnahme an der Befragung, kurze Darstellung des **Projektstands** der Dissertation, Hinweis auf Interviewaufbau, Hinweis auf innerbetriebliche Weiterbildung, Einführung der **Definition(en)**: *Lerntransfer als die Übertragung und Anwendung sowie im Speziellen die Generalisierung und Aufrechterhaltung von in einer Weiterbildungsmaßnahme erlernten Kompetenzen in das Funktionsfeld.*

---

2. Allgemeine Fragen zur Personalentwicklung

- Anzahl zu betreuende Mitarbeiter im Rahmen der Personalentwicklung
- Aufbau/Funktion der Personalentwicklungsabteilung

---

3. Aufbauende Fragen zu den Ergebnissen der Online-Befragung: Maßnahmenbeschreibung

Sie haben im Online-Fragebogen die **Gesamteinstufung** … (seit …) angegeben.

- Wie und warum kam es zu der Entscheidung **lerntransferunterstützende Maßnahmen** einzuführen?
- Warum erfolgte keine Änderung der Vorgehensweise (unter Bezugnahme der **Dauer seit Einführung**)?

Sie haben in der ersten Befragung folgende **Maßnahmen** zur Lerntransferunterstützung angegeben:

- **Beschreibung** der Maßnahmen/Zusammenhänge
- **zeitliche** Durchführung
- beteiligte/verantwortliche **Personen**
- Einbezug von **Fach-/Methoden-/Sozialkompetenzen**

---

4. Fragen nach Begründungen für und gegen den Einsatz eines Lerntransfermanagements

- **Warum** betreiben Sie **(k)ein aktives Lerntransfermanagement?**
- Hatten Sie schon mal **Probleme, sodass kein Lerntransfer geleistet** worden ist? **Umgang** damit? Situationsschilderung?
- **Wann** erfolgt **kein Einsatz** von lerntransferunterstützender Maßnahmen?
- Gab es **Auslöser** für die Einführung/den Einsatz eines Lerntransfermanagements? Wie wurde das Lerntransfermanagement **über die Zeit entwickelt/ausgebaut**?

- Besteht ein Zusammenhang mit Ihrer/m **Unternehmenskultur/Leitbild** (Vision oder Mission)?
- Welche Rolle spielen **Führungskräfte** sowie deren Führungsstil?
- Welche Rollen spielen **Kollegen** und das **Arbeitsumfeld** der weitergebildeten Personen?
- Inwieweit versuchen Sie mit **Anreizen und Zielen** einen Lerntransfer aktiv zu unterstützen?
- Was für ein **Stellenwert** wird in Ihrem Unternehmen der Personalentwicklung / der Lerntransferunterstützung beigemessen?
- Welche Rollen spielen **Arbeitsbelastung** (Wettbewerb) oder **politische Prozesse** als Einflussfaktoren für die Umsetzung/Einführung eines Lerntransfermanagements?
- Wie hängt die **Zertifizierung** mit dem Lerntransfermanagement zusammen?
- Wird Lerntransfermanagement **evaluiert**?
- Transfer ist **schwer zu unterstützen. Warum?**

---

5. Fragen zum Managementbezug der Lerntransferunterstützungsaktivitäten

Theoretisch können im Rahmen des Lerntransfermanagements zwei Komponenten unterschieden werden: **funktional** die Managementaktivitäten (Information, Planung, Organisation, Personal, Kontrolle), die aktiv im Rahmen des Lerntransfermanagements umgesetzt werden und **institutionell** die verantwortlichen Instanzen/Personen, die für Konzeption, Umsetzung und Evaluation des Lerntransfermanagements zuständig sind.

- **Unterscheiden** Sie diese Komponenten in Ihrem Unternehmen und wenn ja wie genau und warum bzw. warum nicht?

---

6. Schlussfragen

- Wie sehen Sie Ihre **zukünftige Entwicklung** des Lerntransfermanagements in zum Beispiel 5 Jahren?
- Was ist wichtig, was ein Unternehmen aufweisen muss, um den Lerntransfer zu unterstützen? Wünsche? **Idealzustand**?

---

7. Dank für die Interviewteilnahme

LITERATURVERZEICHNIS

Ackermann, R. (2001): Pfadabhängigkeit, Institutionen und Regelformen. Tübingen 2001.

Albert, H. (1993): Wertfreiheit als methodisches Prinzip: Zur Frage der Notwendigkeit einer normativen Sozialwissenschaft. In: Logik der Sozialwissenschaften, hrsg. v. E. Topitsch, 12. Aufl., Frankfurt am Main 1993, S. 196-225.

Albert, H./Topitsch, E. (1971): Werturteilsstreit. Darmstadt 1971.

Atteslander, P. (2008): Methoden der empirischen Sozialforschung. 12., durchges. Aufl., Berlin 2008.

Autorengruppe Bildungsberichterstattung (2010): Bildung in Deutschland 2010: Ein indikatorengestützter Bericht mit einer Analyse zu Perspektiven des Bildungswesens im demografischen Wandel. Hrsg. v. Autorengruppe Bildungsberichterstattung, Bielefeld 2010.

Baldwin, T./Ford, J. K. (1988): Transfer of training: A review and directions for future research. In: Personnel Psychology, 41 (1988) 1, S. 63-105.

Baldwin, T. T./Ford, J. K./Blume, B. D. (2009): Transfer of training 1988-2008: An updated review and agenda for future research. In: International Review of Industrial and Organizational Psychology 2009, Vol. 24, hrsg. v. G. P Hodgkinson/J. K. Ford, Cornwall 2009, S. 41-70.

Bank, V. (1997): Controlling in der betrieblichen Weiterbildung: Über die freiwillige Selbstbeschränkung auf ein zweckrationales Management quasi-deterministischer Strukturen. Köln 1997.

Barnard, C. I. (1938): The functions of the executive. Cambridge 1938.

Bartscher, T./Stöckl, J./Träger, T. (2012): Personalmanagement: Grundlagen, Handlungsfelder, Praxis. München 2012.

Becker, F. G. (1997): Personalentwicklung als Ansatzpunkt für ein qualitatives Kapazitätsmanagement. In: Kapazitätsmanagement in Dienstleistungsunternehmen: Grundlagen und Gestaltungsmöglichkeiten, hrsg. v. H. Corsten/S. Stuhlmann, Wiesbaden 1997, S. 81-110.

Becker, F. G. (2004): Betriebliche Bildungsarbeit und Personalentwicklung – Qualifizierung von Betriebspädagogen – In: Zeitschrift für Berufs- und Wirtschaftspädagogik (ZBW), Beiheft 18, Innovationen und Tendenzen der betrieblichen Berufsbildung, hrsg. v. P. Dehnbostel/G. Pätzold, Stuttgart 2004, S. 55-62.

Becker, F. G. (2005): Den Return on Development messen: Möglichkeiten und Grenzen der Evaluation. In: Personalführung, 38 (2005) 4, S. 48-53.

Becker, F. G. (2006): Evaluations- und Transferproblematik der Personalentwicklung in der Praxis. In: Betriebswirtschaftliche Blätter, 55 (2006) 3, S. 169-173.

Becker, F. G. (2006a): Explorative Forschung mittels Bezugsrahmen: Ein Beitrag zur Methodologie. In: Deutschland und seine Zukunft: Innovation und Veränderung in Bildung, Forschung und Wirtschaft, Festschrift zum 75. Geburtstag von Prof. Dr. Dr. h. c. Norbert Szyperski, hrsg. v. H.-J. Oppelland, Lohmar 2006, S. 281-306.

Becker, F. G. (2011): Strategische Unternehmungsführung: Eine Einführung. 4., neu bearb. Aufl., Berlin 2011.

Becker, F. G. (2011a): Strategisch-orientierte Führungskräfteentwicklung – zwischen Schlagwort und praxisrelevanter Funktion. In: Handbuch Strategisches Personalmanagement, hrsg. v. R. Stock-Homburg/B. Wolf, Wiesbaden 2011, S. 224-240.

Becker, F. G. (2015): Grundlagen der Unternehmungsführung: Einführung in die Managementlehre. 3., neu bearb. Aufl., Berlin 2015.

Becker, F. G./Bobrichtchev, R./Henseler, N. (2006): Ältere Arbeitnehmer und alternde Belegschaften: Eine empirische Studie bei den 100 größten deutschen Unternehmungen. In: Zeitschrift für Management, 1 (2006) 1, S. 70-89.

Becker, F. G./Meißner, A./Werning, E. (2008): Evaluation externer Weiterbildungsmaßnahmen: Mehr als nur „Happy Sheets". In: Personalführung, 41 (2008) 12, S. 64-71.

Becker, F. G./Meißner, A./Werning, E. (2008a): Evaluation externer Weiterbildungsmaßnahmen: Ergebnisse einer Befragung unter Mitgliedsunternehmen der DGFP e.V. DGFP-Praxispapier. Ausgabe 6/2008, Düsseldorf 2008.

Becker, F. G., Tadsen, W. N., Stegmüller, R. & Wild, E. (2010): Motivation und Anreize zu "guter Lehre" im Rahmen des Inplacement (MogLI) – Entwicklung eines Interviewleitfadens auf Basis bezugsrahmenorientierter Arbeitsthesen. In: Hochschulmanagement, 5 (2010) 3, S. 88-94.

Becker, F. G./Tadsen, W. N./Wild, E./Stegmüller, R. (2011): Zur Professionalisierung von Hochschulleitungen im Hochschulmanagement: Eindrücke und Erklärungsversuche aus einer Interviewserie des MogLI-Projekts. In: Das Hochschulwesen, 59 (2011) 4, S. 110-117.

Becker, F. G./Wittke, I./Friske, V. (2010): „Happy Sheets": Empirische Befragung von Bildungsträgern. Diskussionspapier Nr. 583 der Fakultät für Wirtschaftswissenschaften, online im Internet: Universität Bielefeld, URL: http://repositories.ub.uni-bielefeld.de/biprints/volltexte/2010/4820/, [Stand: 11/2010, Abfrage: 11.01.2017].

Becker, M. (1999): Aufgaben und Organisation der betrieblichen Weiterbildung. 2., vollst. überarb. Aufl., München 1999.

Becker, M. (2005): Systematische Personalentwicklung: Planung, Steuerung und Kontrolle im Funktionszyklus. Stuttgart 2005.

Becker, M. (2013): Personalentwicklung: Bildung, Förderung und Organisationsentwicklung in Theorie und Praxis. 6., überarb. und akt. Aufl., Stuttgart 2013.

Becker, M./Schwarz, V. (2002): Personalentwicklung in Theorie und Praxis. Forschungsgegenstand und weiterführende Forschungsfragen. In: Theorie und Praxis der Personalentwicklung: Aktuelle Beiträge aus Wissenschaft und Praxis, 2., überarb. und erw. Aufl., hrsg. v. M. Becker/V. Schwarz/A. Schwertner, München/Mehring 2002, S. 6-44.

Bergmann, B. (1999): Training für den Arbeitsprozess: Entwicklung und Evaluation aufgaben- und zielgruppenspezifischer Trainingsprogramme. Zürich 1999.

Bergmann, B./Sonntag, K. (2006): Transfer: Die Umsetzung und Generalisierung erworbener Kompetenzen in den Arbeitsalltag. In: Personalentwicklung in

Organisationen, 3., überarb. und erw. Aufl., hrsg. v. K. Sonntag, Göttingen [u. a.] 2006, S. 355-388.

Bergmann, G. (2003): Bildungscontrolling – Transfer – Evaluation. In: Innovative Weiterbildungskonzepte: Trends, Inhalte und Methoden der Personalentwicklung in Unternehmen, 3., vollst. überarb. und erw. Aufl., hrsg. v. L. M. Hofmann/E. Regnet, Göttingen [u. a.] 2003, S. 267-279.

Bertalanffy, L. v. (1972): Zu einer allgemeinen Systemlehre. In: Organisation als System, hrsg. v. K. Bleicher, Wiesbaden 1972, S. 31-45.

Bertaux, D. (1981): From the life-history approach to the transformation of sociological practice. In: Biography and society, hrsg. v. D. Bertaux, Beverly/Hills/London 1981, S. 29-45.

Berthel, J./Becker, F. G. (2013): Personal-Management: Grundzüge für Konzeptionen betrieblicher Personalarbeit. 10., überarb. und akt. Aufl., Stuttgart 2013.

Besser, R. (2004): Transfer: Damit Seminare Früchte tragen: Strategien, Übungen und Methoden, die eine konkrete Umsetzung in der Praxis sichern. 3., neu ausgestattete Aufl., Weinheim 2004.

Bogner, A./Littig, B/Menz, W. (2014): Interviews mit Experten: Eine praxisorientierte Einführung. Wiesbaden 2014.

Broad, M. L. (1982): Management actions to support transfer of training. In: Training and Development Journal, 36 (1982) 5, S. 124-130.

Broad, M. L. (2003): Managing the organizational learning transfer system: A model and case study. In: Improving learning transfer in organizations, hrsg. v. E. F. Holton III/T. T. Baldwin, San Francisco, S. 97-116.

Broad, M. L./Newstrom, J. W. (1992): Transfer of training: Action-packed strategies to ensure high payoff to training investments. Reading, Massachusetts [u. a.] 1992.

Bronner, R./Schröder W. (1983): Weiterbildungserfolg: Modelle und Beispiele systematischer Erfolgssteuerung. München/Wien 1983.

Burger, M. (2013): Selbstverstärkende Dynamiken in Netzwerken: Interorganisationale Pfadabhängigkeit von Allokationspraktiken. Wiesbaden 2013.

Burrell, G./Morgan, G. (1979): Sociological paradigms and organizational analysis. London 1979.

Cannon-Bowers, J. A./Salas, E./Tannenbaum, S. I./Mathieu, J. E. (1995): Toward theoretically based principles of training effectiveness: A model and initial empirical investigation. In: Military Psychology, 7 (1995) 3, S. 141-164.

Cheng, E. W. L./Ho, D. C. K. (2001): A review of transfer of training studies in the past decade. In: Personnel Review, 30 (2001) 1, S. 102-118.

Cheng, E. W. L./Ho, D. C. K. (2001a): The influence of job and career attitudes on learning motivation and transfer. In: Career Development International, 6 (2001) 1, S. 20-27.

Chmielewicz, K. (1979): Forschungskonzeptionen der Wirtschaftswissenschaft. 2., überarb. und erw. Aufl., Stuttgart 1979.

Cognition and Technology Group at Vanderbilt (1993): Designing learning environments that support thinking: The jasper series as a case study. In: Designing environments for constructive learning, hrsg. v. T. M. Duffy/J. Lowyck/D. H. Jonassen, Berlin [u. a.] 1993, S. 9-36.

Colquitt, J. A./LePine, J. A./Noe R. A. (2000): Toward an integrative theory of training motivation: A meta-analytic path analysis of 20 years of research. In: Journal of Applied Psychology, 85 (2000) 5, S. 678-707.

Conradi, W. (1983): Personalentwicklung. Stuttgart 1983.

Cormier, S. M. (1987): The structural processes underlying transfer of training. In: Transfer of learning: Contemporary research and applications, hrsg. v. S. M. Cormier/J. D. Hagman, San Diego 1987, S. 151-181.

Dahrendorf, R. (1956): Industrielle Fertigung und soziale Schichtung. In: Kölner Zeitschrift für Soziologie und Sozialpsychologie, 8 (1956) 5, S. 540-568.

David, P. A. (1975): Technical choice, innovation and economic growth. Cambridge 1975.

David, P. A. (1985): Clio and the economics of QWERTY. In: American Economic Review, 75 (1985) 2, S. 332-337.

Dettermann, D. K./Sternberg, R. J. (Hrsg.) (1993): Transfer on trial: Intelligence, cognition, and instruction. New Jersey 1993.

Deutsches Institut für Normung e. V. (2009): Qualitätsmanagementsysteme – Anforderungen (ISO 9001:2008): dreisprachige Fassung EN ISO 9001:2008, Berichtigung zu DIN EN ISO 9001:2008-12. Hrsg. v. Normenausschuss Qualitätsmanagement, Statistik und Zertifizierungsgrundlagen (NQSZ) im DIN Deutsches Institut für Normung e.V., Berlin 2009.

Deutsches Institut für Normung e. V. (2015): Qualitätsmanagementsysteme - Anforderungen (ISO 9001:2015): Deutsche und Englische Fassung EN ISO 9001:2015. Hrsg. v. Normenausschuss Qualitätsmanagement, Statistik und Zertifizierungsgrundlagen (NQSZ) im DIN Deutsches Institut für Normung e.V., Berlin 2015.

Diesner, I./Euler, D./Seufert, S. (2006): SCIL-Trendstudie. Ergebnisse einer Delphi-Studie zu den Herausforderungen für das Bildungsmanagement in Unternehmen. St. Gallen 2006.

Dubs, R. (1990): Lernprozesse in Unternehmungen beschleunigen: Zur Transferproblematik in Unternehmungen. In: Die Unternehmung: Schweizerische Zeitschrift für betriebswirtschaftliche Forschung und Praxis, 44 (1990) 3, S. 154-163.

Eisenhardt, K. M. (1989): Agency theory: An assessment and review. In: Academy of Management Review, 14 (1989) 1, S. 57-74.

Elschen, R. (1988): Agency-Theorie. In: Die Betriebswirtschaft, 48 (1988) 2, S. 248-250.

Euler, D. (2009): Bildungsmanagement. In: Einführung in die Managementlehre, Band 4 Teile FIII-I, hrsg. v. R. Dubs/D. Euler/J. Rüegg-Stürm/C. E. Wyss, Bern [u. a.] 2009, S. 31-58.

Fiedler, F. E. (1967): A theory of leadership effectiveness. New York [u. a.] 1967.

Fiedler, F. E. (1971): Validation and extension of the contingency model of leadership effectiveness: A review of empirical findings. In: Psychological Bulletin, 76 (1971), S. 128-148.

Fiedler, F. E. (1987): Führungstheorien – Kontingenztheorie. In: Handwörterbuch der Führung, hrsg. v. A. Kieser/G. Reber/R. Wunderer, Stuttgart 1987, Sp. 809-823.

Flick, U. (2014): Qualitative Sozialforschung: Eine Einführung. 6., vollst. überarb. und erw. Neuausgabe, Reinbeck bei Hamburg 2014.

Flick, U. (2015): Design und Prozess qualitativer Forschung. In: Qualitative Forschung: Ein Handbuch, 11. Aufl., hrsg. v. U. Flick/E. von Kardorff/I. Steineke, Reinbeck bei Hamburg 2015, S. 252-264.

Flick, U. (2015a): Triangulation in der qualitativen Forschung. In: Qualitative Forschung: Ein Handbuch, 11. Aufl., hrsg. v. U. Flick/E. von Kardorff/I. Steineke, Reinbeck bei Hamburg 2015, S. 309-318.

Flick, U./von Kardorff, E./Steinke, I. (2009): Was ist qualitative Forschung? Einleitung und Überblick. In: Qualitative Forschung: Ein Handbuch, hrsg. v. U. Flick/E. von Kardorff/I. Steinke, Reinbek 2009, S. 13-29.

Ford, K./Weissbein, D. A. (1997): Transfer of training: An update review and analysis. In: Performance Improvement Quarterly, 10 (1997) 2, S. 22-41.

Friedrich, H. F./Mandl, H. (1992): Lern- und Denkstrategien: Ein Problemaufriß. In: Lern- und Denkstrategien: Analyse und Intervention, hrsg. v. H. Mandl/H. F. Friedrich, Göttingen 1992, S. 3-53.

Frieling, E. (2002): CLK60+. Kassel 2002.

Frieling, E./Fölsch, T./Schäfer, E. (2009): Berücksichtigung der Altersstruktur der Bevölkerung in der Arbeitswelt von morgen. In: Employability - Herausforderungen für die strategische Personalentwicklung: Konzepte für eine flexible, innovationsorientierte Arbeitswelt von morgen. 4., akt. und erw. Aufl., hrsg. v. P. Speck, Wiesbaden 2009, S. 465-480.

Frieling, E./Sonntag, K. (1999): Lehrbuch Arbeitspsychologie. 2., vollst. überarb. Aufl., Bern [u. a.] 1999.

Giddens, A. (1976): New rules oft he sociological method: A positive critique of interpretative sociologies. London 1976.

Giddens, A. (1979): Central problems in social theory. London 1979.

Giddens, A. (1984): The constitution of society. Cambridge 1984.

Giddens, A. (1992): Die Konstruktion der Gesellschaft: Grundzüge einer Theorie der Strukturierung. Frankfurt/Main 1992.

Gläser, J./Laudel, G. (2010): Experteninterviews und qualitative Inhaltsanalyse als Instrumente rekonstruierender Forschung. 4 Aufl., Wiesbaden 2010.

Gmür, M. (1993): Organisationstheorien – Entwicklungslinien, Systematik, Kritik: Diskussionsbeitrag des Lehrstuhls Management der Universität Konstanz. Konstanz 1993, S. 1-27.

Gnefkow, T. (2008): Lerntransfer in der betrieblichen Weiterbildung: Determinanten für den Erfolg externer betrieblicher Weiterbildungen im Lern- und Funktionsfeld aus Teilnehmerperspektive. Saarbrücken 2008.

Götz, K. (2001): Zur Evaluation betrieblicher Weiterbildung: Band 1 Theoretische Grundlagen. 4., verb. Aufl., München/Mehring 2001.

Götz, K. (2001a): Zur Evaluation betrieblicher Weiterbildung: Band 3 Beispiele aus der Praxis. 2., verb. Aufl., München/Mehring 2001.

Gonon, P. (1997): Bildungstransfer – ein Thema für die Weiterbildung? In: Education permanente, 31 (1997) 3, S. 6-8.

Gordon, J. (1989): Transfer of training. In: Training, 26 (1989) 11, S. 72-75.

Goska, R. E./Ackermann, P. L. (1996): An aptitude-treatment interaction approach to

Greeno, J. G./Smith, D. R./Moore, J. L. (1993): Transfer of situated learning. In: Transfer on trial: Intelligence, cognition, and instruction, hrsg. v. D. K. Dettermann/R. J. Sternberg, New Jersey, S. 99.167.

Grochla, E. (1978): Einführung in die Organisationstheorie. Stuttgart 1978.

Grote, S./Kauffeld, S./Jädtke, K./Frieling, E. (2012): Perspektiven des Kompetenzmanagements. In: Kompetenzmanagement: Grundlagen und Praxisbeispiele. 2., überarb. Aufl., hrsg. v. S. Grote/S. Kauffeld/E. Frieling, Stuttgart 2012, S. 235-252.

Gumpp, G. B./Wallisch, F. (1995): ISO 9000 entschlüsselt. Landsberg/Lech 1995.

Hasse, R./Krücken, G. (2005): Neo-Institutionalismus. 2., vollst. überarb. Aufl., Bielefeld 2005.

Hauschildt, J. (1970): Die Organisation der finanziellen Unternehmungsführung: Eine empirische Untersuchung. Stuttgart 1970.

Herfferich, C. (2011): Die Qualität qualitativer Daten: Manual für die Durchführung qualitativer Interviews. 4. Aufl., Wiesbaden 2011.

Hieke, S. (2011): Der Ressourcenorientierte Ansatz. In: Theorien und Methoden der Betriebswirtschaft: Handbuch für Wissenschaftler und Studierende, hrsg. v. M. Schwaiger/A. Meyer, München 2011, S. 65-86.

Holm, K. (1975): Theorie der Frage. In: Die Befragung 1: Der Fragebogen – Die Stichprobe, hrsg. v. K. Holm, Stuttgart 1979, S. 32-91.

Holton III, E. F. (1996): The flawed four-level evaluation model. In: Human Resource Development Quarterly, 7 (1996) 1, S. 5-21.

Holton III, E. F./Bates, R. A./Ruona, W. E. A. (2000): Development of a generalized learning transfer system inventory. In: Human Resource Development Quarterly, 11 (2000) 4, S. 333-360.

Hummel, T. R. (1999): Erfolgreiches Bildungscontrolling: Praxis und Perspektiven. Heidelberg 1999.

Hussy, W./Schreier, M./Echterhoff, G. (2010): Forschungsmethoden in Psychologie und Sozialwissenschaften, Berlin/Heidelberg 2010.

Jensen, M. C./Meckling, W. H. (1976): Theory of the firm: managerial behavior, agency costs and ownership structure. In: Journal of Financial Economics, 3 (1976), 3, S. 305-360.

Jochmann, W. (2010): Status quo der Personalentwicklung – eine Bestandsaufnahme. In: Strategische Personalentwicklung. Ein Programm in acht Etappen. 2., überarb. und akt. Aufl., hrsg. v. M. T. Meifert, Heidelberg [u. a.] 2010, S. 29-44.

Judd, C. H. (1908): The relation of specific training and general intelligence. In: Educational Review, 36 (1908) o. H., S. 28-42.

Kailer, N. (2004): Fort- und Weiterbildung. In: Handwörterbuch des Personalwesens. 3., überarb. und erg. Aufl., hrsg. v. E. Gaugler/W. Oechsler/W. Weber, Bonn/Berlin 2002, Sp. 768-777.

Kastening, W. (1978): Die Werturteilsproblematik in den Wirtschafts- und Sozialwissenschaften – eine vergleichende Darstellung der bekanntesten wissenschaftstheoretischen Positionen. In: Das Wirtschaftsstudium, 7 (1978) 2, S. 71-77.

Kauffeld, S. (2006): Kompetenzen messen, bewerten entwickeln: Ein prozessanalytischer Ansatz für Gruppen. Stuttgart 2006.

Kauffeld, S. (2010): Nachhaltige Weiterbildung: Betriebliche Seminare und Trainings entwickeln, Erfolge messen, Transfer sichern. Berlin/Heidelberg 2010.

Kauffeld, S./Bates, R./Holton III, E. F./Müller, A. C. (2008): Das deutsche Lerntransfer-System-Inventar (GLTSI): Psychometrische Überprüfung der deutschsprachigen Version. In: Zeitschrift für Personalpsychologie, 7 (2008) 2, S. 50-69.

Kauffeld, S./Grote, S./Frieling, E. (2009): Kompetenzentwicklung jenseits der Schulbank – aber wie? In: Handbuch Kompetenzentwicklung, hrsg. v. S. Kauffeld/S. Grote/E. Frieling. Stuttgart 2009, S. 1-10.

Kern, H./Schuhmann, M. (1970): Industriearbeit und Arbeiterbewusstsein, Frankfurt 1970.

Kienbaum (2008): Kienbaum Studie 2008: Personalentwicklung. Online im Internet: Kienbaum Management Consultants GmbH, URL: http://www.acht-etappen.de/stuff/Kienbaum-Studie-2008-Personaltwicklung.pdf, [Stand: o. A., Abfrage: 11.01.2017].

Kieser, A. (1973): Einflußgrößen der Unternehmensorganisation – Der Stand der empirischen Forschung und Ergebnisse einer eigenen Erhebung –, Köln 1973.

Kieser, A./Walgenbach, P. (2010): Organisation. 6., überarb. Aufl., Stuttgart 2010.

Kießling-Sonntag, J. (2003): Handbuch Trainings- und Seminarpraxis. Berlin 2003.

Kim, J. H./Callahan, J. L. (2013): Finding the intersection of learning organization and learning transfer: The significance of leadership. In: European Journal of Training and Development, 37 (2013) 2, S. 183-200.

Kirkpatrick, D. L. (1967): Evaluation of training. In: Training and Development Handbook, hrsg. v. R. L. Craig/L. R. Bittel, New York [u. a.] 1967, S. 87-112.

Kirkpatrick, D. L./Kirkpatrick, J. D. (2006): Evaluating training programs: The four levels. 3. ed., San Francisco 2006.

Köster, M. (2003): Warum Training selten funktioniert: Über die Notwendigkeit von soziologischer Perspektive in einer boomenden Branche. In: Sozialwissenschaften und Berufspraxis, 26 (2003) 3, S. 255-267.

Kolb, M./Burkart, B./Zundel, F. (2010): Personalmanagement: Grundlagen und Praxis des Human Resources Managements. 2. Aufl., Wiesbaden 2010.

Koontz, H./O`Donnell, C. (1955): Priciples of Management: An analysis of managerial functions. New York/Toronto/London 1955.

Koontz, H./O`Donnell, C. (1976): Management: A systems and contingency analysis of managerial functions. 6. Aufl., New York [u. a.] 1976.

Kowal, S./O`Connell, D. C. (2009): Zur Transkription von Gesprächen. In: Qualitative Forschung: Ein Handbuch, hrsg. v. U. Flick/E. von Kardorff, I. Steineke, 7., Aufl., Reinbeck bei Hamburg 2009, S. 437-446.

Kromrey, H. (2009): Empirische Sozialforschung: Modelle und Methoden der standardisierten Datenerhebung und Datenauswertung, mit ausführlichen Annotationen aus der Perspektive qualitativ-interpretativer Methoden von Jörg Strübing. 12., überarb. und erg. Aufl., Stuttgart 2009.

Kruse, J. (2014): Qualitative Interviewforschung: Ein integrativer Ansatz. Weinheim/Baser 2014.

Kubicek, H. (1975): Empirische Organisationsforschung: Konzeption und Modelle. Stuttgart 1975.

Kubicek, H. (1977): Heuristische Bezugsrahmen und heuristisch angelegte Forschungsdesigns als Elemente einer Konstruktionsstrategie empirischer Forschung. In: Empirische und handlungstheoretische Forschungskonzeptionen in der Betriebswirtschaftslehre, hrsg. v. R. Köhler, Stuttgart 1977, S. 3-36.

Kubicek, H./Welter, G. (1985): Messung der Organisationsstruktur: Eine Dokumentation von Instrumenten zur quantitativen Erfassung von Organisationsstrukturen. Stuttgart 1985.

Kuckartz, U. (2016): Qualitative Inhaltsanalyse. Methoden, Praxis, Computerunterstützung. 3., überarb. Aufl., Weinheim/Basel 2016.

Kuhn, T. S. (1962): The structure of scientific revolutions. Chicago 1962.

Kuß, A. (2010): Mixed Method-Designs – Alter Wein in neuen Schläuchen? In: Mixed Methods in der Managementforschung, hrsg. v. T. Wrona/G. Fandel, Wiesbaden 2010, S. 115-125.

Lamnek, S./Krell, C. (2016): Qualitative Sozialforschung. 6., überarb. Aufl., Weinheim/Basel 2016.

Laux, H. (1990): Risiko, Anreiz und Kontrolle – Prinzipal-Agent-Konzept –: Einführung und Verbindung mit dem Delegationswert-Konzept. Heidelberg 1990.

Lemke, S. G. (1995): Transfermanagement. Göttingen [u. a.] 1995.

Lenske, W./Werner, D. (2009): Umfang, Kosten und Trends in der betrieblichen Weiterbildung – Ergebnisse der IW-Weiterbildungserhebung 2008. Online im Internet: Institut der deutschen Wirtschaft Köln. URL: http://www.iwkoeln.de/Portals/0/pdf/trends01_09_3.pdf, [Stand: o. A., Abfrage: 11.01.2017].

Locke E. A. (1968): Toward a theory of task motivation and incentives. In: Organizational Behavior and Human Decision Processes, 3 (1968), S. 157-189.

Locke, E. A./Latham, G. P. (1990): A theory of goal setting and task performance. Englewood Cliffs 1990.

Luhmann, N. (1991): Soziale Systeme: Grundriss einer allgemeinen Theorie. 4. Aufl., Frankfurt am Main 1991.

Lung, M. (1996): Betriebliche Weiterbildung: Grundlagen und Gestaltung. Leonberg 1996.

Macharzina, K. (1970): Interaktion und Organisation: Versuch einer Modellanalyse. München 1970.

Macharzina, K. (1977): Führungstheorien und Führungssysteme. In: Personalmanagement: Mitarbeiterführung und Führungsorganisation, hrsg. v. K. Macharzina/W. A. Oechsler, Wiesbaden 1977, S. 19-54.

Macharzina, K./Wolf, J. (2015): Unternehmensführung: Das internationale Managementwissen: Konzepte – Methoden – Praxis. 9., vollst. überab. und erw. Aufl., Wiesbaden 2015.

Mandl, H./Prenzel, M./Gräsel, C. (1992): Das Problem des Lerntransfers in der betrieblichen Weiterbildung. In: Unterrichtswissenschaft: Zeitschrift für Lernforschung, 20 (1992) 2, S. 126-143.

Mandl, H./Reinmann-Rothmeier, G. (1995): Unterrichten und Lernumgebungen gestalten. Forschungsbericht Nr. 60, Ludwig-Maximilians-Universität, Institut für Pädagogische Psychologie und Empirische Pädagogik, Lehrstuhl für Empirische Pädagogik und Pädagogische Psychologie, München 1995.

March, J. G./Simon, H. A. (1958): Organizations. New York 1958.

Mayo, E. (1945): The human problems of an industrial civilization. New York 1945.

Mayring, P. (2000): Qualitative Inhaltsanalyse. Online im Internet: Forum Qualitative Sozialforschung, 1 (Juni 2000) 2. 28 Absätze, URL: https://www.ph-freiburg.de/fileadmin/dateien/fakultaet3/sozialwissenschaft/Quasus/Volltexte/2-00mayring-d_qualitativeInhaltsanalyse.pdf, [Stand o. A., Abfrage: 17.01.2017].

Mayring, P. (2002): Einführung in die qualitative Sozialforschung. 5., überarb. und neu ausgestattete Aufl., Weinheim/Basel 2002.

Mayring, P. (2007): Designs in qualitativ orientierter Forschung. In: Journal für Psychologie, 15 (2007) 2, S. 1-10.

Mayring, P. (2015): Qualitative Inhaltsanalyse: Grundlagen und Techniken. 12., überarb. Aufl., Weinheim/Basel 2015.

Mayring, P./Brunner, E. (2010): Qualitative Inhaltsanalyse. In: Handbuch Qualitative Forschungsmethoden in der Erziehungswissenschaft. 3., vollst. neu überarb. Aufl., Weinheim/München 2010, S. 323-333.

Meier, M. (2007): Verhaltenstrainings in der Personalentwicklung: Erfolgskriterien und Transfersicherung: Eine Praxisstudie. München/Mehring 2007.

Meier, R. (2005): Praxis Weiterbildung: Personalentwicklung, Bedarfsanalyse, Seminarplanung, Seminarbetreuung, Transfersicherung, Qualitätssicherung, Bildungsmarketing, Bildungscontrolling. Offenbach 2005.

Meinefeld, W. (2015): Hypothesen und Vorwissen in der qualitativen Sozialforschung. In: Qualitative Forschung: Ein Handbuch, 11. Aufl., hrsg. v. U. Flick/E. von Kardorff/I. Steineke, Reinbeck bei Hamburg 2015, S. 265-275.

Meißner, A. (2012): Lerntransfer in der betrieblichen Weiterbildung: Theoretische und empirische Exploration der Lerntransferdeterminanten im Rahmen des Training off-the-job. Lohmar/Köln 2012.

Mentzel, W. (1997): Unternehmenssicherung durch Personalentwicklung: Mitarbeiter motivieren, fördern und weiterbilden. 7., akt. Aufl., Freiburg i. Br. 1997.

Merkens, H. (2015): Auswahlverfahren, Sampling, Fallkonstruktion. In: Qualitative Forschung: Ein Handbuch. 11. Aufl., hrsg. v. U. Flick/E. von Kardorff/I. Steineke, Reinbek bei Hamburg 2015, S. 286-299.

Mertens, D. (1974): Schlüsselqualifikationen – Thesen zur Schulung für eine moderne Gesellschaft. In: Mitteilungen aus der Arbeitsmarkt- und Berufsforschung, 7 (1974) 1, S. 36-43.

Meuser, M./Nagel, U. (2009): Experteninterview und der Wandel der Wissensproduktion. In: Experteninterviews: Theorien, Methoden, Anwendungsfelder. 3., grundlegend überarb. Aufl., hrsg v. A. Bogner/B. Littig/W. Menz, Wiesbaden 2009, S. 61-98.

Münch, J. (1995): Personalentwicklung als Mittel und Aufgabe moderner Unternehmensführung. Bielefeld 1995.

Nagel-Jachmann, I. (2016): Demografische Entwicklung und Bedeutung für klein- und mittelständische Unternehmen. In: Demografie Exzellenz: Handlungsmaßnahmen und Best Practices zum demografieorientierten Personalmanagement, hrsg. v. U. Schirmer, Wiesbaden 2016, S. 1-8.

Neuberger, O. (1994): Personalentwicklung. 2., durchges. Aufl., Stuttgart 1994.

Nicolai, A. T. (2004): Der 'trade-off' zwischen 'rigour' und 'relevance' und seine Konsequenzen für die Managementwissenschaften. In: Zeitschrift für Betriebswirtschaft 74 (2004) 2, S. 99-118.

Nicolai, C. (2009): Personalmanagement, 2., neubearb. Aufl., Stuttgart 2009.

Olesch, G. (2008): Fachkräftemangel als Herausforderung. In: Fallstudien zur

Ortmann, G./Sydow, J. (2001): Strukturationstheorie als Metatheorie des strategischen Managements – Zur losen Integration der Paradigmenvielfalt. In: Strategie und Strukturation, hrsg. v. G. Ortmann/J. Sydow, Wiesbaden 2001, S. 421-447.

Osterloh, M. (1982): Plädoyer für eine breitere Anwendung qualitativer Interviews in der empirischen Organisationsforschung. Arbeitspapier Nr. 41 des Fachbereichs Wirtschaftswissenschaften der Freien Universität Berlin, Berlin Mai 1982.

Ottoson, J. M. (1994): Transfer of learning: Not just an afterthought. In: Adult Learning, 5 (1994) 4, S. 21.

Pawlowsky, P./Bäumer, J. (1996): Betriebliche Weiterbildung: Management von Qualifikation und Wissen. München 1996.

Piezzi, D. (2002): Transferförderung in der betrieblichen Weiterbildung: Die Bedeutung der Arbeitsumgebung und der Integration der Weiterbildung in die Unternehmungsführung. Paderborn 2002.

Popper, K. R. (1989): Logik der Forschung. 9., verb. Aufl., Tübingen 1989.

Prezel, M./Mandl, H. (1991): Transfer of learning from a constructivist perspective. In: Designing environments for constructive learning, hrsg. v. T. M. Duffy/J. Lowyck/D. H. Jonassen, Berlin [u. a.] 1991, S. 315-329.

Prezel, M./Mandl, H. (1992): Lerntransfer aus einer konstruktivistischen Perspektive. In: Bericht über den 38. Kongreß der Deutschen Gesellschaft für Psychologie in Trier 1992. Band 2, hrsg. v. L. Montada, Göttingen [u. a.] 1992, S. 701-709.

Rackham, N. (1979): The coaching controversy. In: Training & Development Journal, 33 (1979) 11, S. 12-16.

Rank, B./Thiemann, T. (1998): Maßnahmen zur Sicherung des Praxistransfers. In: Sicherung des Praxistransfers im Führungskräftetraining, hrsg. v. B. Rank, München [u. a.] 1998, S. 31-77.

Rank, B./Wakenhut, R. (1998): Das Problem des Praxistransfers in der beruflichen Fort- und Weiterbildung. In: Sicherung des Praxistransfers im Führungskräftetraining, hrsg. v. B. Rank, München [u. a.] 1998, S. 5-10.

Rank, B./Wakenhut, R. (1998a): Ein Bedingungsmodell des Praxistransfers. In: Sicherung des Praxistransfers im Führungskräftetraining, hrsg. v. B. Rank, München [u. a.] 1998, S. 11-29.

Regnet, E./Hofmann, L. M. (2003): Mit Weiterbildung die Wettbewerbsfähigkeit steigern. In: Innovative Weiterbildungskonzepte: Trends, Inhalte und Methoden der Personalentwicklung in Unternehmen. 3., vollst. überarb. und erw. Aufl., hrsg. v. L. M. Hofmann/E. Regnet, Göttingen [u. a.] 2003, S. 13-25.

Reichertz, J. (2015): Abduktion, Deduktion und Induktion in der qualitativen Forschung. In: Qualitative Forschung: Ein Handbuch, 11. Aufl., hrsg. v. U. Flick/E. von Kardorff/I. Steineke, Reinbeck bei Hamburg 2015, S. 276-298.

Renkl, A. (1996): Träges Wissen: Wenn Erlerntes nicht genutzt wird. In: Psychologische Rundschau, 47 (1996) 2, S. 78-92.

Rößl, D. (1990): Die Entwicklung eines Bezugsrahmens und seine Stellung im Forschungsprozess. In: Journal für Betriebswirtschaft, 40 (1990) 2, S. 99-110.

Roethlisberger, F. J./Dickson, W. (1939): Management and the Worker. Boston 1939.

Rosenthal, G. (2005): Interpretative Sozialforschung: Eine Einführung. Weihneim/München 2005.

Rouiller, J. Z./Goldstein, I. L. (1993): The relationship between organizational transfer climate and positive transfer of training. In: Human Resource Development Quarterly, 4 (1993) 4, S. 377-390.

Ryschka, J./Solga, M./Mattenklott, A. (2011): Personalentwicklung: Gegenstand, Prozessmodell, Erfolgsfaktoren. In: Praxishandbuch Personalentwicklung. Instrumente, Konzepte, Beispiele. 3., vollst. überarb. und erw. Aufl., hrsg. v. J. Ryschka/M. Solga/A. Mattenklott, Wiesbaden 2011, S. 19-34.

Saks, A. M. (1997): Transfer of training and self-efficacy: What is the dilemma? In: Journal of Applied Psychologie, 46 (1997) 4, S. 365-370.

Schäcke, M. (2006): Pfadabhängigkeit in Organisationen: Ursachen für Widerstände bei Regelorganisationsprojekten. Berlin 2006.

Schanz, G. (1988): Methodologie für Betriebswirte. 2., überarb. Aufl., Stuttgart 1988.

Schein, E. H. (1985): Organizational culture and leadership. San Francisco 1985.

Scherer, A. G. (1999): Kritik der Organisation oder Organisation der Kritik? – Wissenschaftstheoretische Bemerkungen zum kritischen Umgang mit Organisationstheorien. In: Organisationstheorien. 3., überarb. und erw. Aufl., hrsg. v. A. Kieser, Stuttgart/Berlin/Köln 1999, S. 1-37.

Scherer, A. G./Marti, E. (2014): Wissenschaftstheorie der Organisationstheorie. In: Organisationstheorien. 7., akt. und überarb. Aufl., hrsg. v. A. Kieser/M. Ebers, Stuttgart 2014, S. 15-42.

Schilling, J./Kluge, A. (2004): Können Organisationen nicht lernen? Facetten organisationaler Lernkulturen. In: Gruppendynamik und Organisationsberatung, 35 (2004) 4, S. 367-386.

Schnell, R./Hill, P. B./Esser, E. (2013): Methoden der empirischen Sozialforschung. 10., überab. Aufl., München 2013.

Schöni, W. (2001): Praxishandbuch Personalentwicklung: Strategien, Konzepte und Instrumente. Zürich 2001.

Scholl, A. (2015). Die Befragung. 3., überarb. Aufl., Konstanz/München 2015.

Schreyögg, G./Koch, J. (2010): Management: Grundbegriffe und Managementprozess. In: Grundlagen des Managements: Basiswissen für Studium und Praxis. 2., überarb. und erw. Aufl., hrsg. v. G. Schreyögg/J. Koch, Wiesbaden 2010, S. 1-30.

Schreyögg, G./Sydow, J./Koch, J. (2003): Organisatorische Pfade: Von der Pfadabhängigkeit zur Pfadkreation? In: Managementforschung 13: Strategische Prozesse und Pfade, hrsg. v. G. Schreyögg/J. Sydow, Wiesbaden 2003, S. 257-294.

Schuett, S. (2014): Demografie-Management in der Praxis: Mit der Psychologie des Alterns wettbewerbsfähig bleiben. Berlin/Heidelberg 2014.

Schulte-Zurhausen, M. (2014): Organisation. 6., überarb. und akt. Aufl., München 2014.

Scott, W. R. (1961): Organization theory: An overview and an appraisal. In: Academy of management Journal, 4 (1961) 1, S. 7-26.

Selznick, P. (1949): TVA and the Grass Roots. Berkeley 1949.

Selznick, P. (1957): Leadership in administration: A sociological integration. New York 1957.

Seyda, S./Werner, D. (2014): IW-Weiterbildungserhebung 2014 – Höheres Engagement und mehr Investitionen in betriebliche Weiterbildung. Online im Internet: Institut der deutschen Wirtschaft Köln. URL: http://www.iwkoeln.de/studien/iw-trends/beitrag/susanne-seyda-dirk-werner-iw-continuous-vocational-training-survey-2014-201128, [Stand: o. A., Abfrage: 11.01.2017].

Sieber Bethke, F. (2003): Controlling, Evaluation und Reporting von Weiterbildung und Personalentwicklung. Kompendium, hrsg. v. Institut zur Entwicklung moderner Unterrichtsmethoden e.V., Bremen 2003.

Singley, M. K./Anderson, J. R. (1989): The transfer of cognitive skill. Cambridge [u. a.] 1989.

Solga, M. (2006): Lerntransfermanagement: Förderung des Lerntransfers aus Weiterbildungsmaßnahmen. In: Grundlagen der Weiterbildung: Praxishilfen, hrsg. v. Grundlagen der Weiterbildung e.V., Abschnitt 4.50.90, Berlin 2006, S. 1-25.

Solga, M. (2011): Förderung von Lerntransfer. In: Praxishandbuch Personalentwicklung. Instrumente, Konzepte, Beispiele. 3., vollst. überarb. und erw. Aufl., hrsg. v. J. Ryschka/M. Solga/A. Mattenklott, Wiesbaden 2011, S. 339-368.

Solga, M. (2011a): Evaluation der Personalentwicklung. In: Praxishandbuch Personalentwicklung: Instrumente, Konzepte, Beispiele. 3., vollst. überarb. und erw. Aufl., hrsg. v. J. Ryschka/M. Solga/A. Mattenklott, Wiesbaden 2011, S. 369-399.

Solga, M./Ryschka, J./Mattenklott, A. (2011): Personalentwicklung: Gegenstand, Prozessmodell, Erfolgsfaktoren. In: Praxishandbuch Personalentwicklung: Instrumente, Konzepte, Beispiele. 3., vollst. überarb. und erw. Aufl., hrsg. v. J. Ryschka/M. Solga/A. Mattenklott, Wiesbaden 2011, S. 19-34.

Sonntag, K. (2002): Personalentwicklung und Training: Stand der psychologischen Forschung und Gestaltung. In: Zeitschrift für Personalpsychologie, 1 (2002) 2, S. 59-79.

Sonntag, K. (2004): Personalentwicklung. In: Organisationspsychologie – Grundlagen und Personalpsychologie, hrsg. v. H. Schuler, Göttingen 2004, S. 826-891.

Sonntag, K. (2006): Personalentwicklung: Ein Feld psychologischer Forschung und Gestaltung. In: Personalentwicklung in Organisationen: Psychologische Grundlagen, Methoden und Strategien. 3., überarb. u. erw. Aufl., hrsg. v. K. Sonntag, Göttingen 2006, S. 17-35.

Sonntag, K./Schaper, N. (2006): Förderung beruflicher Handlungskompetenz. In: Personalentwicklung in Organisationen. 3., überarb. und erw. Aufl., hrsg. v. K. Sonntag, Göttingen [u. a.] 2006.

Sonntag, K./Stegmaier, R. (2005): Verhaltensorientierte Verfahren der Personalentwicklung. In: Lehrbuch der Personalpsychologie. 2., überarb. und erw. Aufl., hrsg. v. H. Schuler, Göttingen 2005, S. 281-304.

Spiro, R. J./Feltovich, P. J./Jacobson, M. J./Coulson, R. L. (1991): Cognitive flexibility, constructivism and hypertext: Random access instruction for advanced knowledge acquisition in ill-structured domains. In: Educational Technology, 31 (1991) 5, S. 24-33.

Staehle, W. H. (1999): Management: Eine verhaltenswissenschaftliche Perspektive. 8., überarb. Aufl., München 1999.

Statistisches Bundesamt (2016): Weiterbildung. Online im Internet: Statistisches Bundesamt.URL: https://www.destatis.de/DE/Publikationen/Thematisch/Bildung ForschungKultur/Weiterbildung/BeruflicheWeiterbildung5215001167004.pdf?__ blob=publicationFile, [Stand: o. A., Abfrage: 11.01.2017].

Staudt, E./Bestel, S./Diettrich, A./Kröll, M./Merker, R./Mühlenmeyer, P./Behrendt, S. (1993): Weiterbildungshandbuch: Planungshilfen und Checklisten zum Management von Weiterbildungsprozessen. Bochum 1993.

Steigleder, S. (2008): Die strukturierende qualitative Inhaltsanalyse im Praxistest. Eine konstruktiv kritische Studie zur Auswertungsmethodik von Philipp Mayring. Marburg 2008.

Steinmann, H./Schreyögg, G./Koch, J. (2013): Management – Grundlagen der Unternehmensführung Konzepte – Funktionen – Fallstudien. 7., vollst. überarb. Aufl., Wiesbader 2013.

Stock-Homburg, R. (2010): Personalmanagement: Theorien – Konzepte – Instrumente. 2. Aufl., Wiesbaden 2010.

Strauss, A. L. (1991): Grundlagen qualitativer Sozialforschung: Datenanalyse und Theoriebildung in der empirischen soziologischen Forschung. Übergänge Texte und Studien zu Handlung, Sprache und Lebenswelt, Band 10, hrsg. v. R. Grathoff/B. Waldenfels, München 1991.

Tannenbaum, S. I./Cannon-Bowers, J. A./Salas, E./Mathieu, J. E. (1993): Factors that influence training effectiveness: A conceptual model and longitudinal analysis. Technical Report No. 93-011, Naval Training Systems Center, Orlando 1993.

Thierau-Brunner, H./Wottawa, H./Stangel-Meseke, M. (2006): Evaluation von Personalentwicklungsmaßnahmen. In: Personalentwicklung in Organisationen. 3., überarb. und erw. Aufl., hrsg. v. K. Sonntag, Göttingen [u. a.] 2006, S. 329-354.

Thorndike, E. L. (1914): The psychology of learning. New York 1914.

Thorndike, E. L./Woodworth, R. S. (1901): The influence of improvement in one mental function upon the efficiency of other functions. In: Psychological Review, 3 (1901) 8, S. 247-261.

Vandenput, M. A. E. (1973): The transfer of training: Some organisational variables. In: Journal of European Training, 2 (1973) 3, S. 251-263.

vom Hofe, A. (2005): Strategien und Maßnahmen für ein erfolgreiches Management der Mitarbeiterbindung. Hamburg 2005.

von Kirschhofer-Bozenhardt, A./Kaplitza, G. (1975): Der Fragebogen. In: Die Befragung 1: Der Fragebogen – Die Stichprobe, hrsg. v. K. Holm, Stuttgart 1975, S. 92-126.

Walgenbach, P. (2006): Die Strukturationstheorie. In: Organisationstheorien. 6., erw. Aufl., hrsg. v. A. Kieser/M. Ebers, Stuttgart 2006, S. 403-426.

Walgenbach, P. (2014): Neoinstitutionalistische Ansätze in der Organisationstheorie. In: Organisationstheorien. 7., akt. und überarb. Aufl., hrsg. v. A. Kieser/M. Ebers, Stuttgart 2014, S. 295-345.

Walter-Busch, E. (1996): Organisationstheorien von Weber bis Weick. Amsterdam 1996.

Weber, M. (1904): Die ‚Objektivität' sozialwissenschaftlicher und sozialpolitischer Erkenntnis. In: Archiv für Sozialwissenschaft und Sozialpolitik, 19 (1904) , S. 22–87.

Weidenmann, B. (1986): Psychologie des Lernens mit Medien. In: Pädagogische Psychologie. Ein Lehrbuch, hrsg. v. B. Weidenmann [u. a.], München 1986, S. 439-554.

Whitehead, A. N. (1929): The aim of education. New York 1929.

Widmer, K. (1981): „Transfer". In: Handlexikon zur pädagogischen Psychologie, hrsg. v. A. Krapp/H. Schiefele, München 1981, S. 381-385.

Widmer, T. (1996): Meta-Evaluation: Kriterien zur Bewertung von Evaluationen. Bern [u. a.] 1996.

Wilke, H. (1993): Systemtheorie: Eine Einführung in die Grundprobleme der Theorie sozialer Systeme. 4. Aufl., Stuttgart 1993.

Wilke, H. (2000): Systemtheorie I: Grundlagen. 6. überarb.Aufl., Stuttgart 2000.

Wilkening, O. S. (2002): Bildungs-Controlling – Erfolgssteuerungssystem der Personalentwickler und Wissensmanager. In: Strategien der Personalentwicklung: Mit Praxisberichten von Bosch, Gore, Hamburg-Mannheimer, Opel, Philips, Siemens, Volkswagen, Weidmüller und Weka. 5. Aufl., hrsg. v. H.-C. Riekhof, Wiesbaden 2002, S. 207-237.

Wirth, R./Kauffeld, S./Bates, R./Holton, E. (2009): Katalysatoren und Barrieren für den Transfererfolg: Das Lerntransfer-System-Inventar. In: Handbuch Kompetenzentwicklung, hrsg. v. S. Kauffeld/S. Grote/E. Frieling, Stuttgart 2009, S. 79-104.

Wöltje (1995): Weiterbildung für neue Technologien. Eine arbeitswissenschaftliche Erhebung in Industriebetrieben. Frankfurt 1995.

Wolf, J. (2013): Organisation, Management, Unternehmensführung: Theorien, Praxisbeispiele und Kritik. 5., überab. und erw. Aufl., Wiesbaden 2013.

Wottawa, H./Thierau, H. (2003): Lehrbuch Evaluation. 3., korr. Aufl., Bern [u. a.] 2003.

Zechner, J. (1982): Managerverhalten und die optimale Kapitalstruktur von Unternehmungen. In: Journal für Betriebswirtschaft, 32 (1982) 3, S. 180-197.